杉木遗传育种培育研究新进展

孙洪刚　齐明◎著

U0271378

中国林业出版社
China Forestry Publishing House

图书在版编目（CIP）数据

杉木遗传育种与培育研究新进展 / 孙洪刚，齐明著.
—北京：中国林业出版社，2020.7
ISBN 978-7-5219-0718-6

Ⅰ. ①杉… Ⅱ. ①孙… ②齐… Ⅲ. ①杉木–
遗传育种–研究 Ⅳ. ①S791.270.4

中国版本图书馆 CIP 数据核字（2020）第 135851 号

中国林业出版社·林业分社
责任编辑：何鹏 李敏

出 版	中国林业出版社（100009 北京西城区德胜门内大街刘海胡同 7 号）	
	http://www.forestry.gov.cn/lycb.html	电话 010-83143575
印 刷	河北京平诚乾印刷有限公司	
版 次	2020 年 10 月第 1 版	
印 次	2020 年 10 月第 1 次	
开 本	787mm×1092mm 1/16	
印 张	17.5	
字 数	448 千字	
定 价	138.00 元	

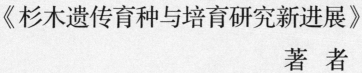

《杉木遗传育种与培育研究新进展》

著 者

主要著者：孙洪刚　齐　明

其他著者：方晓东　吴大瑜

著者工作单位：

孙洪刚、齐明：中国林业科学研究院亚热带林业研究所

方晓东：景德镇市枫树山林场

吴大瑜：浙江省庆元县自然资源和规划局

杉木［*Cunninghamia lanceolata*（Lamb.）Hook.］广泛地分布于我国南方16个省（自治区、直辖市），生长迅速、树干通直、材质优良，是重要的工业用材树种。我国自"六五"国家攻关项目开始，在杉木栽培技术、杂交育种以及高世代遗传改良等方面，取得了突破性的进展，并逐步建立起以"遗传控制、密度控制和立地控制"为核心的集约培育模式，为提高杉木人工林生产力起到了积极有力的推动作用。

随着社会经济的发展，由于木材替代品的广泛应用、造林生产成本的增加、木材价格常年低迷以及生产单位经济效益下滑等方面原因，导致杉木生产逐渐萎缩。在已有集约培育模式的基础上，以保障国家木材战略安全需求和注重杉木木材生产单位的生产效益为导向，积极调整遗传育种和培育策略，成为当前杉木研究的重要切入点。

本书在已有研究的基础上，针对目前林分生产力的瓶颈问题，探讨杉木培育模式、杂交育种和高世代改良等方面的问题。在培育模式方面，本书提出：（1）以技术效率为基础，重点加大规模化经营，以降低生产成本（第1章）；（2）采用间伐或皆伐低密度造林，培育特用材，缩短轮伐期，增加木材产量，提高木材收益（第2章）；（3）通过密度调控，降低林木间的竞争强度，提高林分生产力（第3章）；（4）明确杉木无性系施肥促产的分子机理，为定向施肥方案的制定提供依据（第4章）；（5）在杉木杂交育种方面，本书重点介绍了杉木杂种优势的发现预测及分子机理（第5章），主要包括：①全同胞家系树冠因子的筛选方法；②杉木经济性状遗传控制结果与研究材料间的关系和全双列杂交试验的良种选择与利用；③杂种优势、性状分离和生长发育转录组分析；④杂种优势亲本选配、杂种优势群的划分和杂交组合的组配研究；（6）在杉木高世代改良方面(第6章),结合已有研究成果,主要在以下方面取得进展:①针对针叶树高世代育种原理和一般程序,结合浙江省实际情况,提出了浙江省杉木多世代遗传改良方案;②杉木高世代育种亲本选择、高世代育种群体的遗传基础比较、高世代亲本的单亲和双亲后代生长性状早期评价以及育种成果的应用;(7)杉木的分子标记辅助选择MAS,在杉木遗传育种中有重要作用。本章节对林木关联作图进展做了总结,并对杉木关联分析提出了自己独到的见解。

　　本书撰写的内容都是杉木遗传育种和培育工作者所关心的问题,这些问题研究的最新进展,对指导针叶树种的遗传改良有重要的指导作用,是广大林业科技、教学、管理和生产经营工作者有益的参考书,值得一看。

　　本书主要内容研究经费来源于科技部、国家林业和草原局、浙江省科技厅和浙江省林业局等部门科研项目的长期支持,本书出版经费得到科技部国家重点研发任务"杉木速生材高效培育技术研究(2016YFD0600302-2)"项目的支持,在此一并表示衷心的感谢。同时,著者也对长期合作的杉木基地支持单位和一线生产人员表示感谢。特别感谢中国计量大学经济与管理学院刘林副教授在实验数据处理分析方面的帮助。

著 者
2019 年 12 月

C ontents 目 录

集体林权制度改革对杉木用材林、 竹林和经济林生产效率的影响

　　为进一步解放林业生产力，提高林业生产效率，构建与社会经济发展相匹配的林权制度，中国政府于2008年推行新一轮集体林权制度改革；到2013年，新一轮林权改革的主体任务已经基本完成。很多学者对中国林区的制度效果和影响进行研究。早期的研究主要针对集体林权制度改革的背景和动因、现状及效果、存在的问题以及推进集体林权制度改革的政策建议等方面（戴广翠等，2002；朱冬亮和程玥，2009），近期的研究主要针对集体林权制度改革对农户生产行为影响的定量分析（张海鹏和徐晋涛，2009；张蕾和文彩云，2008；张自强和李怡，2017；孔凡斌和廖文梅，2012）。但从农户的角度探讨林权改革对林业生产效率的影响的定量研究鲜见报道，而这一研究不仅可以为下一步如何深化集体林权制度改革提供理论依据，对乡村林业振兴目标的实现也具有重要现实指导意义。

　　计算并分析投入产出效率被广泛应用于中国各地的农业生产活动（肖芸和赵敏娟，2013；Liu and Zhuang，2000），效率测度的方法通常采用随机前沿生产函数（Stochastic Frontier Analysis，SFA）（Chen and Colin，2010；李谷成等，2008）或者数据包络分析（Data Enveloped Analysis，DEA）（于金娜和姚顺波，2009）。但是以农户为对象测算并分析中国集体林区林业生产效率的文献尚不多见。有学者采用SFA的测度方法，分析了家庭经营、林业税费等制度因素对被调查农户技术效率的影响以及这些林业制度对减缓当地农民贫困状况的影响，认为制度因素已成为影响林区农户提高生产效率的重要原因（刘璨，2003；刘璨和于法稳，2007）；苏时鹏等应用DEA-Malmquist指数法测算林改后福建省农户林业全要素生产率变化情况，认为在2004—2009年，由纯技术效率增长带动的农户林业全要素生产率年均增幅较大，而技术进步和规模效率变动对林业全要素生产率增长贡献很小（苏时鹏等，2012），但该学者基于福建、浙江、江西3省数据对林农的生产效率进行测算发现技术进步是家庭林业全要素生产率增长的主动力（苏时鹏等，2015）。两次研究结论的差异很可能是由于一阶段DEA或者二阶段DEA模型在测度生产效率时无法排除环境因素和随机因素对生产效率的影响，造成效率分析中结果之间存在较大差异；为排除环境因素和随机因素的影响，有学者利用三阶段DEA模型对福建省和江西省的调查数据进行效率

测算，指出环境因素对商品林生产效率会产生显著影响(李桦等，2014)。可见，采用三阶段 DEA 效率测度模型，可以更加真实地反映农户的效率情况。但如果三阶段 DEA 的第一阶段分析涉及的变量与第二阶段的变量高度相关，估计的结果可能是有偏的。因此，Bootstrap 统计方法常被应用到 DEA 分析中(Simar and Wilson，1998；龚锋，2008；刘晓欣等，2011)，通过对给定的样本进行重抽样，计算多次抽样的统计量的值来修正估计偏差。本文将 Bootstrap 技术应用于三阶段 DEA 中，以便于对农户的林业生产效率进行纠偏，使得测度的效率值更接近真实效率值。本研究以浙江省集体林区的农户为研究对象，测度对农户经营收益密切相关的商品林生产效率，对林权制度的政策效应进行评价，旨在为中国集体林权改革效果提供数理依据。

1.1　材料与方法

1.1.1　数据来源

样点选取、调查方法及原始数据详见刘林等(2016)。由于林业生产周期长，所以调查样本农户 2008—2013 年的林业投入产出情况，其中有 27 户农户在调查期间没有投入或产出数据；此外 DEA 测度易受极端值的影响，故 7 户由政府扶持的林业生产大户也不纳入测度范围；则最终测算的样本量为 236 户农户。

1.1.2　农户林业生产效率测算方法

测算农户的林业生产效率，实质上是在等量林业资源投入的前提下测算林区农户林业生产的实际产出与最优产出之间的距离，距离越近，说明林业生产的综合效率就越高，反之，就越低。DEA 模型可将综合效率分解为规模效率和纯技术效率，其中规模效率可反映特定农户受林业生产规模的影响，纯技术效率可反映农户受林业技术、管理等方面的影响。如果新一轮林权改革对林区农户的生产活动产生显著影响，必然导致农户的生产效率发生变化。因此，基于三阶段 DEA 模型，利用 Bootstrap 方法测算农户的林业生产效率，不但可以测度新一轮林权改革后南方集体林区农户的真实效率，还可以判断林权改革是否对林业生产产生影响。具体步骤参考文献(Simar and Wilson，1998；龚锋，2008；刘晓欣等，2011)。

1.1.3　指标选取

关于农户生产效率测度时投入产出指标的选择，已有的文献基本上是以劳动力、资金和土地面积作为投入指标，以农业收入或者农作物收获量作为产出指标。以劳动力、资金和土地面积作为投入指标，具体的计量方式：①劳动投入，以农户家庭成员和雇佣临时工在林地上劳动的总天数。对于经营杉木用材林、竹林和经济林等不同商品林的农户来讲，劳动投入的差异较大，例如经营经济林的农户每年在林地上的劳动投入平均为 122.4d，而经营竹林和杉木用材林的年平均劳动投入仅为 36.4d 和 14.6d；②资金投入，包括购买种苗、农药和化肥以及采伐的投入总额(杉木用材林的生产几乎不使用化肥和农药，但经济林和竹林却要大量使用，经济林每亩平均施用化肥 100kg 左右，竹林施用化肥平均为 50kg 左右)，用货币单位进行计量；③经营的林地面积，以 hm² 为单位。选择农户的林业收入作为产出指标，农户的林业收入指农户在所有林地上的经营收入（不包括转出林地所获得的收入）、参加林业合作社所得利润、从政府获得的林业补贴等。对于调查时没有杉木用材林采伐的农户，林业收入按林地上活立木蓄积量乘以当时木材价格估算得出。

环境影响因素对农户的林业收入具有重要影响，为准确测度农户的技术效率水平，需排除由环境差异对效率造成的影响。浙江省农户所处环境与福建省和江西省的农户所处的制度环境是不同的，因此在环境变量选择上会与李桦等（2014）学者的论文略有不同，但是给本文提供了变量选择的依据。参考已有文献选取的环境因素包括户主年龄、户主受教育水平、户主性别、距离中心市场的距离、林地质量、非农就业收入比例（Maria and Rigoberto，2007）。考虑到新一轮林权改革中浙江省所倡导的林地流转、林业贷款、林业合作社等制度对生产要素的配置具有较大的影响，例如：农户在林地流转中支出租金或者获得租金收入，在林业贷款中获得资金但也要付出利息，加入合作社在获得技术培训、销售渠道以及利润的同时也要出资入股并承担责任。因此，将林权制度作为重要的环境影响因素加入模型。已有文献使用"已获得的采伐额度""林权类型"（Qin and Xu，2013）以及"获得林业贷款难度"（Xie et al.，2014）作为林权改革的衡量指标，结合浙江省新一轮林权改革的措施，选择农户林业贷款额、是否参加合作社、林地流转量、参加技术培训次数作为衡量林权改革制度的指标。具体的统计描述见表1-1。

表1-1　农户投入与产出指标及环境变量的描述性统计

变量类型	变　量	单位或赋值	均　值	最小值	最大值	标准差
产出指标	林业收入	万元	5.914	0.240	36.000	8.321
投入指标	劳动投入	d	65.283	0.000	450.000	81.687
	资金投入	万元	1.475	0.000	5.000	0.908
	经营林地面积	hm^2	4.725	0.000	40.000	25.595
环境因素	户主年龄	岁	53.400	28.000	73.000	9.370
	户主受教育程度	年	7.110	0.000	12.000	2.590
	户主性别	0=女；1=男	0.142	0.000	1.000	0.350
	距离中心市场距离	km	7.797	0.500	30.000	6.838
	林地质量	1=差；2=一般；3=好	2.267	1.000	3.000	0.750
	非林收入占家庭总收入的比例	%	0.709	0.000	1.000	0.711
	林业贷款的数额	万元	1.030	0.000	5.000	1.489
	是否加入合作社	0=未加入；1=加入	0.182	0.000	1.000	0.464
	林地流转数量	正数为转入；复数为转出	24.939	-36.000	200.000	19.058
	参加技术培训的次数	次	0.622	0.000	3.000	0.916

1.2 结果与分析

1.2.1 不同商品林类型的生产效率差异明显

根据经营森林用途的差异将 236 户样本农户的生产效率划分为三类：经营杉木用材林的农户、经营竹林的农户和经营经济林(包括种植水果、板栗、茶叶、香榧和山核桃)的农户。由于篇幅关系，仅列出技术效率的平均值。

经过 DEA 的测算样本农户林业生产效率的结果见表 1-2。结果表明：集体林权制度改革后农户的纯技术效率均大于规模效率。经营杉木用材林农户的生产效率最高，这主要是由于经营杉木用材林的纯技术效率高带来的，而杉木用材林的规模效率在三类商品林生产中最低，但绝大部分林农处于规模报酬递增的状态；经营竹林农户的综合效率最低，与经营经济林的农户相比较，其纯技术效率和规模效率均较低；经济林农户生产的规模效率在商品林生产中是最高的，但是规模报酬递增的比例却是最低的，大部分经济林农户生产处于规模报酬不变的状态。农户生产效率测度值的分布情况见图 1-1。从中可以看出：处在林业生产前沿面的农户占总样本量的近 40%，但是仅有 23%左右的农户既是技术有效又是规模有效的。从规模报酬的测算结果来看，样本农户中有近 26%的农户表现为规模报酬不变，6%的农户表现为规模报酬递减，近 62%的农户表现为规模报酬递增。

表 1-2 第一阶段 DEA 测算结果

林种类型	综合效率		纯技术效率		规模效率		规模报酬不变（%）	规模报酬递增（%）
	平均值	标准差	平均值	标准差	平均值	标准差		
杉木林	0.902	0.139	1.315	0.350	0.686	0.334	7	80
竹 林	0.653	0.279	0.827	0.293	0.789	0.217	23	67
经济林	0.826	0.164	0.962	0.178	0.859	0.173	53	34
总平均值	0.774	0.240	0.991	0.293	0.781	0.253	26	65

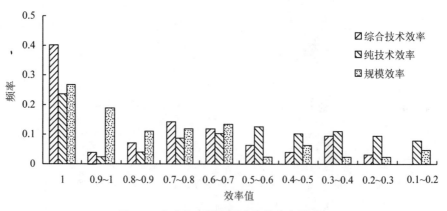

图 1-1 农户生产效率测度值的分布情况

综上所述，林区农户商品林的平均生产效率不高，其中纯技术效率高于规模效率，且大部分农户处于规模报酬递增状态。不同商品林类型的效率测度结果差异明显，这不仅与其自身生产经营特点相关，也应该与林业制度密切相关。

1.2.2　林权制度对林业生产投入要素具有显著影响

　　根据第一阶段得出的农户各投入变量的松弛变量作为被解释变量，将户主年龄（Age）、户主受教育程度（Edu）、户主性别（Gen）、家庭距离中心市场的距离（Dis）、林地质量（Qua）和非林收入比例（Inc）作为 SFA 模型中的自变量进行回归，结果见表1-3。结果表明：对劳动投入来说，除 Gen、Dis 和参加林业培训（Tra）外，其他因素都通过显著性检验；对资本投入来说，除 Gen、Dis 外，其他因素均通过显著性检验；对林地面积来说，林地流转数量（Circ）、Inc、Edu 和 Dis、Tra 通过显著性检验，且三个模型的 LR 单边检验均通过了显著性水平为 5% 的检验，这说明所选择的环境因素对农户的生产效率有影响，如果不排除这些环境因素将导致户主年龄较小、受教育程度较高、林地质量较好以及林业收入比重较大的农户具有较高的技术效率，而相对应的户主年龄较大、受教育程度较低、林地质量较差以及林业收入比重较低的农户的生产效率较低，从而不能真实地反映农户的技术效率水平。因而需要对农户林业生产的原始投入进行调整，从而克服环境因素对效率水平造成的影响。

表 1-3　第二阶段 SFA 回归结果

系　数	劳动投入		资金投入		林地面积	
	系　数	标准差	系　数	标准差	系　数	标准差
常数项	-1.461	1.813	-2.958	1.942	-1.439	1.816
Age	-0.792**	0.312	-2.688*	1.014	-3.739	1.659
Edu	0.051**	0.026	0.343**	0.123	0.201**	0.100
Gen	0.182	12.624	0.413	1.006	1.868	0.512
Dis	0.028	0.014	0.003	0.001	0.001*	0.000
Qua	-0.031**	0.015	-0.022**	0.012	0.046	0.197
Inc	-5.418**	1.420	-5.021***	1.009	4.625**	1.988
Loa	0.046*	0.019	0.084***	0.018	0.035	0.028
Coo	0.027**	0.013	0.057**	0.026	0.018	0.019
Circ	0.021**	0.011	0.010**	0.003	0.031***	0.001
Tra	0.013	0.024	0.084*	0.046	0.005*	0.002
σ^2	32.878***	3.127	91.645***	8.977	10.383***	0.131
γ	0.287***	0.012	0.373***	0.036	0.212***	0.012
Log 函数值	-54.235	—	-93.78	—	4.723	—
LR 单边检验	6.318**	—	9.258**	—	12.465**	—

注：＊＊＊、＊＊、＊分别代表 1%、5%、10%水平上显著。

　　对于林权制度指标大部分是统计上显著的，林业贷款（Loa）与农户是否加入林业合作社（Coo）对林业生产的资金和劳动投入具有正的显著影响，但是对林地面积的影响不显著。可见，对于有林业贷款的农户并加入合作社的农户而言，其进行林业生产的意愿是较强的，且预期会获得较高的产出。林地流转数量在农户劳动力投入、资金投入和林地数量上也显示出显著的正向影响，因为林地流转意味着对林地的重新配置，必然导致经营林地数量上的变化，且农户在林地上的资金和劳动力投入也随之变化。参加林业培训次数在资金投入和林地数量上产生了显著的影响，但对劳动投入的影响不显著。据实地调查的情况反映，浙江省林区的劳动力缺乏，尤其是青年劳动力缺乏，因此技术培训应该朝着劳动力节省的方向发展。综上，林权制度指标与林业生产效率之间具有较强的正向联系，因此在第一阶段测算农户生产效率的时候使测度值虚增。

1.2.3 林权制度对农户的林业生产效率有显著影响

第二阶段对农户原始的林业投入进行调整后，重新带入 DEA 的 BCC 模型进行测算，得到排除环境因素影响的农户林业生产效率，结果见表1-4。结果表明：林区农户生产效率在调整前后有显著的变化，经济林的各效率值均有所下降。纯技术效率值高，尤其是经营杉木用材林和经济林的农户，纯技术效率的均值都在 0.8 以上的高值，但是经营杉木用材林的农户规模效率相对较低，只有 0.576，这说明经营杉木用材林目前面临的问题主要是规模较小，生产经营较为分散。经营竹林的农户，其纯技术效率最低，生产技术在提高竹林产出方面的作用有限。经济林经营的平均纯技术效率和规模效率都较高，规模效率的均值达到 0.847，说明经济林的生产规模接近最优生产规模。另外，调整后规模报酬递增的农户减少。第一阶段效率值普遍比调整后结果高的原因在于有利的林权制度，是林业管理技术水平不断提高所致。

表 1- 4 第三阶段农户林业投入产出效率

林 种	综合效率	纯技术效率	规模效率	规模报酬不变	规模报酬递增
用材林	0.814	1.413	0.576	6	79
竹 林	0.508	0.685	0.741	22	62
经济林	0.722	0.852	0.847	54	31
总 计	0.681	0.943	0.722	25	62

采用 Bootstrap-DEA 技术得到的农户林业生产技术效率参数估计值偏差的估计值以及修正之后的技术效率值(表1-5)。从标准差的变化中可以看出，修正后的效率值确实比第三阶段的效率值更精确。将第三阶段所得到的效率值与 Bootstrap-DEA 得到的效率值进行了差异性检验，检验统计量 F 值在显著性水平为 0.1 时拒绝无差异的原假设，因此使用 Bootstrap-DEA 对林业生产效率的估计值做出了必要的修正。这说明集体林权改革确实对农户的林业生产效率产生影响。

表 1-5 Bootstrap-DEA 对效率值得修正

项 目	第三阶段效率值	平均偏差	修正的效率值
用材林效率均值	0.814	0.013	0.801
标准差	0.110		0.103

（续）

项　目	第三阶段效率值	平均偏差	修正的效率值
竹林效率均值	0.508	0.056	0.452
标准差	0.201		0.183
经济林效率均值	0.722	0.101	0.621
标准差	0.125		0.111
总平均值	0.681	0.056	0.624
标准差	0.146		0.127

1.3　结论与讨论

提高生产效率是实现林业可持续发展的基本要求，也是发展现代林业的关键性工作之一（李春华等，2011）。与大多以宏观加总的时间序列数据测度林业生产效率的研究不同（宋长鸣和向玉林，2012；田杰和姚顺波，2013），以浙江省集体林区的农户为基本单位，对林业生产效率进行测度。在研究方法上，克服了环境因素对林业生产效率测度的影响，并利用 Bootstrap 技术获得有关生产效率的真实值。结论如下：

（1）林区农户的平均综合效率较低，从而反映出林业综合生产能力不高，林业生产的资源配置不恰当。对综合效率分解后发现，农户的纯技术效率普遍高于规模效率，其中，杉木用材林和经济林经营的平均纯技术效率处于 0.8 以上的高值，规模效率较低导致了综合技术效率的降低，尤其是经营杉木用材林的规模效率最低。杉木用材林的规模效率低与用材林生长周期长、经营风险高有关，农户为了追求稳定的收入常常将立地条件较好的林地用来经营竹林或经济林，因此杉木用材林的生产面积逐渐萎缩且分散程度增加。这一发现与李桦等（2014）对福建和江西农户生产效率分析的结果是一致的，林农偏好经营短周期的经济林，而对于经营长周期用材林的积极性不高。从效率值来看，用材林的生产效率明显高于竹林，这是因为木材的价格高出竹材和竹笋价格的数倍，即使竹林的产出量很高，但收入不高，而用材林的产出量虽然不大，但收入较高，因此，基于投入产出的 DEA 测算结果是经营用材林比经营竹林的综合效率高。

（2）利用三阶段 DEA 和 Bootstrap 技术调整的效率值与调整前有明显的变化，这说明环境因素对生产效率的评估具有显著影响。新一轮集体林权改革中，林业贷款与农户是否加入林业合作社对林业生产的资金和劳动投入具有正的显著影响，林地流转在农户劳动力投入、资金投入和林地数量上也显示出显著的正向影响，参加林业培训次数在资金投入和林地数量上产生了显著的影响，因此，对于申请到林业贷款、参加林业合作社、参与林地流转和技术培训的农户，其生产效率要高于没有参与到林权改革制度的农户。可见，林权改革对林区农户的生产效率具有显著的正向促进作用。这一结论与目前有关林权改革研究的主流观点是一致的。

根据以上结论，本文认为提高农户的林业生产效率，在政策上要区分不同商品林类型。杉木用材林的生产要在政策上进一步促进林地流转，由分散农户向少数林业生产企业流转；竹林生产旨在降低生产成本，例如增加基础设施建设的投入；经济林增效的路径是高品质苗木创制和目标产品定向培育。

参考文献

戴广翠，徐晋涛，王月华，2002. 中国集体林权改革现状及安全性研究[J]. 林业经济（11）：30-33.

龚锋，2008. 地方公共安全服务供给效率评估——基于四阶段 DEA 与 Bootstrap-DEA 的实证研究[J]. 管理世界（7）：80-91.

孔凡斌，廖文梅，2012. 集体林分权条件下的林地细碎化程度及与农户林地投入产出的关系——基于江西省 8 县 602 户农户调查数据的分析[J]. 林业科学，48(4)：119-126.

李春华，李宁，骆华莹，等，2011. 基于 DEA 方法的中国林业生产效率分析及优化路径[J]. 中国农学通报，27(19)：55-59.

李谷成，冯中朝，占绍文，2008. 家庭禀赋对农户家庭经营技术效率的影响冲击——基于湖北省农户的随机前沿生产函数实证[J]. 统计研究（1）：35-42.

李桦，姚顺波，刘璨，等，2014. 集体林分权条件下不同经营类型商品林生产要素投入及其效率——基于三阶段 DEA 模型及其福建、江西农户调研数据[J]. 林业科学，12(50)：122-130.

刘璨，2003. 金寨县样本农户效率与消除贫困分析——数据包络分析（DEA）方法[J]. 数量经济技术经济研究（12）：102-106.

刘璨，于法稳，2007. 中国南方集体林区制度安排的技术效率与减缓贫困——以沐川、金寨和遂川 3 县为例[J]. 中国农村观察（3）：16-26.

刘林，王宇华，乔卫阳，2016. 林权改革的收入效应——基于浙江省重点林区的实证研究[J]. 上海经济研究（8）：67-75.

刘晓欣，邵艳敏，张珣，2011. 基于 Bootstrap-DEA 的工业能源效率分析[J]. 系统科学与数学，31(3)：361-371.

宋长鸣，向玉林，2012. 林业技术效率及其影响因素研究[J]. 林业经济（2）：66-70.

苏时鹏，马梅芸，林群，2012. 集体林权制度改革后农户林业全要素生产率的变动——基于福建农户的跟踪调查[J]. 林业科学，48(6)：127-135.

苏时鹏，吴俊媛，甘建邦，2015. 林改后闽浙赣家庭林业全要素生产率变动比较[J]. 资源科学，37(1)：112-124.

田杰，姚顺波，2013. 中国林业生产的技术效率测算与分析[J]. 中国·人口·资源与环境，23(11)：66-72.

肖芸，赵敏娟，2013. 基于随机前沿分析的不同粮食生产规模农户生产技术效率差异及影响因素分析——以陕西关中农户为例[J]. 中国农学通报（15）：57-63.

于金娜，姚顺波，2009. 退耕还林对农户生产效率的影响——以吴起县为例[J]. 林业经济问题，29(5)：434-437.

张海鹏，徐晋涛，2009. 集体林权制度改革的动因性质与效果评价[J]. 林业科学，45(7)：119-126.

张蕾，文彩云，2008. 集体林权制度改革对农户生计的影响——基于江西、福建、辽宁和云南 4 省的实证研究[J]. 林业科学，44(7)：74-78.

张自强，李怡，2017. 轮伐期与农户林地流转意愿：分树种经营的权能匹配[J]. 农村经济（11）：23-28.

朱冬亮，程玥，2009. 村级群体性决策失误：新集体林改的一个解释框架[J]. 探索与争鸣 (1)：36-42.

Chen Kand, Colin Brown, 2010. Addressing shortcomings in the household responsibility system empirical analysis of the two-farmland system in Shandong Province[J]. China Economic Review, 12：280-292.

Liu Z, Zhuang J, 2000. Determinants of technical efficiency in post-collective Chinese agriculture：evidence from farm-level data[J]. Journal of Comparative Economics, 28(3)：545-564.

Maria A G, Rigoberto A, 2007. Political violence and farm household efficiency in Colombia [EB/OL]. https：//ideas. repec. org/a/ucp/ecdecc/y2007v55i2p367-92. html.

Qin P, Xu J T, 2013. Forest land rights, tenure types, and farmers investment incentives in China：an empirical study of Fujian province[J]. China Agric. Econ. Rev. , 5(1)：132-40.

Simar L, Wilson P W, 1998. Sensitivity analysis of efficiency scores：how to bootstrap in nonparametric frontier model[J]. Manage. Sci. , 44(1)：49-61.

Xie Y, Gong P C, Han X, Wen Y L, 2014. The effect of collective forestland tenure reform in China：does land parcelization reduce forest management intensity? [J]. J. For. Econ. , 20：87-93.

C hapter 2
第 2 章

杉木人工林初植密度对最优
经济轮伐期的影响

由于 20 世纪 90 年代中期对天然林的乱砍滥伐和自然保护区面积的增加以及世界范围内的林地产权私有化，导致可供生产木材的天然林面积进一步减少（Harcharik，1997；Payn et al.，2015；Marron and Epron，2019）。2000 年，中国政府决定实施天然林保护战略，这是中国林业以木材生产为主转变为以生态建设为主的重要标志，而国家建设和社会发展所需要的木材和其他林产品，除进口外，唯一途径便是营建高质量的人工林。人工林是人工营建的高度集约经营的森林生态系统，在相同生态环境和经营措施下林分生产力显著高于天然林（王豁然，2000）。通过对人工林的可持续经营不但能够有效地减缓天然林所承受的木材生产压力，还可以根据市场需求生产木材和特殊目的的林产品，在较短的轮伐期内达到天然林不能达到的较高的木材产量。另外，由于人工林在木材生产方面的补偿作用，可以使天然林更好地发挥生态环境效益，森林娱乐和生物多样性保护功能。

在中国的人工林建设中，杉木（*Cunninghamia lanceolata*）是我国亚热带分布面积和蓄积均位居第一的用材树种，广泛用于建筑、装修、造船、农具、采矿坑木等领域[中国森林资源报告（2009—2013），出版时间 2014 年 6 月 1 日]。20 世纪 80 年代，中国政府启动的第六个五年科技支撑项目开始，为实现通过集约经营提高木材产量的目标，逐步构建并完善了以"遗传控制、密度控制、立地控制"为核心的杉木工业用材林培育体系。而林分最适种植密度和最优轮伐期的确定则是用材林集约经营体系的重要组成部分。简单地说，种植密度就是造林的初始投入，轮伐期就是何时采伐获得产出收益，这种投入产出关系决定了林业生产效率的高低。因此，对由种植密度和轮伐期的变化所导致的森林经营管理的生产应用和理论分析都是重要的。

对林分最优轮伐期的研究由来已久，从经济学的角度来研究最优轮伐期从 Faustmann 开始也有近 200 年的历史，在最优轮伐期的理论上已经形成了基本的框架体系（Cawrse et al.，1984；Newman，1988；Reed，1993；Insley，2002；Tahvonen et al.，2013；Price，2011、2017；Brazee and Dwivedi，2015；Brazee，2018）。中国的学者对最优经济轮伐期的研究成果也很多，单从杉木人工林最优经济轮伐期的研究来看，众多学者分别从培育目标（陈平留等，2001)、立木价格(石海金、宋铁英，1999)、密度控制(徐德应等，1993)等角度进行了详细的论述。由于所采用的利率、价格等经济指标和培育措施等技术指标因研究目标的不同，因此尽管已有研究所建议的初始造林密度可能对当时杉木经营具有良好的促进作用，但由于市场条件变化所导致的杉木生产的收益情况尚不清楚。因此，研究最优经济轮伐期在不同经济与技术条件下的变化规律就更为重要。

尽管学者们普遍认为初植密度对林分生长动态有非常重要的影响，但这种影响对林分经营管理的作用却很少被研究(Coordes，2013)。种植密度的作用不仅体现在它对林分径阶分布和木材质量的决定性影响，它还是决定木材生产利润的关键。具体表现在：①种植密度影响林分产出木材的质量(Hyytiäinen et al.，2005；韩飞等，2010)。因为种植密度不同，林分径阶分布存在显著差异，种植密度越小的林分产出的中、大径阶的木材比例越大，木材质量越好。②种植密度影响林分生产利润(Gong，1998)。因为立木径阶越大相应的立木价格越高，且在采伐技术水平一定的条件下，立木径阶越高采伐成本越低，导致立木净价格差异显著。③种植密度决定了间伐的时间和强度(Gong，1998；Cao，et al.，2006)。由此可见，在优化模型中明确包含密度效应至关重要。

Chang(1983)为分析种植密度对林分经营的影响做出了开创性工作。他以 Faustmann 模型、Hyde(1980)和 Hirshleifer(1970)的早期研究为基础建立模型，他的模型减少了来自不同种植密度对经济相关方面互动结构的多重影响。此后有关研究大多沿着 Chang 的框架来分析(Caulfield et al.，1990；Solberg and Haight，1991)。但是，Chang(1983)分析种植密度和轮伐期之间的关系的时候没有涉及价格差异。有关立木价格差异的研究，最开始是 Zhou(1999)通过区分欧洲赤松(*Pinus sylvestris*)木材质量高低，分析木材质量对木材价格的影响。Brazee 和 Dwivedi(2015)将木材质量对价格的影响应用到有关轮伐期的研究中，他们发现不同径阶下的木材价格直接影响了最优轮伐期，木材径阶越大，价格越高，提高径阶的价格会增加最优经济轮伐期，这与最初的 Faustmann 模型的比较静态分析结果是相反的[①]。另外，Chang(1983)分析种植密度和轮伐期之间关系的时候也没有涉及间伐。因为他怀疑任何对种植密度与轮伐期模型的扩展(比如加入间伐因素)，将会导致模型更高的复杂性，这种复杂性将可能不会得到有意义的结果。在 Chang 之后虽然有学者将密度、间伐和轮伐期放在同一个框架下进行分析(Cawrse et al.，1984；Hyytiainen and Tahvonen，2002；Cao et al.，2006；Coordes，2013、2014)，但是对三者的关系尚没有一致性的结论。例如，有学者认为：针叶树工业用材林应该造高初始密度林分来确保通过间伐提高经营收益(Haight and Monserud，1990；Teeter and Caulfield，1991；Solberg and Haight，1991；Valsta，1992；Haight，1993)。有些研究结论正好相反，认为针叶树应该直接用最终皆伐密度进行造林(Gong，1998；Zhou，1998、1999)。从已有文献对杉木林抚育间伐的早期研究来看，姜志林等(1982)、刘景芳等(1996)认为间伐能提高木材质量和经济出材率，生产间伐材，增加经营收入。但是随着劳动力价格逐年增加，间伐人工成本越来越高，甚至超过间伐收入。因此，在我国的很多杉木林区，出现了即使林分已经郁闭甚至发生自疏也不进行抚育间伐的现象。Hyytiäinen et al.(2005)在研究北欧欧洲赤松(*Pinus sylvestris*)时指出：高利率情况下不能高密度造林，即使会有间伐收入，这个收入来的太迟了。张水松等

---

① Amacher G S et al.(2009)利用比较静态分析证明了 Faustmann 模型中，当其他条件不变时活立木价格增加会缩短轮伐期。

（2005）通过杉木抚育间伐强度试验，认为间伐可以促进杉木直径生长和单株材积生长，但不能提高林分总出材量。因此，在林分总出材量稳定的情况下，提高林业生产效率的唯一途径就是通过减少劳动力投入以节约生产成本。基于已有研究成果，本文为了研究初植密度和最优轮伐期的关系，构建如下假设条件：

（1）不考虑立地条件差异。依据《杉木大径材培育技术规程》（LY/T 2809—2017）有关培育用材林的造林地质量必须在立地指数 16 以上的要求，本研究所选择的密度试验林立地指数均为 18。相同立地指数的不同初植密度试验林，可以避免立地条件差异对研究初植密度与最优经济轮伐期关系的干扰。

（2）不考虑植被控制和间伐等抚育经营措施。忽略了杉木造林后连续 2 年的杂灌控制和郁闭前的抚育间伐所带来的生产成本。

（3）类似地，与造林直接相关的比如种植技术、林地整理以及影响造林苗木存活等所有随机事件（比如自然灾害、缓苗、人工补植等）都被忽视。

（4）不考虑税费的影响。

本文将除了密度之外的所有影响木材产出数量和质量的因素都从模型中排除，不是因为它们不重要，是因为它们与本文的主题无关。本研究的目的是考察初始种植密度对杉木人工林最优轮伐期的影响。

2.1 材料与方法

2.1.1 试验材料

以 26 年生杉木密度试验林作为研究材料。该密度试验林设在江西省分宜市亚热带林业实验中心（27°34′N，114°33′E）。1981 年春天，采用 1 年生杉木裸根苗营造密度试验林。试验采用随机区组设计，由株行距分别为 2.0m × 3.0m（1667 株/hm²）、2.0m × 1.5m（3333 株/hm²）、2.0m × 1.0m（5000 株/hm²）、1.0m × 1.5m（6667 株/hm²）和 1.0m × 1.0m（10000 株/hm²）5 种初植密度组成一个区组，每种初植密度重复 3 次，共 15 个小区，每个小区面积均为 600m²。造林后第 3 年开始，每年测定每株树木的树高（m）、胸径（cm）、冠幅（m）和枝下高（m），并记录树木存活状况。在造林后的第 10 年开始，林分每木调查改为每 2 年调查一次。截至 2006 年冬季，已连续观测 16 次。

直径分布是进行木材分级利用的基础，在一个林分采伐时将生产多种径级的木材。不同径级的木材，利用方式不同，其产生的经济效益是不同的。本研究利用 3 参数 Weibull 理论生长模型，分析不同初植密度下林分径阶随林分年龄变化的分布规律。首先，对 15 个小区在不同林龄的直径分布，以 2cm 为径阶进行划分；然后以林分年龄为自变量，不同径阶对应的立木材积为因变量，在 95% 的可信度条件，采用最大似然估计法，利用 R 软件迭代拟合 Weibull 参数求解。模型参数估计结果见表 2-1。

表 2-1　Weibull 模型参数估计结果

密　度	参数 a	参数 b	参数 c	Value	Counts(gradi)	R^2	RMSE
1667	361. 800	13. 460	2. 080	0. 026	97	0. 913	36. 616
3333	369. 664	12. 471	2. 088	0. 017	288	0. 888	43. 137
5000	416. 376	14. 540	1. 892	0. 004	610	0. 977	19. 701
6667	398. 204	15. 012	2. 009	0. 003	1000	0. 994	9. 642
10000	588. 869	18. 199	1. 669	0. 011	1000	0. 983	19. 774

为了全面反映造林密度对立木径阶和材积的影响，计算幼龄林(10 年生)、中龄林(15 年生)和成熟林(20 年生)林分内，不同径阶对应的立木材积(图 2-1)。由图 2-1 可以看出，密度越小的林分，其分布曲线沿着径阶增长的方向移动的越快；林分小条木和小径材材积在高密度林分所占比例较大；大径材材积在低密度林分所占比例比高密度林分增加的快；中径材材积随林龄增加而增加，但在同龄的不同密度之间中径材材积比较接近。

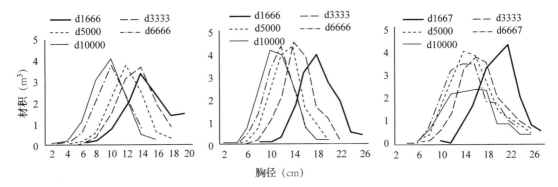

图 2-1　10 年、15 年、20 年生时材积与胸径的分布规律

立木价值的计算方法是将林分不同径阶材积量乘以相应的净立木价格，其中相关价格是福建、安徽和广西统计汇总获得(石海金和宋铁英，1999)。成本信息来自实地调查(表 2-2)。初始造林成本从每公顷 5833 元到 10000 元不等，具体取决于特定的初植密度。对于所有密度，采伐成本平均为 208. 27 元/m³。

表 2-2　杉木人工林立木价格、采伐成本和净价格信息

径阶(cm)	6~8	10~12	14~16	18~20	22~24	26~28	>30
立木价格(元/m³)	600	900	1150	1450	1650	1900	2150
采伐成本(元/m³)	333. 50	263. 70	206. 40	188. 70	170. 50	155. 80	139. 30
净价格(元/m³)	266. 50	636. 30	943. 60	1261. 30	1479. 50	1744. 20	2010. 70
可变种植成本(元/株)	0. 5						
固定种植成本(元/hm²)	5000						

2.1.2　研究方法

本研究基于 Chang(1983)对密度和轮伐期的分析框架探讨最适初植密度与最优轮伐期之间的关系。Chang 在分析种植密度与轮伐期对林地期望价值的影响时建立了如下的模型：

$$\max_{T,m} LEV^C = \frac{PQ(T,\ m)-C_f-C_v m}{c^{rT}-1}-C_f-C_v m \tag{2-1}$$

式中：Q 为林分木材材积，它随着主伐年龄 T 和种植密度 m 而变化；C_f 为与造林相关的固定成本；C_v 为造林的可变成本；LEV^C 为土地期望值；P 为立木价格；r 为折现率。

林地所有者的经营目标是最大化林地期望价值的净现值。该模型是 Faustmann 公式的扩展，在 Faustmann 公式的基础上，除了轮伐期 T，加入了种植密度 m 这个决策变量。两个决策变量$(T,\ m)$对应的最大化一阶条件是：

$$\frac{\theta LEV^C}{\theta T}=0 \mid (T^*,\ m) \tag{2-2}$$

$$\frac{\theta LEV^C}{\theta m}=D \mid (T^*,\ m^*) \tag{2-3}$$

式中：T^* 和 m^* 分别为最优轮伐期和最适初植密度。

根据上述表达式可以看出最优轮伐期和最适初植密度必须同时确定，不能独立于最优轮伐期确定最适初植密度。虽然 Chang 提出了描述最优轮伐期与最适初植密度的基本关系，但是在该模型中没有考虑初植密度对林分径阶分布的影响。对杉木人工林的培育，初植密度对林分木材总材积的影响不显著[①]，但是不同初植密度，对林分径阶分布却有显著差异(Sun et al.，2012)。同时，杉木立木价格随着林分径阶大小而变化，径阶等级越大立木价格也越高。因此，木材价格变化导致不同密度下林分林地期望价值差异显著，并且这种差异还会通过采伐成本的不同得以放大(Coordes，2013)。这主要是因为：在采伐技术水平一定的条件下，立木径阶等级越高采伐成本越低。假设其他条件相同，在初植密度大的林分，小径阶的立木占比大，价格低，采伐成本高，价格效应和成本效应决定了该林分预期价值不高。由此可见，立木净价格差异(立木价格减去采伐成本)在杉木人工林经营中是必须要考虑的。

在 Chang(1983)模型基础上，设木材径阶 j 对应的立木价格 P^j，价格是外生给定的。成本 c 依赖于密度 m、轮伐期 T 和径阶等级 j；S^j 是木材径阶为 j 时占该林分总材积的比例。这样林分的立木价值就可以表示为(Chang and Deegen，2011)：

$$V(T,\ m)=\sum_{j=1}^{n}\left[P^j-c^j(T,\ m)\right]S^j(T,\ m)Q(T,\ m) \tag{2-4}$$

将(2-4)简化，P^j 表示立木净价格，Q^j 是木材径阶为 j 时的材积。则

$$V(T,\ m)=\sum_{j=1}^{n}P^j Q^j(T,\ m) \tag{2-5}$$

把木材价值方程(2-5)带入到 Chang(1983)的模型，给出林地期望价值的最大化模型：

$$\max_{T,m} LEV^E = \frac{V(T,\ m)-C_f-C_v m}{\varepsilon^{rT}-1}-C_f-C_v m \tag{2-6}$$

---

① 在较年轻的林分中，较高的密度会产生较高的材积量(Gizachew et. al.，2012)。如果不进行间伐，密度依赖性死亡率或"自疏"将在种植密度高的林分内先发生(孙洪刚，2010)。

此时，最大化的一阶必要条件就是：

$$\frac{\theta LEV^E}{\theta T} = 0 \mid_{(T^*,m^*)} \Leftrightarrow V_T = rV + rLEV^E \tag{2-7}$$

$$\frac{\theta LEV^E}{\theta m} = 0 \mid_{(T^*,m^*)} \Leftrightarrow V_m = C_v e^{rT} \tag{2-8}$$

比较发现：林地期望价值的一阶条件看起来与著名的 Faustmann-Pressler-Ohlin 定理非常相似（Johansson and Löfgren，1985）。仅就最优轮伐期而言［（式2-7）所示］，林分的价值增量（等式左侧）平衡了立木和林地的资本成本（等式右侧）。这一特征这也适用于初植密度，由式（2-8）可以看出，最适初植密度平衡了由于活立木数量增加所导致的价值增量和造林的未来可变成本。应该注意的是，式（2-7）和式（2-8）是个系统，由于木材价值的变化，初植密度的任何变化都会影响最优轮伐期的最大化条件，反之亦然。

在上述模型中，最适初植密度至少在两个方面很重要。首先，初植密度决定了不同径阶下林分材积分布比例及其随林分生长的变化比例。其次，种植密度决定了林分净价格水平的高低。必须指出的是，一旦木材价格和折现率同时变化，就不能对最适种植密度的大小变化方向做出一般性建议。因此，在接下来的理论分析中，不单独研究外生参数的影响，而是分析初植密度和轮伐期之间的内生依赖性。

利用最优轮伐期 T^* 的一阶必要条件式（2-7），可以得到：

$$\sum P^j Q_T^j + \sum P_T^j Q^j = r \sum P^j Q^j + rLEV \tag{2-9}$$

假设决策变量集 $\{T, m\}$ 的一个最佳选择，m 对 T 的影响使用一阶条件式（2-9），式（2-9）对 m 和 T 微分的结果为：

$$\frac{\partial^2 LEV}{\partial T^2} dT + \frac{\partial^2 LEV}{\partial T \partial m} dm = 0$$

$$\frac{dT}{dm} = -\frac{\frac{\partial \sum P^j Q^j}{\partial m}(\sum Q_T^j / \sum Q^j - r)}{\frac{\partial^2 LEV}{\partial T^2}} \tag{2-10}$$

从式（2-10）可以看出，初植密度对 T^* 的影响是非常复杂的，他们的关系不能简单地认定为正相关或者为负相关。但是可以在某些特定条件下确定二者之间的关系。首先，林地期望价值函数一般被认定为是"凹"的，那么 $\partial^2 L / \partial T^2$ 对于 T 就一定是负的（Halbritter and Deegen，2015）。其次，如前文所述，初植密度对立木价值的影响是负的，即 $\partial \sum P^j Q^j / \partial m$ 也是负的。因此初植密度对 T^* 的影响方向取决于林分材积增长率和折现率之间的关系（$\sum Q_T^j / \sum Q^j - r$）。在林分材积增长率较高的情况下，较高的初植密度对 T^* 的影响是负向的。然而，在这种密度依赖价格的模型中，T^* 可能出现在较晚的林龄，此时 $\sum Q_T^j / \sum Q^j < r$，在这种情况下，较高初植密度对 T^* 的影响将是正向的。由于不能明确地确定交叉导数的值，因此，基于长期定位观测数据来计算可以用来指出在特定情况下初植密度对最优采伐林龄的影响。

2.2 结果与分析

2.2.1 不同初植密度下林地期望价值及最优轮伐期

根据式(2-6)计算不同初植密度下的最优轮伐期，计算结果总结在表2-3中。由于折现率的选择不确定，在本文的讨论中设置折现率在0.01~0.09之间，表2-2中给出当折现率为0.05时的结果(Halbritter and Deegen,2015)。T^*随着初植密度的增加表现出先减少后增加的情况。初植密度最大和初植密度最小的T^*比较接近，且比中间密度的T^*要长。在T^*时，密度为1667株/hm²的林分立木价值最高，其次为密度为3333株/hm²的林分和密度为10000株/hm²的林分，立木价值最低的为密度为5000株/hm²和密度为6667株/hm²的林分。从这点上来看，初植密度应该选择两个极端，要么低密度造林要么高密度造林。但是如果考虑到投资的机会成本，林地期望价值就表现出随密度增加而下降的情况，这个结果更倾向于低密度造林。林地机会成本也就是林地租金，体现林地经营者必须承担的林地价值的利息成本。它和由于推迟采伐而导致的立木价值的机会成本构成了林地经营者必须承担的最大机会成本。由计算结果可以看出，初植密度最小的林分的机会成本最高，即林地边际收益也最高；初植密度处于中间水平的林分林地边际收益最低。在连续不断的杉木经营中，杉木经营者要等到林地边际收益的增长量不在超过总的机会成本的时候进行采伐(Pearse,1967)，也就是本文通过改进的Faustmann模型实现杉木人工林经营中经济收益最高的年份。

表2-3 杉木立木价值、最优轮伐期与林地期望价值($r=0.05$)

密度 （株/hm²）	最优轮伐期 （a）	立木价值 （元/hm²）	林地期望价值 （元/hm²）	林地机会成本 （元/hm²）	推迟采伐机会成本 （元/hm²）
1667	16	13897.333	5142.600	507.130	694.867
3333	13	9042.338	4599.429	479.971	452.117
5000	13	7203.396	2842.951	392.148	299.020
6667	16	8646.617	1229.049	311.452	297.831
10000	17	9099.256	1561.001	328.050	454.963

我们以$r=0.05$为例计算杉木人工林经营中林地期望价值和最优轮伐期，该结果清楚地强调了初植密度决定的复杂性和重要性及其对林分经营管理的影响，因此将对密度效应进行更深入的分析。

2.2.2 不同折现率条件下初植密度与最优轮伐期

通过对式(2-10)的分析，我们发现林分材积生长率与折现率的大小关系决定了初植密度对T^*作用的方向。折现率的选择存在很大的争议。如果从个人对未来的不确定性、消费的边际效益递减以及资本的机会成本理论出发，应该选择较高的折现率。但从自然资源增长的有限性以及代际公平的角度考虑，很多学者反对较高的折现率(Newell and Pizer, 2004)，甚至有学者认为应该选择负的折现率(Drepper and Månsson,1993)。本文不专门讨论折现率的选择问题，从低到高设置9个折现率，利用敏感性分析给出不同折现率下的

林地 T^* 的结果，探讨在不同折现率条件下，林地的初植密度对 T^* 的影响。

敏感性分析结果见表 2-4。在相同密度下，随着折现率水平的提高，T^* 缩短。这是因为折现率增加会增加推迟采伐的机会成本。这一点与基础 Faustmann 模型的比较静态分析结果是一致的(Amacher et al.，2009)。折现率越高，未来收获被赋予较低的价值，故采伐决策在折现率较高时更倾向于当前变现。因此，折现率的选择对森林采伐决策有特别的效应：可以说对于森林资源，折现率决定了收获率。表 2-4 的结果也显示出折现率越低，不同初植密度下的 T^* 差异越小；随着折现率的增加，T^* 的差异增大，说明初植密度对 T^* 的影响随着折现率的增加而增加。

表 2-4 不同折现率下不同初植密度的杉木人工林 T^* 计算结果

初植密度	$r=0.01$	$r=0.02$	$r=0.03$	$r=0.04$	$r=0.05$	$r=0.06$	$r=0.07$	$r=0.08$	$r=0.09$
d1667	20	18	17	17	16	15	13	11	8
d3333	19	16	15	15	13	12	11	10	9
d5000	18	15	15	14	13	13	11	11	10
d6667	19	18	17	17	16	14	13	13	13
d10000	20	19	18	18	17	17	16	15	15

但是在相同折现率水平下，T^* 随着初植密度的增加的变化规律不一致。由结果可以看出，当折现率较大时($r=0.09$)，初植密度对 T^* 的影响是单调递增的，而当折现率较小时，初植密度对 T^* 的影响是由低到高，这意味着初植密度对 T^* 的影响方向由负向到正向。这是因为初植密度对轮伐期的影响方向取决于林分材积增长率和折现率之间的关系 ($\sum Q_T^j / \sum Q^j - r$)。当折现率较高(例如 $r=0.09$)，超过杉木人工林在任何林龄时的材积生长率时，$\sum Q_T^j / \sum Q^j - r$ 的值为负，根据式(2-10)，此时 dT/dm 的值为正，即初植密度越大，T^* 越长。而当折现率较低时，折现率与不同密度下杉木人工林材积生长率之间存在交叉点，即在杉木生长前期，材积生长率较高，高于折现率，随着杉木生长率的降低，材积生长率将小于折现率。当杉木的材积生长率高于折现率时，($\sum Q_T^j / \sum Q^j - r$) 为正，$dT/dm$ 的值为负，因此随着初植密度增加，T^* 越短。当材积生长率小于折现率时，初植密度对 T^* 又产生正向的影响。另外，从 T^* 的数值上看，初植密度越小对折现率的反应越敏感。最小初植密度为 1667 株/hm^2 所对应的最优经济轮伐期从折现率为 0.01 到 0.09，减少了 12 年，而最大初植密度 10000 株/hm^2 所对应的最优经济轮伐期从折现率为 0.01 到 0.09，只减少了 5 年。但是这种差异并不完全是折现率的变化引起的，还与立木价格在不同径阶间的差异有关(式 2-10)，将在后文讨论。

2.3 结论与讨论

2.3.1 结 论

本文利用 5 个初植密度的杉木人工试验林，研究初植密度对最优经济轮伐期的影响。通过计算杉木人工林林地期望价值，比较五种种植密度下最优经济轮伐期变化规律，我们认为最适种植密度(初始投入)与最优经济轮伐期(最终产出)相互作用,不能独立于种植密度来确定最优经济轮伐期。另外,确定初植密度对最优经济轮伐期的作用要把握两个关键:一个是林分材积增长率与折现率的大小关系,如果林分材积增长率高于折现率时,初植密度对最优经济轮伐期具有负向影响,反之为正向;另一个关键是种植密度对木材质量的影响,木材质量表现为林分内径阶分布及不同径阶木材的价格差异。种植密度小的林分随着林龄的增加立木价格差异越大,因此对最优轮伐期的影响也越大。由此可以推断在人工成本日益增加的情况下,采用最终皆伐密度造林更倾向于低密度造林,但是最低密度的底线是多少,还有待于进一步的研究。虽然通过本文的研究了解到初植密度对最优经济轮伐期的影响,但是密度措施对于杉木人工林经营的经济效果,杉木经营者还需要明确的信息,至少,杉木经营者必须知道所在的经济环境和密度驱动的生产函数,才能清晰、全面地了解密度效应。

2.3.2 讨 论

本文有关杉木人工林初植密度和 T^* 的计算结果显示,同一折现率下,初植密度最低的林分林地期望价值最大。Gong(1995)为瑞典北部苏格兰松选择最适初植密度时,发现最适初植密度为 670 株/hm²,这个数值远远小于法定要求每公顷 1300 个幼苗的标准。Lohmander(1994)在分析人工林经营时也提出经济上最优的投资强度应该非常低,即初植密度要很低,并建议主管部门放宽造林的密度要求水平。徐德应等(1993)对通过密度控制的杉木人工林最优轮伐期进行研究,认为初植密度以 2200～3300 株/hm² 最适宜。由此可见,对针叶树经营倾向于低密度造林。虽然从 LEV 最大的角度看,低密度造林是合理的。但是,以本文对杉木人工林的分析,最适的初植密度应该低到多少? 这还是一个不能明确的问题,可能需要配合树木生长规律来判断。另外还需要考虑到低密度林分的最优经济轮伐期较长(表 2-4),从长期持续经营的角度考虑,T^* 短的林分在某一很长的时间内,林分皆伐的频率要大于最优经济轮伐期长的林分。例如折现率为 0.05 时,密度为 1667 株/hm² 的 T^* 为 16 年,在 200 年的经营中有 12 次采伐;而密度为 3333 株/hm² 的林分在 200 年里可以采伐 15 次。假设每个轮伐期内所有的影响因素不变,根据表 2-3 的结果,采伐频率高的林分的总收益大于采伐频率低的林分。从这个角度看,最低初植密度并不是最优选择。T^* 短的林分从表 2-4 中可以看出是初植密度处于中间水平的林分,对杉木人工林来说,初植密度为 3333 株/hm² 的林分从更长的期间来看总收益是最大的。同时,表 2-3 显示初植密度大的林分和初植密度小的林分 T^* 都长,因此 Coodres(2013)认为密度和 T^* 可能无关,密度只会影响木材生产利润。综合表 2-4 的结果,本文认为造成这种矛盾结果的原因是折现率的变化所导致,Coodres(2013)的结论是设折现率为 0.04 时得到的,与本文设置折现率为 0.05 的结论基本是一致的,但是如果折现率增加就会发现初植密度越大 T^* 越长,因此,折现率就成为决定初植密度与 T^* 之间关系的关键。例如,Solberg 和 Haight(1991)建议挪威云杉(*Picea abies*)无间伐情况下的初植密度在低折现率时为 2700 株/hm²,高折现率时为 950 株/hm²。

折现率对初植密度与 T^* 之间关系的影响从公式(2-10)可以看出。本文根据拟合的 Weibull 方程计算得出不同密度下林分的材积生长率(图 2-2),在不同初植密度的林分,其材积生长率在生长的前期:初植密度最大的林分在生长的前期生长率明显低于密度小的林分；但是初植密度最小的林分并不是生长率最快的，初植密度为 3333 株/hm² 的林分表现出最快生长率。林龄在 10 年以后，不同初植密度下的林分材积生长率均小于 0.1；生长至 13 年左右时生长率小于 0.05，渐近为 0。这与张水松等（2005；2006）对杉木生长规律的研究结论基本上是一致的。从表 2-2 的结果看，T^* 出现在 13 年之后，此时杉木生长率小于折现率，因此初植密度对最优经济轮伐期的影响是正向的，初植密度越大，T^* 就会越长。有学者认为杉木人工林最适种植密度与折现率高或低无关（徐德应等，1993），因为徐德应等在当时条件下计算的轮伐期都在 20 年以上，不同密度下的杉木林分生长率渐近等于 0；如果折现率高，T^* 缩短在杉木生长率较高的时期，折现率的高低一定会影响对初植密度和 T^* 的判断。

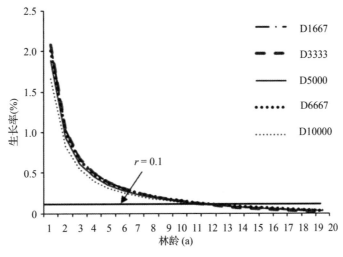

图 2-2 杉木人工林生长率

从图 2-2 看出，杉木人工林前期生长率较高，但是随着林龄的增加，生长率趋近于 0，因此（$\sum Q_T^j / \sum Q^j - r$）的绝对值很小，主要决定了初植密度对 T^* 影响的方向，初植密度对 T^* 影响的程度主要取决于初植密度对立木价值的作用 $\partial \sum P^j Q^j / \partial m$（式 2-10）。立木价值表现在不同径阶木材的材积 Q^j 及其净价格 P^j 两方面。在确定最适初植密度时，有些学者考虑到立木价格的差异（Taylor and Fortson，1991；Coordes，2013），如 Gong（1998）在研究中提出影响最适初植密度和 LEV 的最重要的因素是立木价格的短期变化。陈留平等（2001）也曾指出材种价格与最优轮伐期的计算结果有很大关系，如果大径材的价格与中、小径材没有拉开，则将使最优轮伐期提前。由于密度效应导致林分内大、中、小规格材比例差异，所引起木材采伐生产成本也对最优轮伐期的计算结果有一定的影响，大径材比例越高的林分生产成本较低，小径材比例越高的林分生产成本较高，如果在计算中采用平均生产成本也将使最优轮伐期提前。可见，价格效应和成本效应综合在一起更加扩大了不同初植密度下林分净价格之间的差异，这是决定初植密度对 T^* 影响程度的关键。

参考文献

陈平留，刘健，郑德祥，2001. 速生丰产优质杉木林经济效益分析及伐期确定[J]. 林业科学，37(z1)：47-51.

国家林业局，2014. 中国森林资源报告(2009-2013)[M]. 北京：中国林业出版社.

韩飞，李凤日，梁明，2010. 落叶松人工林林分密度对节子和干形的影响[J]. 东北林业大学学报，38(6)：4-8.

姜志林，叶镜中，周本琳，1982. 杉木林的抚育间伐[M]. 北京：中国林业出版社

刘景芳，童书振，1996. 全国杉木人工林间伐表编制的研究[J]. 林业科学研究，9(2)：152-157.

孟宪宇，2006. 测树学. 北京：中国林业出版社.

石海金，宋铁英，1999. 适应价格的用材林主伐决策模型的研究[J]. 林业科学，35(1)：15-20.

王豁然，2000. 关于发展人工林与建立人工林业问题探讨[J]. 林业科学，36(3)：111-117.

徐德应，刘景芳，童书振，1993. 杉木人工林优化密度控制模型——DENTROL[J]. 林业科学，29(5)：415-423.

张水松，陈长发，吴克选，2005. 杉木林间伐强度试验20年生长效应的研究[J]. 林业科学，41(5)：56-65.

张水松，陈长发，吴克选，2006. 杉木林间伐强度材种出材量和经济效果的研究[J]. 林业科学，42(7)：37-46.

朱臻，沈月琴，徐志刚，等，2014. 森林经营主体的碳汇供给潜力差异及影响因素研究[J]. 自然资源学报，29(12)：2013-2022.

Amacher G S, Ollikainen M, Koskela E, 2009. Economics of forest resources[M]. The MIT Press, Cambridge MA and London, UK.

Barbour R J & Kellogg R M, 1990. Forest management and end-product quality：A Canadian Perspective[J]. Can. J. For. Res., 20：405-414

Brazee R J, 2018. Impacts of declining discount rates on optimal harvest age and land expectation values[J]. J. Forest Econ., 31：27-38.

Brazee R J, Dwivedi P, 2015. Optimal forest rotation with multiple product classes[J]. For. Sci., 61(3)：458-465.

Cao T, Hyytiainen K, Tahvonen O, Valsta L, 2006. Effects of initial stand states on optimal thinning regime and rotation of *Picea abies* stands [J]. Scand. J. For. Res., 21：388-398.

Caulfield J P, South D B, Somers G L, 1990. The influence of the price size curve on planting density decisions. Sixth Biennial Southern Silvicultural Research Conference, 801-810.

Memphis Cawrse D C, Betters D R, Kent B M, 1984. A variational solution technique for determining optimal thinning and rotation schedules[J]. For. Sci., 30：793-802.

Chang S J, Deegen P, 2011. Pressler's indicator rate formula as a guide for forest management [J]. J. For. Econ., 17：258-266.

Chang S J, 1983. Rotation age, management intensity, and the economic factors of timber production：do changes in stumpage price, interest rate, regeneration cost, and forest taxation matter[J]. For. Sci., 29：267-277.

Coordes R, 2013. Influence of planting density and rotation age on the profitability of timber production for Norway spruce in Central Europe[J]. Eur. J. For. Res. , 132; 297-311.

Coordes R, 2014. Thinnings as unequal harvest ages in even-aged forest stands[J]. For. Sci. , 60, 677-690.

Drepper F R, Månsson B Å, 1993, Interfemporal valuation in an unpredictable environment[J]. Ecoe. Econ. , 7: 43-67.

Giza Chew B, Brunner A, Øyen B H, 2012. Stand responses to initial spacing in Norway spruce Pantations in Norway. Scand. J. Forest Res. , 27: 637-648.

Gong P, 1998. Determining the optimal planting density and land expectation value — a numerical evaluation of decision model[J]. For. Sci. , 44: 356-364.

Haight R G, 1993. Optimal management of loblolly pine plantations with stochastic price trends [J]. Can J For. Res. , 23: 41-48.

Haight R G, Monserud R A, 1990. Optimizing any-aged management of mixed-species stands. II: effects of decision criteria[J]. For. Sci. , 36: 125-144.

Halbritter A, Deegen P, 2015. A combined economic analysis of optimal planting density, thinning and rotation for an even-aged forest stand[J]. For. Policy Econ. , 51, 38-46.

Harcharik D A, 1997. Sustaining forest ecosystems: FAO's role[J]. The Forestry Chronicle, 73 (1): 127-130.

Hirshleifer J, 1970. Investment, interest and capital[M]. Prentice-Hall, Upper Saddle River.

Hyde W F, 1980. Timber supply, land allocation, and economic efficiency[M]. The John Hopkins University Press, Baltimore.

Hyytiäinen K, Tahvonen O, Valsta L, 2005. Optimum juvenile density, harvesting, and stand structure in even-aged Scots pine stands[J]. For. Sci. , 51: 120-133.

Hyytiäinen K, Tahvonen O, 2002. Economics of forest thinnings and rotation periods for Finish conifer cultures[J]. Scand. J. For. Res. , 17: 274-288.

Insley M, 2002. A real options approach to the valuation of a forestry investment[J]. J. Environ. Econ. Manage. , 44 (3): 471-492.

Johansson P O, Löfgren K G, 1985. The economics of forestry and natural resources[M]. Basil Blackwell, Oxford, UK (292 p.)

Lohmander P, 1994. The economically optimal number of plants, the damage probability and the stochastic round wood market. P. 290-314 in Proc. of the Internat. Symp. on Systems analysis and management decisions in forestry, Gonzalo L, and V Paredes (eds.)

Marron N, Epron D, 2019. Are mixed-tree plantations including a nitrogen-fixing species more-productive than monocultures[J]. Forest Ecol. and Manage. , 441: 242-252.

Newell R G, Pizer W A, 2003. Discounting the distant future: how much do uncertain rates increase valuation? [J]. J. Environ. Econ. Manage. , 46: 52-71.

Newman D H, The optimal forest rotation: A discussion and annotated bibliography[J]. General Tech. Rep.

Payn T, et al. , 2015. Changes in planted forests and futureglobal implications[J]. Forest Ecol. Manage. , 352: 57-67.

Pearse P H, 1967. The optimum forestry rotation[J]. Forestry Chronicle, 43: 178-195.

Price C, 2017. Optimal rotation with differently-discounted benefit streams [J]. J. Forest Econ. , 26: 1-8.

Price C, 2011. Optimal rotation with declining discount rate [J]. J. Forest Econ. , 17 (3): 307-318.

Reed W J, 1993. The decision to conserve or harvest old-growth forest [J]. Ecol. Econ. , 8: 45-69.

SE-48, USDA Forest Service, Southeastern Forest Experiment Station (1988).

Solberg B, Haight R G, 1991. Analysis of optimal economic management regimes for *Picea abies* stands using a stage structured optimal-control model [J]. Scand. J. For. Res. , 6: 559-572

Sun H, Zhang J, Duan A, He C, 20111. Estimation of the self-thinning bourdary line with in even-aged Chinese fir (*Cunninghamia lanceolata* (Lamb.) Hook) stands Onset of self-thinning. Forest Ecol. Manag. , 261: 1010-1015.

Sun H, Zhang J, Duan A, Zharg G, 2012. Eflect of pre-commercial thinning on diameter class distribution ard total merchantable volume growth in Chinese fir stands in southern China. African Journal of Agricaltural Research, 7(21): 3158-3165.

Tahvonen O, Pihlainen S, Niinimäki S, 2013. On the economics of optimal timber production in boreal Scots pine stands [J]. Can. J. For. Res. , 43: 719-730.

Taylor R G, Fortson J C, 1991. Optimum plantation planting density and rotation age based on financial risk and Return [J]. For. Sci. , 37: 886-902.

Teeter L D and Caulfield J P, 1991. Stand density management strategies under risk: Effects of stochastic prices [J]. Can. J. For. Res. , 21: 1373-1379.

Valsta L, 1992a. A scenario approach to stochastic anticipatory optimization in stand management [J]. For. Sci. , 38, 430447.

Wang H, 2000. Approaching to the development of planted forests and establishment of forest plantation industry [J]. Scientia Silvae Sinicae, 36(3): 111-117.

Zhou W, 1998. Optimal natural regeneration of Scots pine with seed trees [J]. J. Environ. Manage. , 53: 263-271.

Zhou W, 1999. Optimal Method and Optimal Intensity in Reforestation [M]. Doctoral thesis Swedish Univ. of Agricultural Sciences, Umea, Sweden.

第 3 章

杉木人工林个体大小分化与生产力关系的研究

　　森林内个体大小分化会对其物种组成、种间(内)关系以及森林结构和生产力等方面带来一系列显著影响(盛炜彤，2001；Binkley et al.，2006；Liang et al.，2007；Lei et al.，2009；Ratcliffe et al.，2015；Ali.，2019)。与单一树种纯林相比较，混交林内由于种间生态位分化所引起的个体大小差异，会导致林分生产力比单一树种纯林生产力平均高出 23.7%(马祥庆等，1998；Zhang et al.，2012)，这也是近年来提倡通过营建混交林来提高林分生产力的重要科学依据之一(Forrester et al.，2016；刘世荣等，2018)。事实上，即使混交林分内的树种之间生态位重叠度较小，在林分生长过程中也可能由于生长空间、光照以及土壤条件等因素限制而发生竞争，继而同种或种间个体大小发生分化，混交林分生产力与单一树种林分生产力相比较并没有明显提高，甚至出现混交减产的情况，林分生产力与混交的某一树种纯林相比较，减产幅度达 10%～20%(何宗明等，2000；Tschieder et al.，2012；Bourdier et al.，2016)。在林分生长早期，不论是不同树种还是同种个体间的竞争都较弱(Xue et al.，1998)；随着林分内个体不断生长，林冠开始相互接触和遮蔽，根系也逐渐向相邻土壤水分和养分富集的同一区域伸展，个体间竞争程度逐渐增加。在竞争过程中处于优势地位的个体，由于生长快而可以占有更多生长资源，而且优势个体占有各类生长资源的效率要远大于林分中处于劣势的个体(方奇，1997；Binkley et al.，2010)。由此开始，林分内不同个体间大小分化由于非对称性竞争程度日益增大而迅速增加。尤其是林分密度越大，因资源获取而发生的非对称竞争的林龄也越小，并且随着林分年龄增加，林分内个体分化的程度也越高(Caplat et al.，2008；Lin et al.，2016)。但在竞争达到一定程度时，会发生林分自然稀疏死亡，而这会导致林分内存活个体间分化程度增大，减小还是保持不变？自然稀疏死亡又会对林分生产力会产生何种影响？上述问题目前尚无定论。对于人工纯林来说，林分年龄、造林密度以及林分自然稀疏等因素与个体大小分化程度的关系，以及这种个体大小分化程度会对林分生产力产生何种影响？这些对于人工林生产力具有重要影响的机理问题目前尚鲜见报道(Knox et al.，1989；McGown et al.，2016；Soares et al.，2017)。

因此，本研究以我国南方重要的用材树种杉木的 26 年定期观测密度试验林为研究材料，在已有相关研究的基础上，主要聚焦林分年龄、造林密度和林分自然稀疏对林分内个体大小分化和生产力影响，具体研究内容包括：①随林分年龄和造林密度增加，个体间大小分化规律；②发生林分自然稀疏时以及随后的自然稀疏进程中，个体大小的分化程度和变化趋势；③林分年龄、造林密度和林分自然稀疏对个体间大小分化与林分生产力间关系的影响。本研究以结构决定功能为出发点，旨在阐明个体间大小分化(结构)与林分生产力(功能)的关系，研究结论可以为通过调整培育措施改变林分内个体大小分化，进而提高人工林生产力提供理论依据。

3.1 材料与方法

3.1.1 样地设置

杉木密度试验林设在江西省分宜市亚热带林业试验中心(27°34′N，114°33′E)。1981 年春天，采用 1 年生杉木裸根苗营造密度试验林。试验采用随机区组设计，由 2.0m × 3.0m(1667 株/hm²，A)、2.0m × 1.5m(3333 株/hm²，B)、2.0m × 1.0m(5000 株/hm²，C)、1.0m × 1.5m(6667 株/hm²，D)和 1.0m × 1.0m(10000 株/hm²，E) 5 种密度组成一个区组，每个造林密度重复 3 次，共 15 个小区，分别记为(A$_1$、A$_2$、A$_3$，B$_1$、B$_2$、B$_3$，…，E$_1$、E$_2$、E$_3$)，每个小区面积均为 600m²。在造林当年秋季调查苗木成活率，对死亡的苗木，用同龄苗在当年冬天进行补植。在每个小区周围各栽植 2 行同样密度的杉木作为保护带。对每株林木进行挂牌观测。

3.1.2 指标测定和计算方法

造林后第 3 年开始，每年测定每株树木的树高(TH，m)、胸径(DBH，cm)、冠幅(CW，m)和枝下高(HLV，m)，并记录树木存活状况。在造林后的 10 年开始，林分调查改为每 2 年调查一次。截至 2006 年，已连续观测 26 年，定期测量 16 次，具体生长状况见表 3-1。

表 3-1 样地基本情况统计

样地编号	造林密度 (株/hm²)	2006 年活立木株数 (株/hm²)	林分平均胸径 (cm)	胸径范围 最小值~最大值 (cm)
A$_1$	1667	1364	19.07(±2.95)	3.8~23.7
A$_2$	1667	1484	17.41(±2.06)	10.2~24.1
A$_3$	1667	1439	19.28(±2.14)	9.7~31.5
B$_1$	3333	2653	15.31(±2.58)	7.9~25.7
B$_2$	3333	2938	10.65(±2.42)	6.49~13.80
B$_3$	3333	1754	12.29(±2.71)	7.58~16.23
C$_1$	5000	3868	12.82(±2.54)	3.80~23.74
C$_2$	5000	3598	9.57(±2.44)	5.51~13.16

（续）

样地编号	造林密度（株/hm²）	2006 年活立木株数（株/hm²）	林分平均胸径（cm）	胸径范围 最小值~最大值（cm）
C₃	5000	2743	10.21(±2.74)	6.04~14.04
D₁	6667	4647	8.76(±2.02)	5.53~11.90
D₂	6667	4212	8.85(±2.67)	4.95~13.14
D₃	6667	2983	9.13(±2.62)	5.33~13.26
E₁	10000	4152	8.39(±2.01)	5.55~11.70
E₂	10000	3328	8.42(±2.50)	4.80~13.08
E₃	10000	1484	8.75(±2.71)	5.10~13.11

注：( )表示林分平均胸径的标准差。

采用材积定期平均生长量[Periodic Annual Increment，PAI，$m^3/(hm^2 \cdot a)$]表示林分生产力。PAI 计算是基于连续两次相邻的测定期内，用林分后一次材积减去前一次材积，然后除以两次相邻测定间隔期长度。单位面积林分的活立木材积采用活立木单株材积乘以活立木数量得到，杉木活立木单株材积公式按照杉木二元立木材积经验公式计算（刘景芳等，1980）：

$$V = 0.00005877042 \times (DBH)^{1.9699831} \times (TH)^{0.89646157} \qquad (3-1)$$

式中：DBH 为活立木胸径；TH 为活立木树高；V 为活立木材积（dm^3）。

采用 Gini 系数表征林分内个体大小分化程度。该系数最早用于分析某一特定人群收入多少的差异程度（Lorenz，1905）。后来被引入到植物种群研究中，用于表征植物种群内个体大小差异程度（Weiner et al.，1984；Damgaard et al.，2000；Lexerød et al.，2006；Priego-Santander et al.，2013；Petersen et al.，2015；Zhang et al.，2017；West，2018）。在单位直角坐标系中，以活立木单株数量累积百分比为横坐标，相应单株断面积累积百分比为纵坐标，求得 Lorenz 曲线，该曲线与（1∶1）对角线围成的面积 2 倍与单位 1 的比值，即为 Gini 系数值（图 3-1）（Cordonnier et al.，2015）。

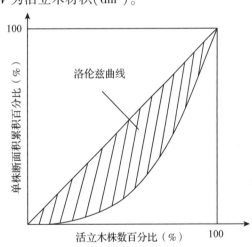

图 3-1 Gini 系数计算原理图解

Gini 系数是一个在[0，1]范围的无量纲指标，当数值为 0 时，表示某一林分内不同个体之间的大小没有差异；当数值越是接近 1 时，表明个体间大小差异程度越大。Gini 系数采用 R 软件下"ineq"软件包进行计算（Zeileis，2014）。

采用降维主轴分析方法（Reduced Major Axis Regression Method）判定杉木密度试验林是否进入林分自然稀疏阶段（LaBarbera，1989；Sun et al.，2011）。首先，将自然稀疏林分的死亡率由小到大按照 5% 区间进行划分（如，[0~5%]，[6%~10%]，[11%~15%]，…），统计各死亡率区间内的活立木数量和对应材积，并对活立木数量和对应材积数据进行标准化；其次，以活立木数量和对应材积的标准化数据分别为自变量和因变量，采用降维主轴法拟合不同死亡率区间下的自然稀疏斜率值，同时计算自然稀疏斜率值对应的 95% 置信区间；再次，按照死亡率区间由小到大，逐个比较前一个死亡率区间内活立木数量和对应材积拟合得到自然稀疏斜率值的 95% 置信区间，是否包含后面所有死亡率区间数据拟合得到的自然稀疏斜率值，如果包含，该死亡率区间起始值就是林分自然稀疏起点，即林分进入自然稀疏阶段；否则，继续比较，直到某一死亡率区间数值拟合得到自然稀疏斜率值的置信区间完全包含其后所有自然稀疏斜率值为止。

为了确定林分自然稀疏时死亡单株平均大小与林分整体平均生长状态的关系，我们计算了每年林分自然稀疏死亡的个体平均断面积与在死亡发生前林分整体平均断面积比值（BA_{dead}/BA_{total}）。当 $BA_{dead}/BA_{total} < 1$ 时，表示死亡单株的平均尺寸要小于林分整体平均水平；当 $A_{dead}/BA_{total} > 1$ 时，表示死亡树木的平均尺寸要大于林分整体平均水平。

使用广义线性混合效应模型（Generalized Linear Mixed Effect Model）拟合林分年龄、造林密度、林分自然稀疏、个体大小分化程度（Gini 系数）和林分生产力的关系（Zuur et al.，2009）。固定效应项的模型参数采用最大似然估计方法（Maximum Likelihood）获得，随机效应项最优形式采用受限的极大似然估计方法（Restricted Maximum Likelihood）确定。5 个造林密度和林分是否发生自然稀疏均作为分类变量分别加入到模型的固定效应项和随机效应项，其中，最小造林密度（2.0m×3.0m）作为造林密度的对照项；没有发生自然稀疏（赋值为 0）作为发生自然稀疏（赋值为 1）的对照项。

个体分化的林分年龄效应模型：为了研究林分年龄与林分内个体大小分化的关系（年龄效应），我们将林分年龄（A）和造林密度（Den）及二者的交互项（$A \times Den$）作为模型的固定效应项，将是否发生自然稀疏作为随机效应项，构建林分年龄效应的 Gini 模型 $[Gini_{ij(Age)}]$：

$$Gini_{ij(Age)} = a_0 + a_1 \times A_i + a_2 \times Den_j + a_3 \times A_i \times Den_j + \alpha_m + \varepsilon_{ij} \tag{3-2}$$

式中：$Gini_{ij(Age)}$ 为 j（j = 1667 株/hm²，3333 株/hm²，5000 株/hm²，6667 株/hm²，10000 株/hm²）造林密度在 i（i = 2，3，4，…，26）林龄时的林分内个体大小分化数值；a_0 为模型截距估计值，a_1、a_2 和 a_3 为模型固定效应项 A_i、Den_j 和交互项 $A_i \times Den_j$ 参数估计值，α_m 为林分自然稀疏随机效应项，误差项 ε_{ij} 包含了在林分发生自然稀疏前后，i 林分年龄的 j 造林密度林分之间没有被解释的个体分化差异，ε_{ij} 被假定服从均值为 0、方差为 σ^2 的独立正态分布。

个体分化的林分密度效应模型：为了研究个体大小分化的林分密度效应，以造林密度、林分自然稀疏（$Mort$）以及二者的交互项（$Den \times Mort$）作为模型的固定效应项，以林分年龄作为随机效应项，构建林分密度效应的 Gini 模型 $[Gini_{jk(Den)}]$：

$$Gini_{jk(Den)} = b_0 + b_1 \times Den_j + b_2 \times Mort_k + b_3 \times Den_j \times Mort_k + \beta_\alpha + \varepsilon_{jk} \tag{3-3}$$

式中：$Gini_{jk(Den)}$ 为不同造林密度林分的个体大小分化数值；b_0 为模型截距估计值，b_1、b_2 和 b_3 分别为固定效应项 Den_j、$Mort_k$ 以及二者的交互项（$Den_j \times Mort_k$）的参数估计值；β_α 为林分年龄随机效应项；误差项 ε_{jk} 主要包含发生林分自然稀疏的不同造林密度林分之间无法解释的个体大小差异，ε_{jk} 被假定服从均值为 0、方差为 σ^2 的独立正态分布。

个体分化的林分自然稀疏效应模型：为检验自然稀疏效应对个体分化的影响，以林分自然稀疏和林分年龄以及二者的交互项（$Mort \times A$）为固定效应项，以造林密度为随机效应项，构建林分自然稀疏效应的 Gini 模型 $[Gini_{ki(Mort)}]$：

$$Gini_{ki(Mort)} = c_0 + c_1 \times Mort_k + c_2 \times A_i + c_3 \times Mort_k \times A_i + \gamma_d + \varepsilon_{ki} \tag{3-4}$$

式中：$Gini_{ki(Mort)}$ 为发生自然稀疏的不同造林密度林分（k = 3333 株/hm²，5000 株/hm²，6667 株/hm²，10000 株/hm²）在 i 林龄时个体大小分化程度；c_0 为模型截距估计值，c_1、c_2 和 c_3 分别是固定效应项 $Mort_k$、A_i 以及二者的交互项（$Mort_k \times A_i$）的参数估计值；γ_d 为造林密度随机效应项，误差项 ε_{ki} 主要包含在林分年龄为 i 时发生自然稀疏的 k 密度林分所不能解释的个体分化差异，并被假定为服从均值为 0、方差为 σ^2 的独立正态分布。

上述 3 个个体分化的效应模型中，固定效应项和随机效应项的变量均对模型估计结果有影响，为检验某一效应对个体分化的影响，将该效应及具有密切相关的变量作为固定效应项，而将对该效应模型也有影响，但为避免该变量重复观测所形成的随机噪声违反了普通线性回归的基本假设，将其作为随机效应项添加到模型中。

生产力年龄效应模型、密度效应模型和自然稀疏效应模型：为了分析个体大小分化与林分生产力的关系，以及这种关系受到林分年龄、造林密度、林分自然稀疏和三者间彼此交互作用影响的变化规律，分别以林龄效应、密度效应和自然稀疏效应的林分生产力为因变量，以包含各自效应的 Gini 系数以及拟合该 Gini 系数的林分因子为自变量，定量分析林龄效应、密度效应和自然稀疏效应与林分生产力的关系，分别构建生产力年龄效应模型 [$PAI_{(Age)}$]、生产力密度效应模型 [$PAI_{(Den)}$] 和生产力自然稀疏效应模型 [$PAI_{(Mort)}$]：

$$PAI_{ij(Age)} = d_0 + d_1 \times A_i + d_2 \times A_i^2 + d_3 \times Den_j + d_4 \times Gini_{(Age)} + d_5 \times A_i \times Den_j +$$
$$d_6 \times A_i \times Gini_{ij(Age)} + d_7 \times Den_j \times Gini_{(Age)} + \alpha_m + \varepsilon_{ij} \quad (3-5)$$

$$PAI_{jk(Den)} = f_0 + f_1 \times Den_j + f_2 \times Mort_k + f_3 \times Gini_{(Den)} + f_4 \times Den_j \times Mort_k +$$
$$f_5 \times Den_j \times Gini_{(Den)} + f_6 \times Mort_k \times Gini_{(Den)} + \beta_\alpha + \varepsilon_{jk} \quad (3-6)$$

$$PAI_{ki(Mort)} = g_0 + g_1 \times A_i + g_2 \times A_i^2 + g_3 \times Gini_{(Mort)} + g_4 \times Mort_k + g_5 \times A_i \times Gini_{(Mort)} +$$
$$g_6 \times A_i \times Mort_k + g_7 \times A_i^2 \times Gini_{(Mort)} + g_8 \times A_i^2 \times Mort_k + g_9 \times Gini_{(Mort)} \times Mort_k + \gamma_d + \varepsilon_{ki} \quad (3-7)$$

同时，采用方差膨胀因子法（Variance Inflation Factors，VIF）检验上述式（3-5）、（3-6）和（3-7）林分生产力模型各自自变量间是否存在多重共线性问题。

以上关于林分内个体大小分化（Gini 系数）和林分生产力模型拟合和检验，均采用 R 软件下的"nlme"软件包完成（Pinheiro et al.，2015；R Core Team，2015）；各模型自变量间是否存在共线性的检验，采用 R 软件下的 bstats 包里的 vif() 计算方差膨胀因子（方匡南等，2015）。

3.2　结果与分析

3.2.1　林分年龄与个体大小分化

Gini 系数随林分年龄增加而增大（α_1 = 0.2514，P = 0.00284），而且这种个体间分化程度随造林密度增加（$A_i \times Den_j$，$P < 0.01$），会有进一步增大 [图 3-2；表 3-2]。对于造林密度较大且发生自然稀疏的杉木林分（造林密度为 2.0m × 1.5m 及以上的小区），在发生自然稀疏前，随林龄增加 Gini 系数迅速增大；在发生自然稀疏时，Gini 系数迅速降低；然后随着林分自然稀疏进程的持续，Gini 系数又逐渐增大（图 3-2）。对于发生自然稀疏的林分来说，随林分年龄增加，个体大小分化呈现增加–降低–再次增加的趋势。对于没有发生自然稀疏的杉木林分（造林密度为 2.0m×3.0m 小区），个体大小分化程度随林分年龄增加而持续增大。

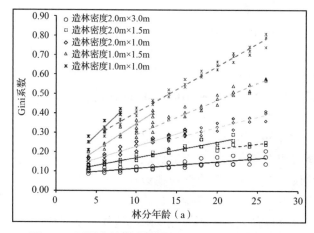

图3-2 不同造林密度杉木林分 Gini 系数变化动态

图中实线表示发生自然稀疏前 Gini 系数动态，虚线表示发生自然稀疏后 Gini 系数动态。

表3-2 使用广义线性混合效应模型估计林分年龄效应、密度效应和自然稀疏效应下的 Gini 参数

项 目	模 型		
	Gini 系数（林分年龄）	Gini 系数（造林密度）	Gini 系数（林分自然稀疏）
截距项	0.3704(<0.0001)*	0.2936(<0.0001)	0.3559(<0.0001)
林分年龄	0.2514(0.00284)	NA**	0.1275(<0.0001)
林分自然稀疏	−0.0792(0.00168)	−0.0168(0.00366)	−0.1832(0.00073)
造林密度2.0m×1.5m	0.0633(0.0005)	0.1937(0.00474)	NA
造林密度2.0m×1.0m	0.0716(<0.0001)	0.2564(0.00265)	NA
造林密度1.0m×1.5m	0.0863(<0.0001)	0.3908(0.00163)	NA
造林密度1.0m×1.0m	0.0945(<0.0001)	0.4463(0.00320)	NA
林分年龄×林分自然稀疏	0.0155(0.00462)	NA	0.0583(0.00182)
林分年龄×造林密度2.0m×1.5m	0.0332(0.00439)	NA	NA
林分年龄×造林密度2.0m×1.0m	0.0394(0.00323)	NA	NA
林分年龄×造林密度1.0m×1.5m	0.0417(0.00185)	NA	NA
林分年龄×造林密度1.0m×1.0m	0.0486(0.00473)	NA	NA
林分自然稀疏×造林密度2.0m×1.5m	0.0246(0.00472)	−0.0644(<0.0001)	NA
林分自然稀疏×造林密度2.0m×1.0m	0.0379(0.00320)	−0.0570(<0.0001)	NA
林分自然稀疏×造林密度1.0m×1.5m	0.0395(0.00256)	−0.0382(<0.0001)	NA
林分自然稀疏×造林密度2.0m×1.5m	0.0428(0.00341)	−0.0319(<0.0001)	NA
决定系数	0.986	0.972	0.953
均方根误差	0.141	0.161	0.117
皮尔森相关系数	0.872	0.853	0.944

注：( )表示参数估计的标准误差；NA 表示该效应项没有拟合价值。下同。

3.2.2 林分密度与个体大小分化

初始造林密度越大,杉木林分内个体大小分化程度也越大($P<0.01$),发生分化的时间也越早[图 3-2;表 3-2 $Gini_{(Den)}$]。在发生自然稀疏的林分中,林分内存活单株数量逐渐降低,存活单株数量由造林时的 3333~10000 株/hm² 下降到 1429~2988 株/hm²,造林密度越大的林分内存活单株减少的数量也越多,不同造林密度的杉木林分内存活单株的数量有随着林分自然稀疏进程的持续,逐渐趋于一致的趋势(图 3-3)。虽然存活单株数量逐渐趋于一致,但个体间大小分化程度还是表现出与造林密度呈正相关的趋势,即不论是否发生自然稀疏,造林密度大的林分内个体间大小分化程度也大。

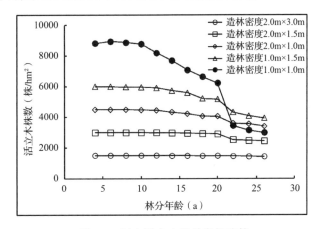

图 3-3 杉木活立木数量变化趋势

3.2.3 林分自然稀疏与个体大小分化

同一造林密度下的林分,发生自然稀疏后个体间大小分化程度要小于没有发生自然稀疏前[图 3-2;表 3-2 $Gini_{(Mort)}$]。在发生林分自然稀疏的过程中,死亡单株的平均断面积均小于林分平均断面积。随着林分自然稀疏进程的持续,个体间大小分化程度还会进一步增大($Mort_k \times A_i$)($c_3 = 0.0583$,$P<0.01$),只是由于死亡单株平均断面积与林分平均断面积比值逐渐增大,导致自然稀疏后林分内个体间大小分化程度要小于自然稀疏前。发生自然稀疏后,随造林密度增加,个体间大小分化程度逐渐降低(图 3-4)。

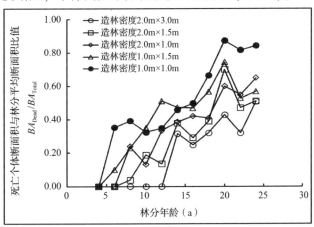

图 3-4 死亡单木平均断面积与林分平均断面积比值变化趋势

3.2.4　个体大小分化与林分生产力

个体大小分化程度与林分生产力呈负相关（表 3-3）（$P < 0.05$）。个体间分化程度较低林分的生产力要高于个体间分化程度高的林分，这与林分年龄、造林密度以及是否发生自然稀疏无关（图 3-5）。林分生产力在发生林分自然稀疏时下降，但在自然稀疏后生产力增加速度要大于自然稀疏前（图 3-6）。造林密度越大，林分生产力越高（图 3-7）。造林密度和林分自然稀疏均与林分生产力呈正相关，但 Gini 系数与造林密度（Gini × Den）以及 Gini 系数与林分自然稀疏（Gini × Mort）的交互项的拟合参数均为负值。另外，Gini 系数与林龄（Age × Gini）以及林分自然稀疏与林龄（Age × Mort）之间的交互项也均为负值。同时，有关林分年龄、造林密度和林分自然稀疏效应下的生产力模型自变量间共线性 VIF 值分别为 29.7416，58.3532 和 77.6026，各个模型自变量间共线性程度较小。

表 3-3　林分生产力的广义线性混合效应模型参数估计值

固定效应项	模　型		
	材积定期平均生长量（林分年龄）	材积定期平均生长量（造林密度）	材积定期平均生长量（林分自然稀疏）
截距项	7.2472(0.0049)	3.8455(<0.0001)	2.6821(0.0416)
林分年龄	0.7824(0.0187)	NA	0.5912(0.0023)
（林分年龄）²	−0.0269(0.0362)	NA	−1.5480(1.2445)
Gini 系数	−1.8340(0.0004)	−2.9085(0.0237)	−0.6915(0.0481)
林分自然稀疏	NA	5.2407(0.0261)	3.0284(0.0293)
造林密度2.0m×1.5m	1.8323(0.0023)	1.2586(0.0005)	NA
造林密度2.0m×1.0m	2.3775(0.0237)	3.6425(0.0087)	NA
造林密度1.0m×1.5m	4.8603(0.0344)	4.9812(0.0044)	NA
造林密度1.0m×1.5m	5.4942(0.0027)	5.7394(0.0259)	NA
林分年龄×Gini 系数	NA	NA	−4.9617(0.0061)
林分年龄×林分自然稀疏	−0.2349(0.0163)	NA	−0.7416(<0.0001)
林分年龄×造林密度2.0m×1.5m	NA	NA	1.6842(0.5618)
林分年龄×造林密度2.0m×1.0m	NA	NA	2.1833(0.3371)
林分年龄×造林密度1.0m×1.5m	NA	NA	2.8354(1.5462)
林分年龄×造林密度1.0m×1.0m	NA	NA	3.6659(1.7218)
（林分年龄）²×Gini 系数	−0.0251(0.3845)	NA	NA
（林分年龄）²×林分自然稀疏	NA	NA	0.3846(<0.0001)
Gini 系数×林分自然稀疏	NA	−2.4528(0.0109)	−0.1743(0.1671)
林分自然稀疏×造林密度2.0m×1.5m	NA	2.6173(0.0022)	NA
林分自然稀疏×造林密度2.0m×1.0m	NA	5.7818(0.0391)	NA
林分自然稀疏×造林密度1.0m×1.5m	NA	8.6539(0.0374)	NA

（续）

固定效应项	模　型		
	材积定期平均生长量（林分年龄）	材积定期平均生长量（造林密度）	材积定期平均生长量（林分自然稀疏）
林分自然稀疏×造林密度$_{1.0m×1.0m}$	NA	11.2744(0.0025)	NA
Gini 系数×造林密度$_{2.0m×1.5m}$	NA	−3.7382(0.0438)	−0.3781(0.0081)
Gini 系数×造林密度$_{2.0m×1.0m}$	NA	−5.6980(0.0031)	−1.5597(0.0016)
Gini 系数×造林密度$_{1.0m×1.5m}$	NA	−9.4038(0.0426)	−2.6704(0.0025)
Gini 系数×造林密度$_{1.0m×1.0m}$	NA	−12.8173(0.0207)	−3.4183(0.0059)
决定系数	0.9381	0.8917	0.9125
均方根误差	0.1643	0.2761	0.1750
皮尔森相关系数	0.8917	0.8586	0.9143

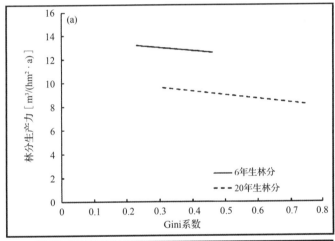

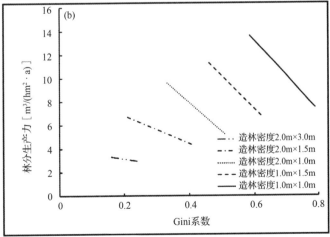

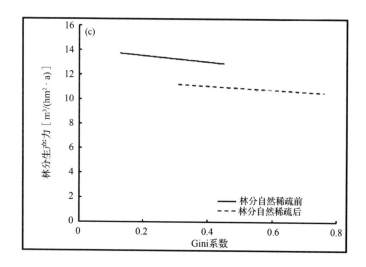

图3-5 不同林龄、造林密度和林分自然稀疏差异下个体大小分化对杉木林分生产力的影响

图(a)、(b)和(c)中的趋势线，是分别以公式(3-5)、(3-6)和(3-7)为基础，首先删除表(3-3)中NA对应的固定效应项，其次分别对林分生产力求Gini一阶导数，再将表3-3中各固定效应项系数值带入一阶导数模型，最后得到有关林分年龄、造林密度和发生自然稀疏前后条件下的林分生产力变化趋势线。

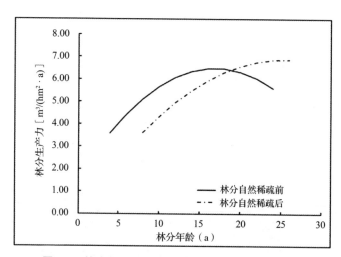

图3-6 林分自然稀疏前后杉木林分生产力变化趋势

自然稀疏前林分生产力变化趋势线，是以公式(3-7)为基础，分别将 *Mort* = 0，Gini上限值0.4以及表3中 *PAI*(Mort) 列中对应固定效应项参数估计值带入模型中，得到以林分年龄(A)为自变量，*PAI*(Mort) 为因变量，并以未发生自然稀疏的[4，24]为林分年龄取值限制范围，即得到的图中所示林分自然稀疏前生产力变化趋势线；林分发生自然稀疏后林分生产力变化趋势线，是以公式(3-7)为基础，分别将 *Mort* = 1，Gini上限值0.8以及表3-3中 *PAI*(Mort) 列中对应固定效应项参数估计值带入模型中，得到以林分年龄(A)为自变量，*PAI*(Mort) 为因变量，并以发生自然稀疏的[6，26]为林分年龄取值限制范围，即得到的图中所示林分自然稀疏后生产力变化趋势线。

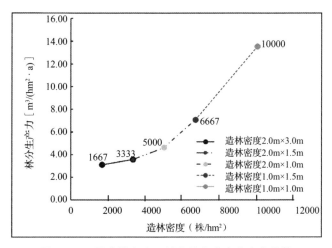

图 3-7　不同造林密度下杉木林分生产力变化趋势

以公式（3-6）为基础，将 *Mort* = 0，Gini 上限值 0.4 以及表 3-3 中 *PAI* $_{(Mort)}$ 列中对应固定效应项参数估计值带入模型中，可以得到林分自然稀疏发生前不同造林密度的林分生产力，然后将 *Mort* = 1，Gini 上限值 0.8 以及表 3-3 中 *PAI* $_{(Mort)}$ 列中对应固定效应项参数估计值带入模型中，可以得到林分自然稀疏发生后不同造林密度的林分生产力，然后将同一造林密度下发生自然稀疏前和发生自然稀疏后的林分生产力相加，即得到不同造林密度下林分生产力数值。

3.3　结论与讨论

3.3.1　结　论

本研究表明：个体大小分化随着林分年龄和造林密度增加的而增大；林分自然稀疏会导致个体大小分化程度降低；林分发生自然稀疏时，个体间大小分化程度降低，在随后自然稀疏进程中虽然个体间分化程度又有所增加，但增加速率远小于自然稀疏之前。随林分密度变化，林分生产力与个体分化之间的关系也发生相应改变。在没有发生自然稀疏时，林分密度越大，个体分化程度越高，林分生产力越大；发生林分自然稀疏，个体分化程度降低，林分生产力下降；在随后自然稀疏进程中，个体间分化程度逐渐增高，林分生产力也逐渐增大。本研究主要明晰了林分年龄、造林密度和林分自然稀疏等因素对人工林内个体大小分化和林分生产力影响以及个体分化与生产力的关系进行了研究，该研究可为通过结构调控提高林分生产力以及理解个体分化如何影响森林生长动态和森林功能等方面提供理论依据。

3.3.2　讨　论

3.3.2.1　林分年龄与个体分化

林分内个体对生长资源的获取和利用效率差别，以及所处生境在光照、土壤水分和无机养分等方面供给能力的差异，是导致林分不同个体在生长过程中发生大小分化的主要原因（Schume et al.，2004；Boyden et al.，2008）。在林分生长早期，林分内个体间不会因为彼此间竞争引起分化，个体分化主要是局部生长资源供给不平衡导致（Knox et al.，1989）。在林分郁闭后，优势个体由于占有更多对生长有利的条件，与被压个体在生长空间、光照获取、养分吸收等方面的竞争处于优势地位，由此导致优势个体与被压个体间的大小分化程度不断增大（方奇，2000）；随着林分内个体的不断生长，个体间的竞争强度也不断增大，被压木个体由于长期无法获取足够维持基本生命活动的养分和能量物质而发生林分自然稀疏，存活的单株间个体大小差异会降低；但随林分年龄增加，林分内个体间竞争强度会再次增加，林分优势个体依旧会对相邻被压个体进行"欺压"，个体间的分化还会继续，个体间分化程度也相应再次增大，最终导致随林分年龄增加个体间大小分化增大的规律。

3.3.2.2 造林密度与个体分化

本研究结论表明：个体分化随造林密度增加而增大，与林分年龄以及是否发生林分自然稀疏无关，这与已有研究结论相一致（刘景芳等，1980；Knox et al.，1989；Resende et al.，2016；Stankova et al.，2017）。初始造林密度越大，林分进入竞争阶段的林龄越短，进而导致个体间分化程度也越大（丁贵杰等，1997）。在发生林分自然稀疏时林分内存活个体数量下降，个体间竞争强度会暂时有所降低，但由于存活个体不断生长，对资源需求会逐渐增加，进而导致种内竞争强度持续增大，个体间大小分化也相应增加，又会导致处于竞争劣势的个体死亡，而这又再次导致个体间分化程度降低，个体分化就在如此持续不断的反复过程中逐渐增大。这也解释了虽然在自然稀疏进程中存活个体不断减少，但个体分化程度却不断增加的原因。本研究也发现，虽然发生自然稀疏后，林分内个体间大小分化程度要小于发生自然稀疏前，但造林密度大的林分，在自然稀疏前后个体分化程度均大于造林密度小的林分，这很可能是密度大林分内个体间竞争强度大所导致（Knox et al.，1989；Lhotka，2017；Soares et al.，2017）。即便对进入自然稀疏的杉木林分进行多次下层抚育间伐，但也只是阶段性降低个体间分化程度，随着林分生长，个体间大小分化程度还会再次增大，并且随造林密度增加，个体分化程度越大（张水松等，2006）。

3.3.2.3 林分自然稀疏与个体分化

同没有发生自然稀疏相比较，虽然发生自然稀疏后林分内个体间大小差异一直在增大，但个体间大小分化程度增加速率却有所降低[图3-2；表3-2$Gini_{(Mort)}$]。在发生林分自然稀疏的过程中，死亡单株的平均断面积均小于林分平均断面积（图3-4）（童书振等，2000），这意味着在林分自然稀疏时，死亡个体主要为林分内处于生长劣势的单株。这也进一步解释了在林分自然稀疏发生之前，林分内个体大小分化程度最大的原因。当发生自然稀疏时，处于生长劣势的个体死亡，存活个体间差异会相应减小，即发生林分自然稀疏时，林分内个体大小分化程度降低。但随着林分自然稀疏进程的持续，个体间大小分化程度还会进一步增大（$Mort_k \times A_i$）（唐守正等，1995；张水松等，2006）。这主要是由于在林分自然稀疏进程中，个体间非对称竞争主要通过树高的生长和树冠的水平伸展来获得更多生长空间和光照，树木之间相互遮阴，可进行光合作用的树冠尺寸也发生相应改变（Sun et al.，2011）。林分发生自然稀疏的时间越长，处于优势状态的个体尺寸越大，对生长空间和环境资源的需求越多，竞争能力也越强；而在竞争中无法获得足够光照和生长空间的个体，由于长期处于竞争劣势生长速度较慢，与林分中处于优势的个体间大小差异程度也就越来越大。但由于处于生长劣势个体不断发生死亡，导致个体间大小分化程度要小于林分自然稀疏前。因此，该项研究明确了林分自然稀疏与个体分化的关系，即发生林分自然稀疏时个体大小分化程度降低，在随后的自然稀疏进程中，个体大小分化程度又逐渐增大，但增大的程度要小于林分自然稀疏前。

3.3.2.4　个体分化与林分生产力

本研究表明：林分生产力与个体分化的关系会受到林分年龄、造林密度和是否发生林分自然稀疏的影响。个体分化程度越大林分生产力越低。

在林分生产力达到最大值前，林分生产力随林分年龄增加而增大；在林分生产力达到最大值后，随林分年龄增加，林分生产力逐渐降低，这与已有研究结论相一致（唐守正等，1995；盛炜彤，2001）。林分发生自然稀疏后，林分生产力呈持续增加状态。

林分密度效应对林分生产力的影响，在不同生长阶段主要表现为正向促进和负向抑制作用。在林分发生郁闭前，造林密度越高，个体间分化程度越大，林分生产力越高（惠刚盈等，1989）；随着生长进程的持续，林分内个体间竞争强度增大，林分内个体由于种内竞争，个体间大小分化程度进一步增加，而林分生产力增加速率有所降低（Boyden et al.，2008）；当林分发生自然稀疏时，个体间大小分化程度和林分生产力均由于处于生长劣势的个体死亡而降低；在持续的林分自然稀疏进程中，由于存活个体对于生长资源的需求不断增大，导致个体间分化程度不断增大，林分生产力大小主要由优势个体生长速率所决定，自然稀疏林分内优势个体生长速率要远高于没有自然稀疏之前，因此林分生产力又会不断增加。由于在林分不同生长时期，林分密度对林分生产力的作用主要表现为正向和负向作用综合后的结果，从而解释了个体大小分化与林分生产力关系随林分生长发生变化的原因。同时，由于林分自然稀疏导致的林分密度变化，改变了林分结构与林分生产力之间的关系较轨迹。

本研究表明：林分内个体大小分化与生产力的关系受林分密度效应影响，林分生产力主要由优势个体生长状况所决定。因此，在林工林生产实践过程中，在适宜立地进行高密度造林，当林分个体分化达到一定程度，通过抚育伐除被压木降低个体分化来保持林分生产力不下降，这样既可以降低造林后杂灌植被的控制费用和间伐材增加经营收益，又保证主伐期木材产量不下降；或者以特用材主伐密度作为造林密度，通过避免在整个生长期内个体间的分化，保障林分潜在生产力的发挥。

参考文献

丁贵杰，周正贤，严仁发，等，1997. 造林密度对杉木生长进程及经济效果影响的研究[J]. 林业科学，33（专刊1）：67-75.

方匡南，朱建平，姜叶飞，2015. R 数据分析方法与案例详解[M]. 北京：电子工业出版社.

方奇，1997. 从生产力资源利用和养分循环综合评价杉松混交组合[J]. 林业科学，33（6）：513-527.

方奇，2000. 不同密度杉木幼林系统生产力和生态效益研究[J]. 林业科学，36（专刊1）：28-35.

何宗明，杨玉盛，邱仁辉，等，2000. 栽杉留阔模式的杉木生长过程特点[J]. 林业科学，36（专刊1）：143-147.

惠刚盈，罗云伍，张校林，1989. 江西大岗山丘陵区杉木人工林生产力的研究[J]. 林业科学，25（6）：584-589.

刘景芳，童书振，1980. 编制杉木林分密度管理图研究报告[J]. 林业科学，1980，16（4）：241-251.

刘世荣，杨予静，王晖，2018. 中国人工林经营发展战略与对策：从追求木材产量的单一目标经营转向提升生态系统服务质量和效益的多目标经营[J]. 生态学报，38（1）：1-10.

马祥庆，庄孟能，叶章善，1998. 杉木拟赤杨混交林林分生产力及生态效应研究[J]. 植物生态学报，22（2）：178-185.

盛炜彤，2001. 杉木林的密度管理与长期生产力研究[J]. 林业科学，2001，37（5）：2-9.

唐守正，李希菲，1995. 同龄纯林自稀疏方程验证[J]. 林业科学，31（1）：27-34.

童书振，张建国，罗红艳，等，2000. 杉木林密度间伐试验[J]. 林业科学，36（专刊1）：86-89.

张水松，陈长发，何寿庆，等，2006. 杉木林间伐强度自然稀疏与结构规律研究[J]. 林业科学，42（1）：55-62.

Ali A, 2019. Forest stand structure and functioning: current knowledge and future challenges [J]. Ecol. Indic., 98: 665-677.

Binkley D, Kashian D M, Boyden S, et al., 2006. Patterns of growth dominance in forests of the Rocky Mountains, USA[J]. Forest Ecol. Manag., 236(2-3): 193-201.

Binkley D, Stape J L, Bauerle W L, et al., 2010. Explaining growth of individual trees: light interception and efficiency of light use by *Eucalyptus* at four sites in Brazil[J]. Forest Ecol. Manag., 259(3): 1704-1713.

Bourdier T, Cordonnier T, Kunstler G, et al., 2016. Tree size inequality reduces forest productivity: an analysis combining inventory data for ten European species and a light competition model[J]. PloS One, 11(3): e0151852.

Boyden S, Binkley D, Stape J L, 2008. Competition among *Eucalyptus* trees depends on genetic variation and resource supply[J]. Ecology, 89(10), 2850-2859.

Caplat P, Anand M, Bauch C, 2008. Symmetric competition causes population oscillations in an individual-based model of forest dynamics[J]. Ecolo. Model., 211(3-4): 491-500.

Cordonnier T, Kunstler G, 2015. The Gini index brings asymmetric competition to light[J]. Perspectives in Plant Ecology, Evol. S., 17(2): 107-115.

Damgaard C, Weiner J, 2000. Describing inequality in plant size or fecundity[J]. Ecology, 81(4): 1139-1142.

Forrester D I, Bauhus J, 2016. A review of processes behind diversity-productivity relationships in forests[J]. Curr. For. Rep., 2(1): 45-61.

Knox R G, Peet R K, Christensen N L, 1989. Population dynamics in loblolly pine stands: changes in skewness and size inequality. Ecology, 70(4): 1153-1167.

LaBarbera M, 1989. Analyzing body size as factor in ecology and evolution[J]. Annu. Rev. Ecol. S., 20, 97-117.

Lei X, Wang W, Peng C, 2009. Relationships between stand growth and structural diversity in spruce-dominated forests in New Brunswick, Canada[J]. Can. J. Forest Res., 39(10): 1835-1847.

Lexerød N L, Eid T, 2006. An evaluation of different diameter diversity indices based on criteria related to forest management planning[J]. Forest Ecolo. Manag., 222(1-3): 17-28.

Lhotka J M, 2017. Examining growth relationships in *Quercus* stands: An application of individual

-tree models developed from long-term thinning experiments[J]. Forest Ecol. Manag. , 385: 65-77.

Liang J, Buongiorno J, Monserud R A, et al. , 2007. Effects of diversity of tree species and size on forest basal area growth, recruitment, and mortality[J]. Forest Ecol. Manag. , 243(1): 116-127.

Lin Y, Berger U, Yue M, et al. , 2016. Asymmetric facilitation can reduce size inequality in plant populations resulting in delayed density-dependent mortality[J]. Oikos, 125(8): 1153-1161.

Lorenz M O, 1905. Methods of measuring the concentration of wealth[J]. Publication of the American Statistical Association, 9(70): 209-219.

McGown K I, O'Hara K L, Youngblood A, 2016. Patterns ofsize variation over time in ponderosa pine stands established at different initial densities[J]. Can. J. Forest Res. , 46(1): 101-113.

Petersen J E, Brandt E C, Grossman J J, et al. , 2015. A controlled experiment to assess relationships between plant diversity, ecosystem function and planting treatment over a nine year period in constructed freshwater wetlands[J]. Ecol. Eng. , 82: 531-541.

Pinheiro J, Bates D, DebRoy S, et al. , 2015. Nlme: Linear and nonlinear mixed effects models. R Package Version 3 (1-121), 121.

Priego-Santander Á G, Campos M, Bocco G, et al. , 2013. Relationship between landscape heterogeneity and plant species richness on the Mexican Pacific coast[J]. Applied Geography, 40: 171-178.

R Core Team, 2015. R: A Language and Environment for Statistical Computing[R]. Foundation for Statistical Computing, NY.

Ratcliffe S, Holzwarth F, Nadrowski K, et al. , 2015. Tree neighbourhood matters-Tree species composition drives diversity-productivity patterns in a near-natural beech forest[J]. Forest Ecol. Manag. , 335: 225-234.

Resende R T, Marcatti G E, Pinto D S, et al. , 2016. Intra-genotypic competition of *Eucalyptus* clones generated by environmental heterogeneity can optimize productivity in forest stands [J]. Forest Ecol. Manag. , 380: 50-58.

Schume H, Jost G, Hager H, 2004. Soil water depletion and recharge patterns in mixed and pure forest stands of European beech and Norway spruce[J]. J. Hydrol. , 289(1-4): 258-274.

Soares A A V, Leite H G, Cruz J P, et al. , 2017. Development of stand structural heterogeneity and growth dominance in thinned *Eucalyptus* stands in Brazil[J]. Forest Ecol. Manag. , 384: 339-346.

Stankova T V, Diéguez-Aranda U, 2017. A two-component dynamic stand model of natural thinning[J]. Forest Ecol. Manag. , 385: 264-280.

Sun H, Zhang J, Duan A, et al. , 2011. Estimation of the self-thinning boundary line within even-aged Chinese fir (*Cunninghamia lanceolata* (Lamb.) Hook.) stands: Onset of self-thinning[J]. Forest Ecol. Manag. , 261(6): 1010-1015.

Tschieder E F, Fernández M E, Schlichter T M, et al. , 2012. Influence of growth dominance and individual tree growth efficiency on *Pinus taeda* stand growth. A contribution to the debate about why stands productivity declines[J]. Forest Ecol. Manag., 277: 116-123.

Weiner J, Solbrig O T, 1984. The meaning and measurement of size hierarchies in plant populations[J]. Oecologia, 61(3): 334-336.

West P W, 2018. Use of the Lorenz curve to measure size inequality and growth dominance in forest populations[J]. Aust. Forestry, 81(4): 231-238.

Xue L, Hagihara A, 1998. Growth analysis of the self-thinning stands of *Pinus densiflora* Sieb. et Zucc[J]. Ecol. Res., 13(2): 183-191.

Zeileis A, 2014. Ineq: measuring inequality, concentration, and poverty[R]. Package Software Version 3(2): 3.

Zhang Q, Buyantuev A, Li F Y, et al., 2017. Functional dominance rather than taxonomic diversity and functional diversity mainly affects community aboveground biomass in the Inner Mongolia grassland[J]. Ecol. Evol., 7(5): 1605-1615.

Zhang Y, Chen H Y H, Reich P B, 2012. Forest productivity increases with evenness, species richness and trait variation: a global meta-analysis[J]. J. Ecol., 100(3): 742-749.

Zuur A F, Ieno E N, Walker N J, et al., 2009. Mixed effects models and extensions in ecology with R[M]. New York: Springer.

Chapter 4

第 4 章
杉木施肥及其分子机理研究

4.1 施肥对杉木无性系幼林生长的影响

　　良种配良方是提高杉木良种生产力潜力的基础，施肥是林木丰产的重要措施之一。近年来，我国对林木经营越来越集约化，许多树种都在进行林木施肥的效益研究，杉木作为我国南方的重要用材树种，对它的研究也相对较多，但其研究对象大多只限于混种实生苗，对杉木家系间、特别是杉木无性系间的施肥效应研究较少。而林业发达国家在培育主要造林树种优良家系、无性系的同时，开展了不同遗传基因型对环境条件要求，特别是对营养要求的试验研究。本研究是以杉木无性系为施肥对象，研究杉木无性系幼林施肥效应及特点，为杉木无性系在山地红壤上的合理施肥提供参考依据。

4.1.1 研究方案与技术路线

4.1.1.1 试验研究方案

　　(1)在福建省邵武市水北镇四都村展开本施肥试验，参试材料是 1 年生的 9 个杉木无性系，外加 1 个对照为研究材料。

　　(2)采用两因素裂区设计，1 年生杉木无性系为主区，施肥为副区，6 个施肥处理，各处理施肥配比及施肥时间见表 4-1。每处理为 4 株单行小区，株行距为 2m×2m，重复 4 次，区组内无性系以及无性系内各施肥处理均随机排列，由于试验处理数较多，每区组排列成上下各 5 个无性系，整个试验共 240 个小区。

表 4-1　施肥时间和每株施肥量

处　理	基肥(1998-03)	追肥(1998-06)
1	300g(钙镁磷肥)	50g(尿素)
2	300g(钙镁磷肥)	—
3	150g(钙镁磷肥)	50g(尿素)
4	150g(钙镁磷肥)	—
5	—	50g(尿素)
6(CK)	不施肥	

注：尿素 $w(N)$ = 46%；钙镁磷肥 $w(P_2O_5)$ = 14%。

(3)1998 年 3 月营造试验林，1999 年 12 月对试验林进行每木测定，性状为树高、胸径。数据统计分析方法按照裂区试验统计分析进行。

4.1.1.2　技术路线

施肥对杉木无性系生长影响技术路线见图 4-1。

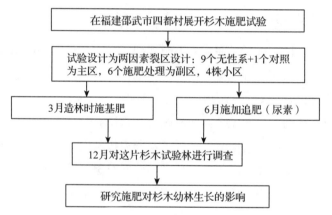

图 4-1　施肥对杉木无性系生长影响技术路线

4.1.2　结果与分析

4.1.2.1　不同施肥处理和不同无性系 2 年生时生长量差异

不同施肥处理和不同无性系 2 年生杉木树高、胸径生长平均值及方差分析结果见表 4-2、4-3、4-4。2 年生杉木无性系的树高、胸径在不同无性系间和不同施肥处理间均表现出极显著差异，而无性系与施肥处理的交互作用不显著。这表明不同施肥处理对杉木生长影响的程度差异明显，而且无性系间生长也表现出明显差异，但不同施肥处理对杉木生长的影响在不同无性系间未表现出显著差异。这一结果同肖祥希等(1995)在磷对杉木不同家系苗生长影响的试验中的结果相似，表明不同的无性系或家系可采用相同或相似的施肥策略和技术。施肥处理 1~5 的树高、胸径均比处理 6(未施肥)有不同程度的增长，施肥处理 1 增加幅度最大，树高和胸径分别比未施肥(对照)处理增加 28.5%和 63.86%；施肥处理 2、3 的树高和胸径比未施肥(对照)处理也分别增加 20.29%、20.77% 和 45.78%、47.59%；施肥处理 4 和 5，虽然施肥量不大，与对照相比树高和胸径增加幅度也有 13.04%、9.66%和 27.71%、18.67%；施肥对树高和胸径的影响程度上，显然是对胸径生长的影响大于树高生长。另外，各无性系间的生长差异也较大，无性系 45 号生长最好，均

表 4-2　2 年生杉木不同无性系间树高、胸径平均值差异

无性系	树高 （m）	相对值 （%）	胸径 （cm）	相对值 （%）
45	2.70	125.58	2.65	141.71
127	2.49	115.81	2.35	125.67
90	2.47	114.88	2.29	122.46
54	2.45	113.95	2.25	120.32
42	2.42	112.56	2.27	121.39
40	2.41	112.09	2.41	128.88
26	2.37	19.23	2.19	117.11
139	2.35	109.30	2.12	113.37
CK（实生苗）	2.15	100.00	1.87	100.00
79	2.08	96.74	1.83	97.86

明显地大于其他无性系和对照，树高和胸径分别大于对照（混种实生苗）25.58% 和 41.71%，其余无性系（除无性系 79 号外）树高大于对照为 9.30%~15.81% 和胸径大于对照为 11.37%~28.88%，由此可见，采用无性系造林（特别是优良无性系），可获得显著的增产效益。

表 4-3　不同施肥处理杉木无性系 2 年生树高、胸径平均值的差异

施肥处理	树高 （m）	相对值 （%）	相对值 （%）	胸径 （cm）	相对值 （%）	相对值 （%）
1	2.66	128.50	106.82	2.72	163.86	112.40
2	2.49	120.29	100.00	2.42	145.78	100.00
3	2.50	120.77	106.84	2.45	147.59	115.57
4	2.34	113.04	100.00	2.12	127.71	100.00
5	2.27	109.66	109.66	1.97	118.67	118.67
6（对照）	2.07	100.00	100.00	1.66	100.00	100.00

表 4-4　2 年生杉木无性系树高、胸径方差分析结果

性　状	变异来源	自由度	均　方	F 值
树　高	重　复	3	0.0213	
	无性系	9	0.7223	5.41**
	剩余（a）	27	0.1336	
	施肥	5	1.6954	178.46**
	无性系×施肥	45	0.0116	1.22NS
	剩余（b）	150	0.0095	

（续）

性　状	变异来源	自由度	均　方	F 值
胸　径	重　复	3	0.1517	
	无性系	9	1.4142	3.37 **
	剩余（a）	27	0.4197	
	施　肥	5	5.8461	160.17 **
	无性系×施肥	45	0.0374	1.02 NS
	剩余（b）	150	0.0365	

注：＊＊表示 1%水平差异显著，NS 表示差异不显著。

4.1.2.2　不同肥种及施肥方式对生长量的影响

从表 4-1、4-3 中可知，施肥处理 1、3、5 均比施肥处理 2、4、6 相应地增加了一次追肥（尿素 50g/株），其树高、胸径生长量也表现出不同程度的增加。施肥处理 1、3、5 比施肥处理 2、4、6 树高相应增加 6.82%～9.66%，胸径相应增加 12.40%～18.67%，只是增长幅度较单施基肥（钙镁磷 150～300g/株）的低些（单施基肥的树高增加 13.04%～20.29%，胸径增加 27.71%～45.78%），表明施基肥的增产效果较好。另单从施追肥各处理增产效果看，在未施基肥或少施基肥的处理中，施追肥的增产幅度要高于施基肥相对较多处理，在胸径生长上表现较明显，表明施肥量同林木生长量不是完全成正比，这可能同林木的养分吸收能力、养分需求量和营养状态有关，应做到合理施肥。由此可见，在土壤肥力中等的立地上，营造杉木林时，适量施基肥（钙镁磷肥）和追肥（尿素）是必要的，而且是有效的。建议有条件的地方，在营造杉木林时，施入一定量的钙镁磷（150～300g/株）作基肥，在造林当年或次年，进行适量追肥（尿素），对幼林生长、林分的提前郁闭以及林分的抚育管理，均有良好的效果。

4.1.3　结　论

（1）各施肥处理对杉木无性系幼林生长有明显的促进作用，与对照相比，其树高、胸径均有不同程度的增长，施肥后 2 年生杉木无性系的树高生长量增长 9.66%～28.50%，胸径生长量增长 18.67%～63.86%，胸径的增长幅度高于树高的增长幅度。

（2）在本施肥试验条件下，2 年生杉木无性系的试验结果表现出施肥与无性系的交互效应不显著，表明不同的无性系可采用相同或相似的施肥策略和技术。

（3）杉木无性系间生长差异明显，无性系 45 号生长量明显高于对照和其他无性系，采用较优良无性系造林将可获得显著的增产效益。

4.2　杉木施肥引发基因表达响应机制的转录组分析

林木施肥是人们有意识地将有机或无机的营养物质施入土壤中或喷施在植物体上，改变植物生长的外部营养环境，以改善林木营养状况，促进林木生长。Beautils（1973）提出了配方施肥和平衡施肥的理论，已在林业生产中广泛应用，目前国内外主要用材树种的人工林普遍进行了施肥技术研究（刘福妹，2012；谢钰容，2003）。各国对不同肥料类型、不同养分配比、不同立地条件、不同培育阶段的林地施肥措施进行了深入研究（刘福妹，2012；

张建国等，2003；崔秀辉，2007；余常兵等，2004；薛丹等，2009），取得了许多成果，并广泛应用于林业生产。杉木对地力要求较高，目前我国杉木存在连栽和杉木造林地肥力不高等问题，采用营养遗传理论选育氮磷高效利用的无性系是解决问题的一个办法，但既对磷高效利用又对氮高效利用的杉木少而又少，施肥是必需的。林业上有关杉木施肥进行了广泛的试验研究，但是施肥引发的基因响应分子机制却了解很少。本研究的目的是运用转录组技术研究杉木施肥的基因响应机制，可为杉木的施肥诊断和施肥方案的制定提供科学依据，为杉木营养遗传育种展开 MAS 选择提供重要的基因。

随着分子生物学的不断发展，利用转录组技术，对植物营养胁迫条件下磷的运转已有研究：如 Li 等（2017）采用水培法，进行磷胁迫处理，研究了 PHT 基因在杉木根茎叶中的转运规律；Lu 等（2005）运用基因芯片技术研究了小麦（*Triticum aestivum*）施用有机肥和无机肥后，差异基因表达的规律；桑健采用水培胁迫法，然后进行转录组测序，挖掘出与超积累型东南景天（*Sedum alfredii*）的重金属耐受性及超积累性相关的胁迫应答基因：6 个潜在的重金属的应答基因；陈双双（2018）以超积累型东南景天为研究材料，采用水培胁迫的方法，研究了 SaHsf 家族基因对热、冷、干旱、盐、外源激素 ABA 和重金属 Cd 处理的应答机制，发现与 0h 处理相比，12h 的胁迫处理就可以诱导抗逆显著的上调表达基因，和表达显著受抑制的下调基因。同时揭示了在 Cd 的胁迫下，SaHsf 基因在根、茎、叶中均存在三种类似的表达模式；张运兴（2017）以旱柳的栽培变型馒头柳（*Salix matsudana f. umbraculifera*）为研究对象，旱柳（*Salix matsudana*）为对照，探索二者在镉胁迫后的形态、生理生化和分子方面的差异，随后通过转录组测序技术从分子层面挖掘镉吸收、转运、解毒等相关基因，进而解析分子调控机制；Geng 等（2005）运用水培进行磷胁迫的方法，研究了水稻（*Oryza sativa*）中磷的吸收与运转；Loth-perereda 等（2011）运用水培进行磷胁迫的方法，研究了 PHT1 基因家族在杨树（*Populus tremula*）中，结构与表达谱的变化。在杉木中借助 RNA-seq 技术，研究杉木纤维性状发育的形成机制和木材形层成活动的规律（Zhang et al.，2016；Huag et al.，2012；Wang et al.，2013；Qiu et al.，2013；马智慧，2015）。但杉木施肥响应基因研究，目前尚未被涉及，施肥造成杉木高生产力的分子机制也未知，这是本研究要解决的关键问题。

本研究以基因差异表达分析为切入点，以杉木无性系开$_6$为研究材料，4 个施肥处理，两两间的比较分析，来探讨杉木施肥刺激引起的分子响应机制，揭示杉木施肥高生产力的原因。开展本项研究，以期了解施肥引发的基因响应机制，为研究与印证差异表达基因的功能提供科学基础。

4.2.1 材料与方法

4.2.1.1 研究材料

研究材料为速生的杉木无性系开$_6$，2017 年春进行扦插，年底抽取苗高基本一致，约 25cm 高的开$_6$共计 12 株，参与试验。

4.2.1.2 试验设计

移植苗放在试验大棚内，采用容器杯培苗，容器规格为直径 14cm、高 13cm。培苗基质为杭州市三桥育苗基地的缺氮少磷红壤土，其中缺氮少磷红壤土含有机质 20.28g/kg，全氮、全钾和全磷含量分别为 0.427g/kg、11.20g/kg 和 0.269g/kg，水解氮、有效钾和有效磷含量分别为 39.3mg/kg、131.60mg/kg 和 2.44mg/kg，pH 值 4.55。

培苗基质的配制（齐明等，2013）如下：缺素红壤土：河沙按 3 : 2 的比例，混均匀后装杯，每杯土重 2kg，种一株杉木无性系开$_6$，然后移到育苗大棚中缓苗 6 个月，其间不施肥，仅正常水分管理。到了 2018 年 6 月初，开始施肥试验，施肥量参照杉木育苗的施肥标准，试验设计见表 4-5。

表 4-5 杉木施肥试验设计（硝酸铵和磷酸二氢钾溶于水的浓度为 7‰）

编号	处理	试验组	分组	基质的施肥量
C1	不施氮磷	缺氮缺磷组	group1	N：0； P：0
N1	施氮	缺磷组	group2	含 N：184mg/kg 土
P1	施磷	缺氮组	group3	含 P_2O_5：274mg/kg 土
WT	不缺氮磷	正常对照组	group4	N：184mg/kg 土 + P_2O_5：274mg/kg 土

注：硝酸铵 w（N）= 35%；磷酸氢二钾 w（P_2O_5）= 52.1%。

杉木施肥试验设计的宗旨是检验施肥引发的基因响应，整个试验以缺磷少氮的贫瘠土为基质，施肥处理为：不施肥的贫瘠土地，对贫瘠林地单施氮肥或磷肥，以同时施加 N、P 肥为参比对象。试验植株的编号是：group1 缺素组，3 个重复分株编号码：C1-1，C1-2，C1-3；group2 施氮肥组，3 个重复分株编号：N1-1，N1-2，N1-3；group3 施磷肥组，3 个重复分株编号：P1-1，P1-2，P1-3；group4 同施氮磷肥，为试验对照组 WT，3 个重复分株编号：WT1-1，WT1-2，WT1-3。选择连续几天天晴的天气，开始施肥试验，水肥 150ml 分 3 次浇肥，每隔 12h 浇 50ml 的水肥，最后一次施肥后 80 h 后（12：00）进行取样：用自来水将杉木的根系洗尽，又用纯净水冲洗一遍，用剪刀将当年生的新根剪下，用铝箔纸包好，迅速浸泡在液氮中，第二天转移至-80℃的冰箱中，直至提 RNA 为止。

4.2.1.3 研究方法

（1）cDNA 文库准备及 RNA-seq 测序

文库构建、无参转录组测序及随后的 unigene 功能注释、基因表达分析等项目的分析见有关文献（李阳，2016；丁健，2016；冯延芝，2016；翟荣荣，2013；蒋桂雄，2014）。

（2）序列比对及差异表达基因分析

通过 Illumina Hiseq4000 测序获得的转录组测序数据，需要经过以下几个步骤的生物信息学处理与分析，方能获得有意义的结果：①原始数据处理；②序列组装；③unigene 序列的功能注释；④unigene 的 GO 分类；⑤unigene 代谢通路分析；⑥预测 unigene 的编码序列（CDS）；⑦unigene 的表达差异分析；⑧差异表达的 unigene 的 GO 和 Pathway 富集分析。所有这些分析项目均由软件完成，除了杉木新根样本的准备和研究方案的制定外，整个项目中的测序和初步分析委托杭州联川生物技术股份有限公司完成。所有这些分析项目均由软件完成，见表 4-6。

unigene 归一化采用 FPKM（Fragments per kb per million fragments）方式，其计算公式：

$$FPKM = 10^6 C / [(NL)/10^3]$$

式中：$FPKM$ 是某个基因（A）的表达量；C 是唯一比对到基因 A 的片段数；N 是唯一比对到所有 unigene 的总片段数；L 为 unigene A 的碱基数。

测序数据进一步在 Excel 平台和 Matlab 7.0 平台上处理，以获得有用的信息（齐明等，2014）。

表 4-6　转录组分析所用的主要软件

分析项目	软件名称	版本/日期
接头去除	cutadapt	1. 9
低质量数据过滤	fqtrim	0. 94
数据质控	Fast Q C	0. 10. 1
功能注释	DIAMOND	0. 7. 12
表达定量	Salmon	0. 8. 2
差异分析	R package：edge R	3. 12. 1
GO 富集分析	Scripts in house	1. 3
KEGG 富集分析	Scripts in house	1. 3
CDS 预测	Trans Decoder	3. 0. 1
作图软件	R	3. 2. 5

4.2.1.4　技术路线

杉木施肥引发的基因表达响应机制的转录组分析见图 4-2。

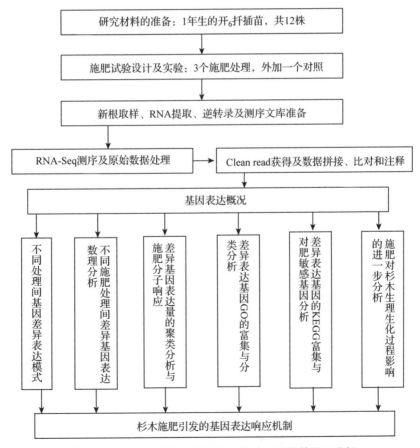

图 4-2　杉木施肥引发的基因表达响应机制的转录组分析

4.2.2 结果与分析

4.2.2.1 测序数据质量和基因表达概况

不施肥处理、氮肥处理、磷肥处理和对照(氮磷混施)处理，共 12 个样本，测序测得的原始序列(Raw Reads)介于 5.1E+07 到 7.2E+07nt；12 个样本的 Clean reads 分别介于 5.0E+07 到 7.1E+07nt。总的拼接长度 724341090nt。Clean reads 有效数据占原始 Raw Reads 的比例在 98%以上。12 个样本的 Phred 数值大于 Q20 和 Q30 的碱基占总体碱基的百分比，分别介于 98.20%~98.84%和 95.07%~96.4%之间。原始测序序列中，碱基 G 和 C 的数量总和占总碱基数的百分比介于 44.20%~45.08%之间。

12 株样本，测得的基因表达量在不同区间的分布接近正态分布。综合以上几个测序质量评价指标，说明 12 份样本的测序质量较高，能保证后续研究和满足后续数据分析的要求。

4.2.2.2 测序数据的拼接结果

测序数据的拼接结果见表 4-7。

表 4-7 拼接结果的统计

项 目	所有的	GC (%)	最短序列	中等序列	最长序列	总组装基座	当读长数达50%时，该读长的长度(nt)
转录本(个)	155961	42.11	201	472	16477	1.3E+08	1463
基 因(个)	74288	42.47	201	345.00	16477	5.6E+07	1463

从表 4-7 可见，平均 GC%达 42.47%；当读长数达 50%时，该读长的长度为 1463nt。综合其他项的结果，可以得出测序数据的组装拼接的结果很成功。杉木新根测序获得的 unigene 为 74288 个，这一结果与杉木针叶测序获得的结果(齐明等，2017)(80171 个 unigenes)十分接近，测序结果正常。

4.2.2.3 基因注释结果

对 clean reads 在 6 个数据库进行 BLASTX 分析，比对结果见表 4-8。

表 4-8 不同数据库 BLASTX 注释结果统计

类 目	所 有	GO	KEGG	Pfam	Swiss-prot	eggNOG	NR
数目(个)	74288	34964	18756	33886	29482	40521	37655
比率(%)	100.00	47.07	25.25	45.61	39.69	54.55	50.69

将获得的 unigene 序列分别与 Swiss-prot，NR，Pfam，KEGG，eggNOG 和 GO 数据库序列进行比对，获得注释，组装 unigene 数为 74288 个注释基因。由于针叶树已进行全基因组测序的树种太少，因而与农作物相比，针叶树种中挖掘出的基因也少。为了获得良好的测序分析结果，今后要加快针叶树的全基因组的测序研究。

4.2.2.4 不同的试验处理组间的基因差异表达模式分析

基于转录组测序结果，绘制基因差异表达韦恩图(图 4-3)。

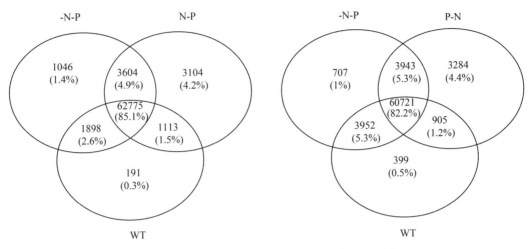

图 4-3　杉木不同施肥处理引起基因响应之韦恩图

由韦恩图可以发现基因差异表达模式：不同的调控因子和转录网络（Transcriptional networks）在无性系中会重新结合，并导致基因表达方式的改变。

从图 4-3（左）可见，在-P-N1-VS-WT 比较组中，它们有 64673 个共同基因，相对于 WT 比较组，未施肥组，有 4650 个特异表达基因，其中包含了若干耐性基因；在 N-P-VS-WT 比较组中，有 63888 个共同基因，有 6708 个特异表达基因，其中包含了若干磷素的敏感基因；从图 4-3（右）可见，在 P-N-VS-WT 比较组中，它们有 61626 个共同基因，施 P 肥后，样株受 P 肥刺激，引起了 7227 个特异表达基因，其中包含了若干氮素的敏感基因表达；N-P_ VS_ P-N 比较组的韦恩图未列出，N-P 处理与 P-N 处理有共同基因 65768 个，N-P 处理引发了 4828 个特异表达基因的表达，P-N 处理引发了 3085 个特异表达基因的表达。这些差异表达的基因参与了杉木氮磷的吸收、转运和利用。

4.2.2.5　4 个不同施肥处理 6 个处理比较组的差异基因表达分析

4 个不同施肥处理 6 个处理比较组的差异基因表达分析结果见表 4-9。

表 4-9　杉木转录组组内差异基因表达分析结果　　　　（个）

比较组	比较的类目	总基因数	上　调	下　调	no
氮肥与对照组	差异表达显著类的基因数	807	665	142	
	差异表达不显著类的基因数	73481	35965	35718	1798
	施氮 group2 组零表达基因的个数	3694			
	对照 group4 组零表达基因的个数	8312			
磷肥与对照组	差异表达显著类的基因数	429	234	195	
	差异表达不显著类的基因数	73859	35531	37090	1238
	施磷 group3 零表达基因的个数	5440			
	对照 group4 组零表达基因的个数	8312			

（续）

比较组	比较的类目	总基因数	上 调	下 调	no
不施肥与对照组	差异表达显著类的基因数	1019	401	618	–
	差异表达不显著类的基因数	73269	39745	29692	3832
	缺磷缺氮组 group1 零表达基因的个数	4966			
	对照 group4 零表达基因的个数	8312			
氮肥与不施肥组	差异表达显著类的基因数	720	554	166	
	差异表达不显著类的基因数	73568	30021	42622	895
	施氮 group2 组零表达基因的个数	3694			
	对照 group1 组零表达基因的个数	4966			
磷肥与不施肥组	差异表达显著类的基因数	3889	1396	2493	
	差异表达不显著类的基因数	65851	24781	41070	4548
	施磷 group3 零表达基因的个数	21291			
	对照 group1 零表达基因的个数	4966			
施磷肥与施氮肥组	差异表达显著类的基因数	4912	2148	2764	
	差异表达不显著类的基因数	69376	28390	38477	2509
	缺磷缺氮组 group3 零表达基因的个数	21291			
	对照 group2 零表达基因的个数	3694			

由表 4-9 可知，不同的比较组间，差异表达显著和不显著的基因数目是不同的，施肥可以引起一些基因上调表达或下调表达；也能引起一些基因沉默；同一比较组内，显著表达基因中，上调基因数与下调基因数不等，表达不显著基因中，上调基因数与下调基因数也不等；各施肥处理组引起沉默的基因数在 3694~21291 个间变动。

4.2.2.6 杉木基因表达量的热聚类分析与施肥的分子响应

从测序组装、比对注释和基因表达量计算到基因的富集分析，最终从各样本组获得的差异表达基因中，分别抽取表达量极其显著 25 左右个基因，进行热聚类图分析。热聚类图一共做了 6 组，这 6 组的热聚类结果是一致的：比较组内有一组是对照组，如表达显著的差异基因在对照组中高表达，则在试验组就低表达，它们是互补关系。在此仅列出两个比较组（施氮肥与不施肥组）的热聚类分析结果图，来说明这一结果。在图 4-4、图 4-5 中，不同颜色的区域代表不同的基因表达信息，同一处理内 3 个生物学重复间基因表达基本上是一致，而同一比较组中不同处理间，基因表达基本上是互补的：基因甲在处理组高表达，则在对照组就低表达，反之亦然。例 DN56564_ c1_ g4 在未施肥处理组是低表达，则在施氮组中是高表达。如果在杉木林中检测到 DN56564_ c1_ g4、DN56906_ C1_ g1、DN54750_ c1 _ g2 、DN55368 _ c2 _ g1、DN54759 _ c1 _ g6、DN61447 _ c0 _ g4，DN62531_ c0_ g9，DN62712_ c0_ g1，DN32638_ C0_ g2 这 9 个基因下调表达的话，那么意味着该林分该施氮肥了。通过对这 9 个基因的功能进行了追踪发现：这 9 个基因多与氨基酸、蛋白质的合成、转运等功能有关。

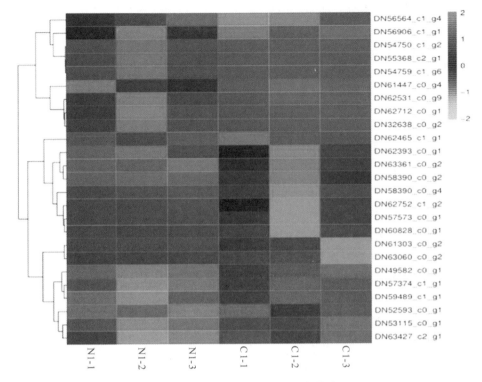

图 4-4　N1_ VS_ C1 比较组间热聚类图

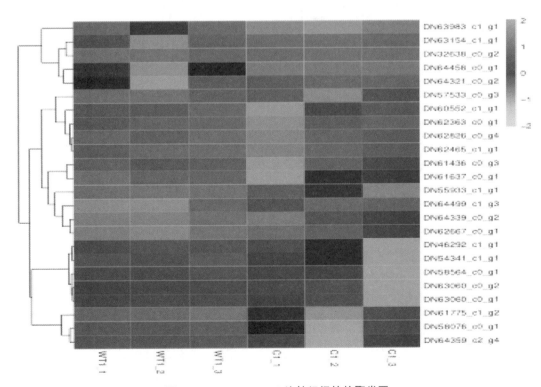

图 4-5　C1 _ VS_ WT 比较组间的热聚类图

图 4-4、图 4-5 不同区域的基因表达模式相近，同一处理内基因分为上调表达和下调低表达，同一比较组内不同处理间，相同基因的表达是上调表达与下调表达互补，其他比较组的结果与图 4-4、图 4-5 一致，只是上调、下调的基因变了。这一结果说明，在缺素（缺 N、P）造林地上，进行杉木施肥时，应该多肥种进行混合施肥；而且从施肥诱导的表达基因数量上看，磷肥的施肥量可以与氮肥可以不等量，这一结果与林业生产实践中得到了印证：在杉木经营中，施钙镁磷肥的施用量通常是尿素的 3 倍左右（何贵平等，2000、2017；陈金林，2004；刘欢，2017），这是由于钙镁磷肥易被固定，其利用率仅为 10% ~ 20% 的缘故。林业施肥中，不同类肥料的吸收有相互促进的现象。但从所有的热聚类图还不能肯定或否定不同的肥种间对氮肥或磷肥的吸收利用，有相互促进作用的结果。

4.2.2.7　差异表达基因的 GO 富集和分类分析

GO（gene ontology）是基因本体联合会（Gene Onotology Consortium）所建立的数据库，用于描述基因产物的功能。为全面了解施肥对基因差异表达的影响，以对照的基因为参照物，对 6 个比较组间的差异基因做了成对分析，获得了 6 个比较图表。差异表达基因的入选标准：① Abs［log2fold_ change］>1；②经 FDR 的校正过的 P 值<0.05。本研究选取 C1 -VS-WT 比较组，对所有的 DEGs 进行 GO 功能富集分析作图，进行示范：GO 富集和分类分析作图时，GO 功能分类体系中，有参与生物过程 biological process、细胞组分 Cell components 以及分子功能 Molecular function 3 个大类 50 个小类别。不施肥与对照比较组的基因富集与分类结果见图 4-6。

由图 4-6 可见，以对照组 WT 为参照物，在不施肥处理 C1 中，不同的 GO terms 中，参与新陈代谢的基因数目不同；针对大多数 GO terms，上调基因的稍稍超过了下调基因的趋势；下调极显著的 3 个 GO terms，按基因数目多少的排序（下同）是：等离子体的膜>细胞核>膜的有机组成。上调极显著的 3 个 GO terms 是细胞核>细胞质>分子功能；所有 GO terms 上，存在显著的上调、下调基因，且上调基因略占优势。按照以上思路，其他比较组 GO 富集与分类分析的一般结果见表 4-10。

表 4-10　显著差异表达基因 GO 富集与分类前三名分析结果（上调基因数/下调基因数）

比较组	GO terms 及上调基因			GO terms 及下调基因			定性评价
N1_ vs_ C1	叶绿体 127/6	细胞核 86/16	蛋白质结合 75/3	细胞核 86/16	细胞质 68/12	生物学过程 37/12	上调占主导地位
P1_ VS_ C1	防御反应 38/123	细胞区域 96/114	氧化还原活性 11/50	生物合成过程 1/33	细胞壁 37/66	质膜 114/306	下调占主导地位
P1_ VS_ N1	转录因子活性 100/103	乙烯活化信号通路 19/44	质外体 31/71	叶绿体膜 5/95	色素结合 0/26	光合作用 0/28	下调占主导地位
C1_ VS_ WT	细胞核 74/54	细胞质 38/54	分子功能 29/40	细胞核 74/54	细胞膜 80/39	膜的有机成分 72/23	上调占主导地位
N1_ VS_ WT	细胞膜 53/19	细胞质 75/20	氧化还原过程 31/16	叶绿体 136/7	细胞核 109/12	蛋白质结合 75/6	上调占主导地位
P1 _ VS_ WT	分子功能 22/17	细胞溶质 13/7	生物学过程 23/13	细胞核 23/10	细胞组分 16/11	分子功能 22/17	上调接近上调水平

由表 4-10 可见，不施肥处理、施肥处理 6 个比较组，对杉木 GO terms 影响最大的，定位在叶绿体、细胞骨架、细胞膜、细胞核、细胞质上；其次是分子功能、蛋白质结合和生物过程等。从 GO 的富集与分类结果可以得出结论：施氮肥可以促进磷的吸收和代谢，

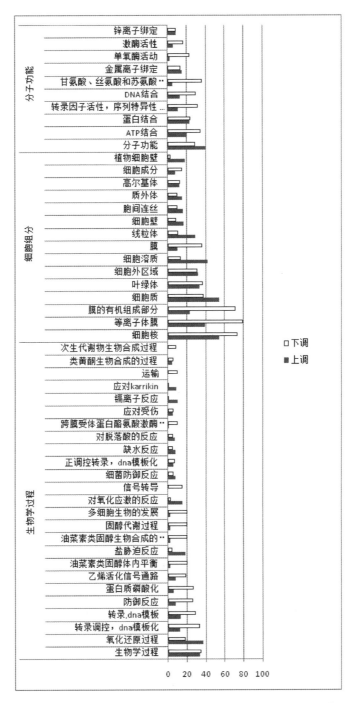

图 4-6　C1_ VS_ WT 比较组差异表达基因的 GO 富集与分类

同时施磷肥也可以促进氮的吸收和运转，因为氮和磷是生命元素，细胞分裂、伸长和发育
都需要氮和磷，细胞活动是杉木生长发育的基础。缺素山地上的杉木，表达较多的基因是
对贫瘠的耐性基因。施肥后杉木林地的土壤环境发生了变化，对杉木根系产生刺激，诱导
新的基因表达或上调一些差异基因表达，耐性基因可能下调或沉默了，新的基因又影响杉
木体内的生理生化代谢途径的改变，这些正调控和负调控相互影响，从而推动了杉木整体

的生长发育。

　　以前通常认为：上调基因的表达对植物生长发育具有正向效应；显著下调的差异基因可能对植物产生负向效应。但这里的研究表明，杉木施肥试验中，并不能肯定所有的基因表达增强就是有利的，并不能肯定所有的基因下调就是不利，如果不是这样的话，下调基因数超过上调基因数（表 4-10 中 P1-VS-C1；P1-VS-N1）时，杉木样株怎么能生存？所以某些基因受到抑制也是有利的，这与姜涛等（2013）的研究结果一致。

4.2.2.8　施肥对杉木的生理生化过程影响进一步分析

　　氮磷是生命元素。由上述分析可见，施氮肥或磷肥可以促进杉木的生长发育。但杉木的生长发育是由一系列的生理生化过程来完成。其中蛋白质在细胞分裂、生长伸长等生理过程发挥重要作用，但是蛋白质的合成过程是细胞核的 DNA 模板上的 mRNA，扩散到核外，在核蛋白体上形成一个合成蛋白质的模板。这时，较小的 tRNA 复合体向 mRNA 模板靠拢，找到一个正确的"位点"。mRNA 能辨认 tRNA 上与之相符的反密码子。这样 tRNA 正确地将不同的氨基酸一个一个地带到 mRNA 的相应位置上，最后靠肽键将氨基酸连接起来，形成多肽链，并释放出 tRNA。多肽折叠就是蛋白质，在这一过程中氨基酸—tRNA 大分子化合物的合成，成为合成蛋白质的重要一环。

　　由于蛋白质合成的重要性，我们选择施磷肥处理与对照组来分析施肥对杉木的生理生化过程的影响。根据 KEGG 富集，得到 tRNA 大分子化合物的合成途径：氨酰基-tRNA 生物合途径，见图 4-7。其中，天门冬氨酰-tRNA 合成酶[EC：6.1.1.12]显著上调，而其他

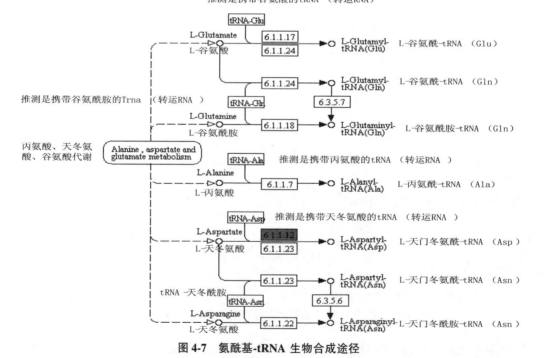

图 4-7　氨酰基-tRNA 生物合成途径

　　注：天门冬氨酰-tRNA 合成酶[EC：6.1.1.12]；丙氨酰基-tRNA 合成酶[EC：6.1.1.7]；谷氨酰基-tR-NA 合成酶[EC：6.1.1.17]；谷氨酰胺基-tRNA 合成酶[EC：6.1.1.18]；天门冬酰胺酰- tRNA 合成酶[EC：6.1.1.22]；天门冬氨酰-tRNA 转移酶/谷酰基-tRNA-酰胺转移酶[EC：6.3.5.6 6 3.5.7]；谷氨酰基-tRNA 转移酶 E 亚基[EC：6.3.5.7]；谷酰基-tRNA 转移酶 D 亚基[EC：6.3.5.7]；无识别力的谷酰基-tRNA 合成酶[EC：6.1.1.24]；无识别力的天门冬氨酰-tRNA 合成酶[EC：6.1.1.23]。

的合成酶或转移酶不显著表达。在图 4-7 中，tRNA 在一系列的酶基因的催化作用下，分别与 L-谷氨酸、L-谷氨酰胺、L-丙氨酸、L-天门冬氨酸，形成氨基酸-tRNA 大分子化合物，为下一步蛋白质的合成，提供前体（多肽）。这些催化酶基因见图 4-7，其中天门冬氨酰-tRNA 合成酶［EC：6.1.1.12］显著上调，催化 L-天门冬氨酸与 tRNA，形成 L-天门冬氨酰-tRNA，并使得这一反应过程在 7 条通道中占主导地位。施磷肥促进了天门冬氨酰-tRNA 合成酶［EC：6.1.1.12］上调表达，从而促进 L-天门冬氨酰-tRNA 大分子化合体的形成，也促进了蛋白质的合成。另外值得说明的是丙氨酸、天冬氨酸和谷氨酸代谢在施磷组中得到显著富集，这为氨酰基-tRNA 生物合成，提供了充足的前体。

4.2.3　结论与讨论

水培法研究营养元素的吸收、运转规律，结果中包含了元素间的互作。但是砂培法也是有其局限性的：砂培的培养基质沉降后，肥料成分不可能像水培法那么均匀，那么易移动。但砂培的研究结果可直接应用到林业实践中。我国南方山地缺磷少氮，随着杉木经营的集约化，杉木施肥已是杉木营林必需的措施，其施肥理论和施肥技术进行了大量的研究，获得的宏观结果（Beautifils，1973；陈先声，1979；丁彬等，2004；陈洪，1995；吴小波等，2018；高磊等，2018）与本研究微观水平的研究结果相一致：施氮（或磷肥）既能促进氮（磷）的吸收，又能促进磷（氮）的吸收。

由于缺乏参考基因组信息，本研究只能运用无参转录组技术，得到的差异基因信息的准确度可能会受到了限制。但目前对于大基因组的针叶树的测序几乎都是采用 de novo 拼接，然后采用 BLASTX 进行注释，进行差异基因分析，这样做肯定会有一定的、可允许的拼接误差。

施肥诱导基因响应的分子机制，得到了明确的结果，12 个新根样本的转录组分析，获得了 74288 个 unigene；施肥可以开启一些基因上调表达，同时也可关闭一些基因表达（基因沉默），还可调节一些基因下调表达。更多的情形是引发基因差异表达不显著。由于针叶树的转基因分子育种瓶颈效应一时难以克服，今后一段时间内的研究方向是，对杉木转录组分析获得的重要基因，研究其吸收、转运和利用途径，其结果可用于指导杉木施肥和杉木营养遗传育种 MAS 选择。目前吴小波等（2018）也对珙桐 DiCCoAOMT1 基因进行克隆和生物信息学研究，分析了珙桐 CCoAOMT 基因家族的表达规律，并克隆分析了其中一个与木质素积累关系密切的基因 DiCCoAOMT1，为后续进一步探索珙桐内果皮发育、木质素的积累、种子休眠等生理过程的分子调控机制奠定基础。这也为珙桐分子育种迈出了第一步。

经过本试验，我们的研究发现：Illumina 转录组测序技术是非模式植物（包括具有较大基因组的针叶树）发现基因和研究基因表达谱的一种快速、简便的方法。杉木新根的转录组数据和基因表达信息表明：杉木施肥既会开启和上调一些基因，同时又会关闭和下调一些基因，其生长发育的调控向着有利杉木适应环境、竞争资源和生长发育的方向发展。

4.3　杉木新根的转录组特征及重要基因的挖掘

杉木（*Cunninghamia lanceolata*）属杉科（Taxodiaceae）杉木属（*Cunninghamia*）常绿乔木，广泛分布在我国浙江、福建等南方 16 个省（自治区、直辖市）。因为杉木具有速生丰产、材质优异、抗蛀耐腐、易于加工等特点，被广泛用于建筑、家具、造船等方面，是我国南方特有的商品用材造林树种。目前，杉木人工林面积已占全国人工林面积的18.2%，而木材产量占全国人工林木材产量的37.4%，且呈现加扩展的态势，对我国发展人工林产业具有举足轻重的作用。但由于杉木造林地多为山地，地力贫瘠，而杉木对立地条件要求较高，目前我国杉木存在连栽和杉木造林地肥力不高问题，采用营养遗传理论选育磷高效利用的无性系是解决问题的一个办法，但既对磷高效利用又对氮高效利用的杉木少而又少，施肥是必需的，苗木施肥是以苗木对养分的需求为基础，对苗木采取营养调节活动，以达到杉木成林成材的目的。林业上有关杉木林施肥进行了广泛的研究试验，但是施肥引发的基因响应分子机制却了解很少。本研究运用转录组技术分析杉木施肥的基因响应机制，挖掘杉木肥效基因，揭示施肥后杉木新根的转录本特征，并为杉木的施肥诊断和施肥方案的制定提供科学依据。

由于杉木具有快速生长的特点，但要其处于最优生长状态，对氮、磷有较高的营养需求。然而，大多数杉木人工林是建立在缺乏有效的氮、磷的土地上，尤其是磷这一大量养分元素很容易在热带和亚热带土壤中被钙、铝和铁束缚。施肥是解决杉木人工林肥力不足的有效方法，杉木施肥试验发现，氮肥对不同苗龄苗木的影响不同，其中氮肥对2年生裸根苗生长有促进作用；另外，我国杉木人工林均存在连栽而导致林分生产力下降的现象，其原因主要是环境资源的竞争（养分趋同和养分竞争）和土壤酸化等，解决这些问题的根本方法，除了应用良种外，进行合理施肥以及造林树种的更新和造林树种的混交配比等良种配良方能达到速生优质高产的目的。

转录组学是研究特定时期、特定组织细胞中所有基因的转录情况及调控规律的学科。所以杉木新根的转录组测序结果与成熟杉木新叶的转录组测序结果有很大的不同，在研究杉木施肥引发的基因响应机制时，以杉木新根为研究材料的转录组特征的详细研究是必要的。随着分子生物学技术不断发展，林木中除模式植物进行了全基因组测序外，其他植物尤其是针叶树很少进行全基因组测序，转录组技术在非模式林木中，得到了广泛的应用。如：Li 等（2017）运用水培和磷胁迫的方法，研究了杉木新根中的分子特征；齐明等（2019）以成熟杉木的新叶为研究材料，研究了杉木新叶的分子特征，同时获得大量基因信息；丁昌俊等（2016）运用转录组测序法研究了不同生长势的欧美杨转录组的差异，采用Illumina Hiseq 2000 高通量测序技术，通过比较杂种 F_1 与亲本转录组间的差异，获得了大量差异基因，为杨树的分子育种奠定了科学基础；Zhang 等（2016）对不同发育阶段杉木的未成熟木质部进行了转录组分析，获得了与木质部形成的大量差异表达基因；黄华宏等（2012）借助于转录组技术，发现了杉木形成层的 De novo 特征，并发现了 49 个纤维素、木质素合成的候选基因；王占军等（2013）研究了杉木形成层的转录本特征，发现了 6 个与当年形成层活动有关的候选基因；林金星等（2013）研究了杉木激活的调控涉及广泛的转录组重构。南京林业大学和福建农林大学在杉木的转基因方面作出了有益的探索，杉木的分子生物学研究，花费了大量的人力、物力和财力，与大基因组的其他针叶树一样，目前杉木的分子育种（转基因）受到了限制，但是分子标记在杉木不同世代群体的遗传多样性、群体结构等方面的研究得到了广泛的应用。

本研究利用无参转录组测序技术，在研究杉木施肥引发基因响应机制的基础上，以杉木无性系 H_6 为研究材料，来探讨杉木新根的转录本特征，了解施肥刺激引起杉木分子响应的一般机制，为揭示杉木施肥高生产力的原因，为杉木良种人工林的施肥诊断和施肥方案制定提供科学依据；为展开杉木营养遗传育种提供重要生物学功能的差异表达基因。

4.3.1　研究方案与技术路线

4.3.1.1　研究方案

（1）以杉木速生无性系开$_6$作为研究材料。

（2）1 年生的扦插苗 12 株，参与沙培试验。培苗基质的配制是缺磷红心土∶河沙 = 3∶2，混均匀后装杯，12 月下旬每杯种一株杉木无性系开$_6$。

（3）试验苗移到育苗大棚中进行缓苗 6 个月，其间不施肥，仅进行正常的水分管理。

（4）到次年 6 月初，开始施肥试验，选择连续几天天晴的天气，开始施肥试验，水肥 150ml 分 3 次浇肥，每次浇 50ml 水肥浇透，80h 后（中午 12∶00）进行取样：用自来水将杉木的根系洗净，又用纯净水冲洗一遍，用剪刀将当年生的嫩根剪下，用铝箔纸包好，迅速浸泡在液氮中，第二天转移至-80℃的冰箱中，直至提 RNA 为止。

（5）cDNA 文库准备及 RNA-seq 测序。

（6）序列比对及差异表达基因分析。

4.3.1.2　技术路线

本研究采用的技术路线见图 4-8。

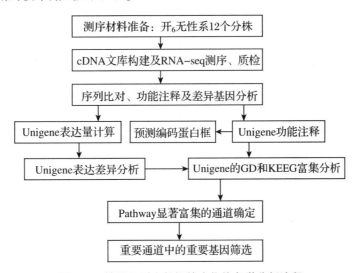

图 4-8　转录组测序数据的生物信息学分析流程

4.3.2　结果与分析

4.3.2.1　测序数据质量和基因表达概况

对照、氮肥处理、磷肥处理和氮磷混合处理，每个处理都有 3 个生物学重复，12 个样本（4 组样品），测序测得的原始测序序列（Raw Reads）介于 5.1E+07 到 7.2E+07nt；12 个样本的 Clean reads 分别介于 5.0E+07 到 7.1E+07nt。总的拼接长度 724341090nt。Clean reads 有效数据占原始 Raw Reads 的比例在 98% 以上。

表 4-11 中 12 个样本的 Phred 数值大于 Q20 和 Q30 的碱基占总体碱基的百分比，分别介于 98.20%~98.84% 之间和 95.07%~96.4% 之间。原始测序序列中，碱基 G 和 C 的数量总和占总碱基数的百分比介于 44.20%~45.08% 之间。

表 4-11　12 个杉木样株的测序原始数据

样本名	原始读长	原始数据量	有效读长	有效数据量	Valid(%)	Q20(%)	Q30(%)	GC(%)
Ck1_ 1	58259124	8.74G	57198398	8.42G	98.18	98.52	95.56	45.89
Ck1_ 2	63573260	9.54G	62399296	9.18G	98.15	98.51	95.55	45.18
Ck1_ 3	70755056	10.61G	69494290	10.23G	98.22	98.57	95.71	44.62
N1_ 1	72332194	10.85G	70963200	10.44G	98.11	98.49	95.48	45.38
N1_ 2	50449186	7.57G	49569756	7.30G	98.26	98.58	95.76	45.22
N1_ 3	59814066	8.97G	58744534	8.65G	98.21	98.54	95.66	45.34
P1_ 1	56415636	8.46G	55453902	8.18G	98.30	98.71	96.09	45.85
P1_ 2	55778138	8.37G	54776340	8.06G	98.20	98.51	95.51	47.13
P1_ 3	58960238	8.84G	57918138	8.53G	98.23	98.58	95.73	44.96
NP1_ 1	53315410	8.00G	52384994	7.71G	98.25	98.53	95.59	45.48
NP1_ 2	70394764	10.56G	69147328	10.18G	98.23	98.54	95.60	45.01
NP1_ 3	67526362	10.13G	66290914	9.74G	98.17	98.46	95.43	45.12

12 株样树，测得的基因表达量在不同区间的分布接近正态分布(表略)。具体分布概况是：对于同一表达量区间，不同的样株基因表达量不同；而对于同一样株，不同区间基因的表达量的大小差异明显。综合以上几个测序质量评价指标，说明 12 份样品的测序质量较高，能保证后续研究和满足后续数据分析的要求。

4.3.2.2　测序数据的拼接结果

测序数据的拼接结果见表 4-12。

表 4-12　拼接结果的统计

项　目	所　有	GC(%)	最短序列	中等序列	最长序列	总组装基座	当读长数达 50%时，该读长的长度
转录本	155961	42.11	201	472	16477	1.3E+08	1463
基　因	74288	42.47	201	345.00	16477	5.6E+07	1463

从表 4-12 可见，平均 GC%达 42.47%；当读长数达 50%时，该读长的长度为 1463nt。综合其他项的结果，可以得出测序数据的组装拼接的结果很成功。杉木新根测序获得的 unigene 为 74288 个，这一结果与杉木针叶测序获得的结果 80171 个基因要低些，估计这与测序材料等因素不同有关(齐明等，2019)。

4.3.2.3　基因注释结果

对 clean reads 在 6 个数据库进行 BLASTX 分析，比对结果列于表 4-13。

表 4-13　不同数据库 BLASTX 注释结果统计

类　目	所　有	GO	KEGG	Pfam	Swiss-prot	eggNOG	NR
数目(个)	74288	34964	18756	33886	29482	40521	37655
比率(%)	100.00	47.07	25.25	45.61	39.69	54.55	50.69

　　将获得的基因分别在 Swiss-prot，Nr，Pfam，KEGG，eggNOG 和 GO 中注释，结果参试杉木共注释有 74288 个基因，这与杉木杂种优势分子机理研究（齐明等，2019）获得的基因数 80171 个 unigene 接近，Nr 数据库的注释结果为 50.69%，这与通常报道的结果 56% 十分接近，Nr 数据库的注释结果与注释软件、阈值等有关，也与基因组装结果有关。

　　杉木为无参测序，测得的数据通常采用 blastX 序列比对，观察表 4-13 可以发现，各数据库所注释的基因比率大于 100%，这表明有的基因同时在不同的数据库得到了重复注释。由于针叶树已进行全基因组测序的树种太少，因而与农作物相比，针叶树种中挖掘出的基因也少。为了获得良好的测序分析结果，今后要加快针叶树的全基因组的测序研究。

4.3.2.4　基因的长度分布

　　杉木新根无参测序，建库测序获得长度不等的 Clean reads，其长度与数目间关系见图 4-9。

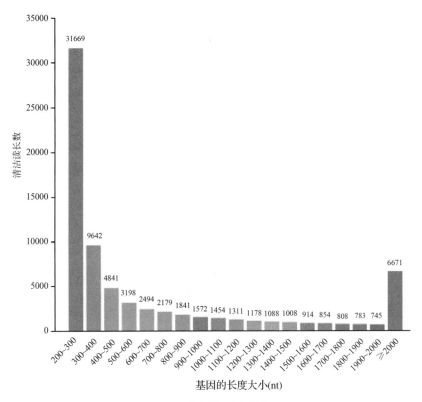

图 4-9　基因的长度分布

4.3.2.5　转录本的长度分布

　　由图 4-9 和图 4-10 可见，杉木新根中的基因与转录本大小与数量间有相似对数分布。

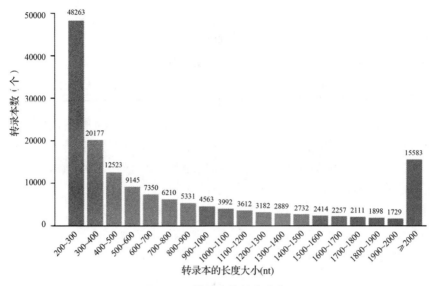

图 4-10　转录本的长度分布

4.3.2.6　基因中 GC 含量分布

由图 4-11 和图 4-12 可见，新根中的基因和转录本中的 GC 含量有相似正态分布律。

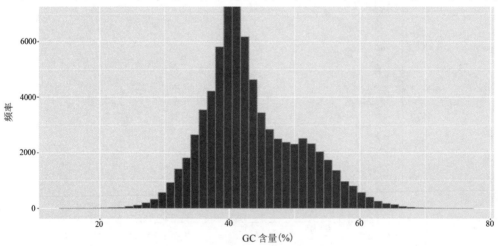

图 4-11　基因的 GC 含量分布

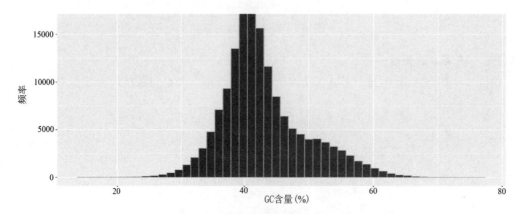

图 4-12　转录本的 GC 含量分布规律

4.3.2.7　eggNOG 数据库中基因的类目分布

将杉木 Unigene 与 eggNOG 蛋白质直系同源数据库进行比对，预测 Unigene 的功能并进行分类统计，研究结果见图 4-13。数据库显示杉木 Unigene 所涉及的 eggNOG 功能类别较为全面，可将 40521 个 Unigene，根据其功能大致分为 26 类。

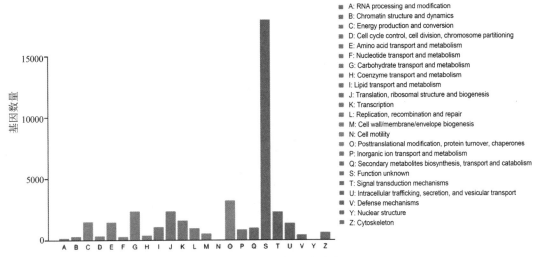

图 4-13　eggNOG 数据库分类图

A：RNA 加工与修饰；B：染色质结构和动力学；C：能量产生与转换；D：细胞周期控制，细胞分裂，染色体分裂；E：一种氨基酸的代谢酶；F：核苷酸运输和代谢；G：碳水化合物运输及代谢；H：辅酶的运输和代谢；I：脂质运输和代谢；J：翻译，核糖体结构和生物发生；K：转录；L：复制、重组和修复；M：细胞壁/膜层/包膜生物发生；N：细胞活性；O：蛋白质转译后的修改、蛋白质周转、陪伴；P：无机离子的迁移和代谢；Q：次生代谢物生物合成、转运和分解代谢；S：未知功能；T：信号转导机制；U：细胞内运输、分泌和囊泡运输；V：防御机制；Y：细胞核结构；Z：细胞骨架。

在 eggNOG 功能分类体系中，有 24250 个候选 Unigene 具有具体的蛋白功能定义，共获得 40521 个基因，获得 eggNOG 功能注释，涉及 24 个 eggNOG 功能类别（图 4-13）。其中，未知功能的基因数最多，高达 16000 个；其次是蛋白质转译后的修改，蛋白质周转，陪伴的转录物比例最大，有 4000 个基因；翻译，核糖体结构和生物发生的转录物，有 3400 个基因；碳水化合物运输及代谢和信号转导机制的基因也较多，为 3200 个基因，其他类目的基因较少。从总的 eggNOG 功能类别来看，本研究的 Unigene 基本涉及杉木的大多数生命活动。

4.3.2.8　GO 的分类

在 GO 功能分类体系中，有 34964 个基因得到注释，其中生物学过程、细胞核、细胞质、质膜、膜的有机组成部分和分子功能的基因个数超过 4000，它们是杉木生长发育的重要的 GO terms。其中细胞组件的 GO terms 占主导地位，6 个显著突出的 GO terms 有 4 个 GO terms 是细胞组件，生物学过程和分子功能，各占 1 个突出的 GO terms。这表明幼苗新根中细胞分裂、细胞伸长等生命活动十分活跃。GO 的富集与分类结果见图 4-14。

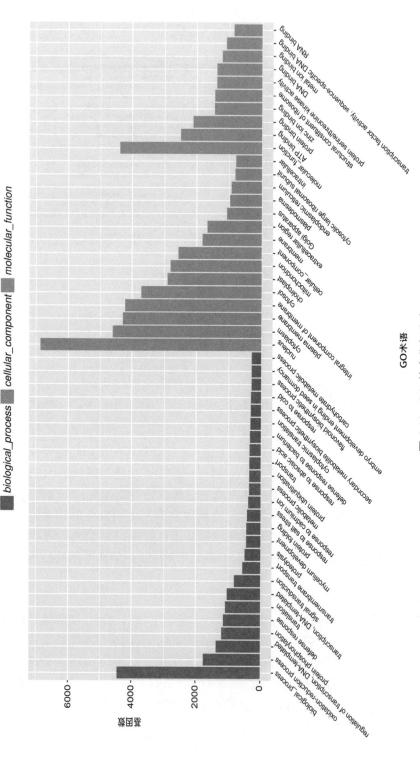

图 4-14　GO 的富集与分类

1：生物学过程；2：氧化还原过程；3：转录调控,DNA 模板化；4：蛋白质磷酸化；5：防御反应；6：翻译；7：转录,DNA 模板化；8：信号转导；9：跨膜运输；10：蛋白水解作用；11：菌丝体发展；12：蛋白质折叠；13：盐胁迫响应；14：细胞质翻译；15：代谢过程；16：蛋白质泛素化；17：运输；18：脱落酸响应；19：细胞防御反应；20：细胞质翻译；21：次生代谢生物合成过程；22：类黄酮生物合成的过程；23：冷响应；24：种子休眠中胚胎发育终止；25：碳水化合物代谢过程；26：细胞核；27：细胞质；28：质膜；29：膜的有机组成部分；30：细胞溶质；31：叶绿体；32：线粒体；33：细胞外区域；34：膜；35：细胞外成分；36：高尔基体；37：胞间连丝；38：内质网；39：胞质大核糖体亚基；40：细胞内；41：分子功能；42：ATP 结合；43：蛋白质结合；44：锌离子结合；45：核糖体的结构成分；46：蛋白丝氨酸/苏氨酸激酶活性；47：DNA 结合；48：金属离子结合；49：转录因子活性,序列特异性 DNA 结合；50：RNA 结合。

4.3.2.9　KEGG 富集的 pathway 路径分类

据 KEGG 数据库的注释信息，将杉木 Unigene 进行 pathway 注释，其中 18756 条 Unigenes 在 KEGG 数据库获得了注释，它们对遗传信息处理发挥了重要作用。这些 Unigene 参与或涉及 19 个 KEGG 相关代谢途径。其中 5 个代谢通路大类中，主要包括：①翻译(有 3103 个基因参与了该通路的新陈代谢)，对遗传信息处理发挥了重要作用；②碳水化合物代谢(有 2937 个基因参与了该通路的新陈代谢)，对杉木的新陈代谢发挥了重要作用；③蛋白折叠、分类和降解、脂类物质代谢(有 2225 个基因参与了该通路的新陈代谢)；④运输和分解代谢(有 1916 个基因参与了该通路的新陈代谢)，对杉木细胞过程起了重要作用；⑤适应环境(有 1645 个基因参与该通路的新陈代谢)，对杉木的有机系统起作用；其他诸如信号转导、氨基酸代谢和脂质代谢等也都有众多的基因参与多条途径的代谢(图 4-15)。

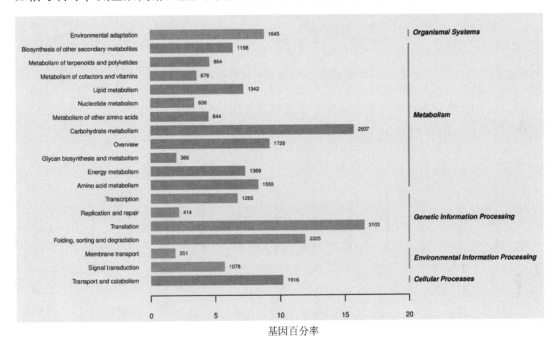

基因百分率

图 4-15　KEGG 富集的 pathway 路径分类

1：适应环境；2：次生代谢生物合成；3：萜类化合物和多酮类化合物代谢；4：辅酶因子和维生素代谢；5：脂质代谢；6：核苷酸代谢；7：其他氨基酸代谢；8：碳水化合物代谢；9：综合作用；10：聚糖的生物合成和代谢；11：能量代谢；12：氨基酸代谢；13：转录；14：复制和修复；15：翻译；16：折叠、分类和退化；17：膜运输；18：信号传导；19：运输和分解代谢。

研究表明：杉木新根中表达的基因是杉木生长发育的重要基因，本研究中获得注释的 Unigene 数量可为今后开展杉木相关研究，提供基因序列信息。

4.3.2.10　基因来源的树种分布

经 NR 数据库比对，杉木 Unigene 与北美云杉(*Picea sitchensis*)基因有 20.35% 的同源；与粉掌(*Anthurium amnicola*)有 16.06% 的基因同源；与无油樟(*Amborella trichopoda*)基因有 6.91% 的基因同源；与荷花(*Nelumbo nucitera*)基因有 4.24% 同源；与菜豆(*Phaseolus vulgaris*)有 3.5% 的基因同源；与大麦(*Hordeum vulgare*)基因有 2.43% 的同源；其他物种注释了杉木功能基因的 46.21% 。结果见图 4-16。

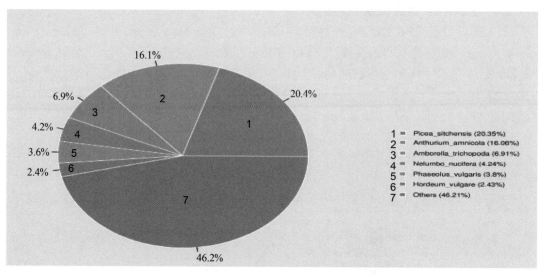

图 4-16　基因来源的树种分布

4.3.2.11　12 个测序样本的表达量的大小及变异范围

见图 4-17、图 4-18。

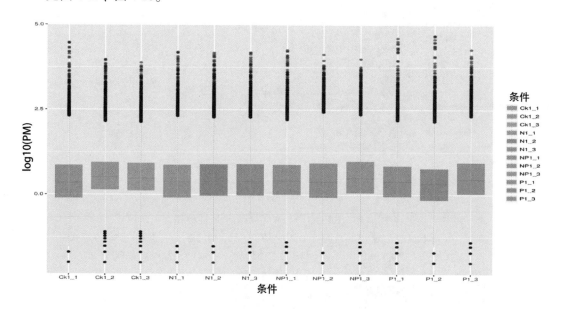

图 4-17　12 个测序样本的表达量的大小及变异范围

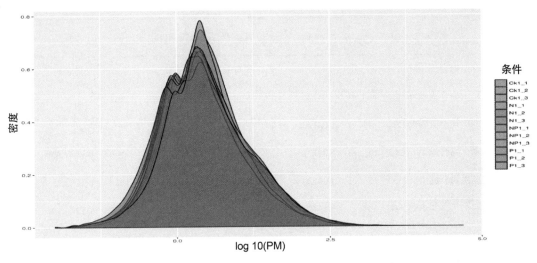

图 4-18　12 个测序样本的表达量的大小及变异范围

4.3.2.12　杉木新根测序中重要基因的筛选

杉木新根测序，经过转录组分析，产生了 74288 个基因。我们首先根据该代谢途径的显著性（$P<0.05$）和重要性，然后再挑选有功能注释的基因进行整理、编辑，汇总在表 4-14 中。

表 4-14　重要代谢途径中的重要功能经基因汇总

代谢 条目	Pathway Definition	Gene_ ID	KOEntry	EC	log2FC	Name	Annotation
map00904	二萜生物合成	DN53574_ c0_ g1	K04124	EC：1.14.11.15	3.48	DAO	预测：可能的 2-氧化戊二酸依赖的加双氧酶 AOP1
map00904	二萜生物合成	DN56896_ c0_ g1	K04121	EC：4.2.3.19	1.36	TPS-mPim1	二萜合成酶
map00904	二萜生物合成	DN57117_ c0_ g2	K16086	EC：3.1.7.10	2.67	3CAR	桧烯合成酶
map00904	二萜生物合成	DN58076_ c0_ g1	K16086	EC：3.1.7.10	4.71	ag8	柠檬烯/苧醇合成酶
map00904	二萜生物合成	DN59141_ c2_ g1	K04123	EC：1.14.13.79	4.06	KAO2	KAO2
map00904	二萜生物合成	DN59691_ c0_ g1	K04122	EC：1.14.13.78	2.38	KO	KO1
map00904	二萜生物合成	DN62019_ c0_ g2	K04123	EC：1.14.13.79	3.50	KAO2	预测：恩特高岭土酸氧化酶 2
map00904	二萜生物合成	DN62019_ c0_ g4	K04123	EC：1.14.13.79	3.81	KAO1	预测：恩特高岭土酸氧化酶 2
map00904	二萜生物合成	DN62325_ c0_ g1	K04120	EC：5.5.1.13	1.26	CPS2	二萜合成酶
map00904	二萜生物合成	DN62667_ c0_ g1	K04120	EC：5.5.1.13	4.07	CPS2	二萜合成酶
map00904	二萜生物合成	DN62667_ c0_ g2	K04120	EC：5.5.1.13	4.37	CPS2	二萜合成酶
map00904	二萜生物合成	DN62886_ c2_ g1	K04125	EC：1.14.11.13	1.27	ANS	GA2ox12

（续）

代谢条目	Pathway Definition	Gene_ID	KOEntry	EC	log2FC	Name	Annotation
map00904	二萜生物合成	DN63045_c0_g1	K04120	EC：5.5.1.13	2.09	ag2	桧烯合酶
map00904	二萜生物合成	DN64136_c0_g1	K04120	EC：5.5.1.13	2.75	ag8	柠檬烯/芡醇合成酶
map00904	二萜生物合成	DN64136_c1_g1	K04120	EC：5.5.1.13	2.63	TPS-Lon	柠檬烯/茨醇合成酶
map00904	二萜生物合成	DN64307_c1_g3	K04121	EC：4.2.3.19	1.30	KS1	桧烯合成酶
map00904	二萜生物合成	DN64333_c2_g1	K04120	EC：5.5.1.13	1.92	ag8	桧烯合酶
map04075	植物激素信号转导	DN53060_c0_g1	K13422	—	-1.71	BHLH35	FIT2
map04075	植物激素信号转导	DN54268_c0_g1	K14491	—	2.30	LBD12	预测：LOB 含域蛋白 1-like
map04075	植物激素信号转导	DN54341_c1_g1	K14512	EC：2.7.11.24	4.20	HOG1	丝裂原活化蛋白激酶 HOG1
map04075	植物激素信号转导	DN54382_c2_g4	K13415	EC：2.7.10.1 2.7.11.1	1.82	HSL1	未命名的蛋白质产物
map04075	植物激素信号转导	DN54903_c0_g2	K14517	—	2.71	ERF1A	预测：乙烯反应转录因子 2-LIKE
map04075	植物激素信号转导	DN56309_c1_g3	K14513	—	3.16	NRAMP5	预测：金属转运体 NRAMP5
map04075	植物激素信号转导	DN56309_c1_g4	K14513	—	3.08	NRAMP3	预测：金属转运体 Nramp5-like
map04075	植物激素信号转导	DN56707_c0_g1	K13449	—	-1.93	—	富含水量半胱氨酸的分泌蛋白
map04075	植物激素信号转导	DN57212_c0_g2	K13415	EC：2.7.10.1 2.7.11.1	1.71	BAM1	预测：富含亮氨酸重复受体丝氨酸/苏氨酸蛋白激酶
map04075	植物激素信号转导	DN57917_c0_g1	K14495	—	1.37	—	预测：F-box 蛋白 At2g27310-like
map04075	植物激素信号转导	DN57998_c0_g4	K14488	—	1.68	SAUR32	假设蛋白 CARUB_v10002659mg CARUB_v10002658mg
map04075	植物激素信号转导	DN58024_c0_g3	K13422	—	2.07	FIT	FIT2
map04075	植物激素信号转导	DN58081_c0_g1	K14504	EC：2.4.1.207	-2.65	XTHB	花粉主要过敏原 NO.121 亚型 2
map04075	植物激素信号转导	DN58158_c2_g3	K13416	EC：2.7.10.1 2.7.11.1	1.50	RKF3	假设蛋白 CARUB_v10002659mg
map04075	植物激素信号转导	DN58348_c1_g4	K13415	EC：2.7.10.1 2.7.11.1	2.51	At1g49730	假设蛋白质 TSUD_15160
map04075	植物激素信号转导	DN59331_c0_g8	K13416	EC：2.7.10.1 2.7.11.1	-2.01	LRR-RLK	预测：可能的 LRR 受体样丝氨酸/苏氨酸蛋白激酶 At1g56140
map04075	植物激素信号转导	DN60665_c0_g5	K13415	EC：2.7.10.1 2.7.11.1	2.15	TDR	富含亮氨酸的重复受体样激酶，部分

（续）

代谢条目	Pathway Definition	Gene_ ID	KOEntry	EC	log2FC	Name	Annotation
map04075	植物激素信号转导	DN60851_ c0_ g3	K14514	—	1.40	PHO1	预测：磷酸盐转运体 PHO1-like
map04075	植物激素信号转导	DN60989_ c0_ g2	K14504	EC：2.4.1.207	1.71	XTH10	预测：可能的木糖聚糖内转移酶/水解酶蛋白 10
map04075	植物激素信号转导	DN61256_ c1_ g1	K14508	—	-1.17	NPR3	预测：调节蛋白 NPR3 亚型 X1
map04075	植物激素信号转导	DN61544_ c0_ g3	K13416	EC：2.7.10.1 2.7.11.1	2.17	At4g10390	预测：可能的受体样蛋白激酶 At4g10390
map04075	植物激素信号转导	DN61918_ c0_ g1	K14517	—	2.01	ERF5	乙烯反应因子 1 样蛋白
map04075	植物激素信号转导	DN62092_ c0_ g2	K14513	—	2.72	NRAMP5	预测：金属运输车 Nramp5-like
map04075	植物激素信号转导	DN62547_ c0_ g2	K14514	—	1.34	PHO1-1	预测：磷酸盐转运体 PHO1 同源基因 1-like
map04075	植物激素信号转导	DN63411_ c1_ g1	K14514	—	1.53	PHO1；H3	预测：磷酸盐转运体 PHO1 同源基因 3
map04075	植物激素信号转导	DN63595_ c0_ g1	K13415	EC：2.7.10.1 2.7.11.1	1.76	BAM1	预测：富含亮氨酸重复受体样丝氨酸/苏氨酸蛋白激酶 BAM1
map04075	植物激素信号转导	DN63595_ c0_ g3	K13415	EC：2.7.10.1 2.7.11.1	1.62	BAM1	假设蛋白质 AALP_ AA8G490400
map04075	植物激素信号转导	DN63833_ c0_ g1	K14504	EC：2.4.1.207	1.37	—	花粉主要过敏原 NO.121 亚型 1
map00906	类胡萝卜素生物合成	DN55715_ c0_ g2	K09843	EC：1.14.13.93	-1.18	CYP707A3	预测：脱落酸 8′-羟化酶 1-like
map00906	类胡萝卜素生物合成	DN55729_ c0_ g2	K17911	EC：5.2.1.14	2.08	D27	预测：-胡萝卜素异构酶 D27，叶绿体
map00906	类胡萝卜素生物合成	DN56034_ c0_ g1	K17911	EC：1.13.11.69 1.13.11.70	3.72	CCD8B	预测：类胡萝卜素裂解二氧合酶 8 同源基因 B，叶绿体
map00906	类胡萝卜素生物合成	DN58390_ c0_ g4	K09843	EC：1.14.13.93	3.68	CYP716B2	推定的羟化酶
map00906	类胡萝卜素生物合成	DN59085_ c0_ g1	K09843	EC：1.14.13.93	1.14	CYP716B1	推定的羟化酶
map00906	类胡萝卜素生物合成	DN59123_ c0_ g2	K09843	EC：1.14.13.93	2.18	CYP716B2	重命名：完整细胞色素 P450 716B2；别名：细胞色素 P450 CYPA2
map00906	类胡萝卜素生物合成	DN59141_ c2_ g6	K09843	EC：1.14.13.93	1.30	CYP716B1	推定的羟化酶
map00906	类胡萝卜素生物合成	DN59439_ c0_ g2	K09843	EC：1.14.13.93	1.57	CYP716B1	β-阿霉素 16 氧化酶
map00906	类胡萝卜素生物合成	DN61637_ c0_ g1	K09843	EC：1.14.13.93	4.92	-	推定的羟化酶

（续）

代谢条目	Pathway Definition	Gene_ID	KOEntry	EC	log2FC	Name	Annotation
map00906	类胡萝卜素生物合成	DN61818_c1_g2	K09840	EC：1.13.11.51	1.39	NCED	9-顺式环氧类胡萝卜素二加氧酶
map00906	类胡萝卜素生物合成	DN61989_c0_g11	K09840	EC：1.13.11.51	2.84	CCD4	玉米黄素7，8(7′，8′)-裂解二氧合酶，色素变性，部分
map00906	类胡萝卜素生物合成	DN62752_c2_g1	K09843	EC：1.14.13.93	3.83	CYP716B2	推定的羟化酶
map00906	类胡萝卜素生物合成	DN63752_c0_g5	K09840	EC：1.13.11.51	2.73	NCED3	9-顺式环氧类胡萝卜素二加氧酶
map00906	类胡萝卜素生物合成	DN63849_c1_g2	K17911	EC：1.13.11.69 1.13.11.70	2.12	CCD8B	假设蛋白质POPTR_0006s25490g
map00906	类胡萝卜素生物合成	DN64389_c1_g1	K09843	EC：1.14.13.93	1.44	CYP716B1	CYP450 716样蛋白(线粒体
map00052	半乳糖代谢	DN49144_c0_g1	K06617	EC：2.4.1.82	-2.10	RFS2	假设蛋白AMTRs00061p00138520
map00052	半乳糖代谢	DN49425_c0_g1	K01193	EC：3.2.1.26	-3.68	CWINV1	预测：-果糖呋喃糖苷酶，不溶同工酶CWINV1
map00052	半乳糖代谢	DN53918_c0_g3	K01193	EC：3.2.1.26	-1.47	6-FEH	预测：-果糖呋喃糖苷酶，不溶同工酶cwinv1样
map00052	半乳糖代谢	DN55521_c0_g1	K18819	EC：2.4.1.123	1.77	GOLS1	预测：半乳糖醇合成酶1
map00052	半乳糖代谢	DN61997_c0_g1	K06617	EC：2.4.1.82	-2.43	RFS2	预测：可能的半乳糖醇——蔗糖半乳糖基转移酶2
map00052	半乳糖代谢	DN62417_c0_g4	K06617	EC：2.4.1.82	-1.86	RFS6	假设AMTR_s00046p00128780蛋白
map00052	半乳糖代谢	DN62429_c1_g2	K18819	EC：2.4.1.123	-1.24	GUX1	预测：假定udp-葡醛酸盐：木兰alpha-葡醛酸转移酶3
map00052	半乳糖代谢	DN64173_c0_g3	K01193	EC：3.2.1.26	-1.65	INV1	预测：-果糖呋喃糖苷酶，不溶性同工酶CWINV1亚型X1
map00052	半乳糖代谢	DN64236_c1_g1	K06617	EC：2.4.1.82	-1.41	RFS2	预测：可能的半乳糖醇——蔗糖半乳糖基转移酶2
map00905	油菜素类固醇生物合成	DN54028_c0_g1	K09588	EC：1.14.-.-	1.54	CYP720B2	CYP720B2
map00905	油菜素类固醇生物合成	DN54278_c3_g2	K09587	EC：1.14.13.-	-4.93	CYP87A3	细胞色素P450 87A3
map00905	油菜素类固醇生物合成	DN58982_c2_g2	K12637	EC：1.14.13.112	1.72	CYP720B2	预测：脱落酸8′-羟化酶3-like
map00905	油菜素类固醇生物合成	DN61580_c0_g1	K09588	EC：1.14.-.-	3.17	CYP716B1	推定的羟化酶

（续）

代谢条目	Pathway Definition	Gene_ID	KOEntry	EC	log2FC	Name	Annotation
map00905	油菜素类固醇生物合成	DN62377_c1_g2	K09588	EC：1.14.-.-	1.83	CYP716B1	推定的羟化酶
map00905	油菜素类固醇生物合成	DN62752_c1_g2	K12640	EC：1.14.-.-	3.42	CYP725A2	推定的羟化酶
map00905	油菜素类固醇生物合成	DN63835_c0_g1	K09588	EC：1.14.-.-	1.47	CYP716B1	细胞色素p450
map00905	油菜素类固醇生物合成	DN64094_c0_g1	K09587	EC：1.14.13.-	1.24	CYP720B2	重命名：完整细胞色素 P450 720B2；别名：细胞色素 P450 CYPB
map00905	油菜素类固醇生物合成	DN64260_c1_g3	K15639	EC：1.14.-.-	2.15	-	细胞色素 P450
map00905	油菜素类固醇生物合成	DN64339_c0_g2	K09588	EC：1.14.-.-	4.38	-	推定的羟化酶
map00905	油菜素类固醇生物合成	DN64389_c2_g1	K09588	EC：1.14.-.-	3.68	CYP716B1	预测：细胞色素 P450 716B1
map00940	苯丙素的生物合成	DN54051_c2_g2	K00430	EC：1.11.1.7	1.46	-	预测：过氧化物酶 A2
map00940	苯丙素的生物合成	DN54051_c2_g7	K00430	EC：1.11.1.7	1.53	PER52	预测：过氧化物酶 10-like
map00940	苯丙素的生物合成	DN54931_c0_g1	K13065	EC：2.3.1.133	-1.19	HST	羟肉桂酸辅酶 a 羟肉桂酰转移酶
map00940	苯丙素的生物合成	DN55907_c0_g11	K13065	EC：2.3.1.133	-1.22	ACT-1	BAHD 家族酰基转移酶
map00940	苯丙素的生物合成	DN59172_c1_g6	K00588	EC：2.1.1.104	2.69	ROMT-15	BSU2
map00940	苯丙素的生物合成	DN59406_c0_g1	K00430	EC：1.11.1.7	-2.11	PER56	预测：未鉴定蛋白
map00940	苯丙素的生物合成	DN60542_c1_g3	K11188	EC：1.11.1.7 1.11.1.15 3.1.1.-	-2.71	Os07g 0638300	预测：1-Cys 过氧化物氧还蛋白 PER1
map00940	苯丙素的生物合成	DN60750_c0_g2	K01904	EC：6.2.1.12	2.27	AAE12	amp 依赖性合成酶和连接酶家族蛋白
map00940	苯丙素的生物合成	DN61786_c0_g4	K00430	EC：1.11.1.7	-6.03	PRX112	氧化酶
map00940	苯丙素的生物合成	DN61878_c0_g1	K00430	EC：1.11.1.7	-4.57	PER3	预测：过氧化物酶 3-like
map00940	苯丙素的生物合成	DN62045_c0_g2	K00430	EC：1.11.1.7	1.84	PNC1	过氧化物酶
map00940	苯丙素的生物合成	DN62774_c0_g1	K13066	EC：2.1.1.68	1.61	COMT1	咖啡酸 o-甲基转移酶
map00940	苯丙素的生物合成	DN63060_c0_g1	K05350	EC：3.2.1.21	3.05	BGLU18	预测：beta-葡糖苷酶 18 类似

（续）

代谢条目	Pathway Definition	Gene_ID	KOEntry	EC	log2FC	Name	Annotation
map00940	苯丙素的生物合成	DN63060_c0_g2	K05350	EC：3.2.1.21	5.95	BGLU18	预测：beta-葡糖苷酶18类似
map00940	苯丙素的生物合成	DN63552_c1_g1	K00430	EC：1.11.1.7	-1.84	PER21	过氧化物酶
map00940	苯丙素的生物合成	DN64047_c0_g2	K05350	EC：3.2.1.21	1.31	—	假设蛋白质 SORBI_006G145400
map00940	苯丙素的生物合成	DN64119_c0_g2	K01188	EC：3.2.1.21	-2.07	BGLU13	预测：beta-葡糖苷酶12
map00940	苯丙素的生物合成	DN64125_c1_g1	K01188	EC：3.2.1.21	-2.06	BGLU27	预测：beta-葡糖苷酶12
map00940	苯丙素的生物合成	DN64597_c0_g2	K00430	EC：1.11.1.7	-4.56	PER3	预测：过氧化物酶27
map00196	光合作用天线蛋白	DN51750_c0_g1	K08916	—	12.26	LHCB5	假设蛋白质 PHA-VU_004G128200g
map00196	光合作用天线蛋白	DN51750_c0_g2	K08916	—	9.45	—	叶绿体色素结合蛋白 CP26
map00196	光合作用天线蛋白	DN54125_c1_g1	K08912	—	10.87	CAB3	假设蛋白 PHAVU_002G154500g
map00196	光合作用天线蛋白	DN54125_c1_g2	K08912	—	12.41	CAB3	叶绿素，蛋白质
map00196	光合作用天线蛋白	DN54125_c1_g4	K08912	—	9.87	CAB21	假设蛋白质 PHA-VU_004G091600g
map00196	光合作用天线蛋白	DN19025_c0_g2	K08915	—	11.06	LHCB4.1	假设蛋白 PHAVU_010G002100g
map00196	光合作用天线蛋白	DN19866_c0_g1	K08917	—	11.32	CAP10A	假设蛋白 PHAVU_006G207300g
map00196	光合作用天线蛋白	DN32946_c0_g1	K08914	—	8.46	CAB13	假设蛋白 PHA-VU_011G155700g
map00196	光合作用天线蛋白	DN32946_c0_g2	K08914	—	10.21	CAB13	假设蛋白 PHAVU_005G085800g
map00196	光合作用天线蛋白	DN43209_c0_g2	K08910	—	7.83	lhcA-P4	预测：叶绿素 a-b 结合蛋白 P4，叶绿体
map00196	光合作用天线蛋白	DN44259_c0_g1	K08910	—	11.26	lhcA-P4	假设蛋白 PHAVU_009G186500g
map00196	光合作用天线蛋白	DN46349_c0_g1	K08907	—	11.25	CAB6A	假设蛋白 PHAVU_004G071500g
map00196	光合作用天线蛋白	DN57278_c1_g1	K08908	—	11.09	CAB7	叶绿素 A/B 结合蛋白 7 叶绿体样蛋白
map00196	光合作用天线蛋白	DN57278_c1_g10	K08908	—	8.87	CAB7	假设蛋白质 PHA-VU_009G260200g

（续）

代谢条目	Pathway Definition	Gene_ ID	KOEntry	EC	log2FC	Name	Annotation
map00196	光合作用天线蛋白	DN57278_ c1_ g12	K08909	—	10.90	CAB8	假设蛋白 PHAVU_ 008G289700g
map00196	光合作用天线蛋白	DN57278_ c1_ g5	K08912	—	8.72	—	叶绿素 a/b 结合蛋白质
map00196	光合作用天线蛋白	DN57278_ c1_ g8	K08913	—	11.73	CAB215	假设蛋白质 PHA-VU_ 008G285100g
map00196	光合作用天线蛋白	DN9800_ c0_ g1	K08915	—	8.14	LHCB4.3	假设蛋白质 PHA-VU_ 001G242100g
map03020	RNA 聚合酶	DN54735_ c0_ g1	K03021	EC：2.7.7.6	−4.22	EREBP1	假设蛋白质 CICLE_ v10025816mg
map03020	RNA 聚合酶	DN58005_ c1_ g1	K03021	EC：2.7.7.6	1.82	ERF4	ERF12
map03020	RNA 聚合酶	DN58005_ c1_ g5	K03021	EC：2.7.7.6	1.83	ERF9	ERF12
map03020	RNA 聚合酶	DN62671_ c1_ g5	K03021	EC：2.7.7.6	1.65	ERF4	ERF12
map00010	糖酵解/糖质新生	DN55022_ c0_ g9	K00134	EC：1.2.1.12	9.15	GAPC	甘油醛-3-磷酸脱氢酶
map00010	糖酵解/糖质新生	DN55933_ c2_ g2	K00927	EC：2.7.2.3	9.53	—	假设蛋白 PHAVU_ 005G050700g
map00010	糖酵解/糖质新生	DN28879_ c0_ g1	K03841	EC：3.1.3.11	8.64	FBP	假设蛋白质 PHA-VU_ 008G112000g
map00010	糖酵解/糖质新生	DN41264_ c0_ g1	K01623	EC：4.1.2.13	9.00	—	假设蛋白质 PHA-VU_ 011G039100g
map00010	糖酵解/糖质新生	DN41264_ c0_ g2	K01623	EC：4.1.2.13	9.73	—	假设蛋白质 PHA-VU_ 011G039100g
map00010	糖酵解/糖质新生	DN41264_ c0_ g3	K01623	EC：4.1.2.13	9.13	FBA2	预测：果糖-二磷酸盐醛多糖酶 1，叶绿体
map00010	糖酵解/糖质新生	DN46091_ c0_ g1	K01623	EC：4.1.2.13	7.23	FBA2	果糖-二磷酸醛酶
map00010	糖酵解/糖质新生	DN48367_ c0_ g1	K01689	EC：4.2.1.11	7.83	—	预测：烯醇化酶
map00010	糖酵解/糖质新生	DN57163_ c0_ g1	K01803	EC：5.3.1.1	7.92	TIM	假设蛋白 PHAVU_ 001G181000g
map00010	糖酵解/糖质新生	DN58164_ c0_ g4	K01610	EC：4.1.1.49	−3.28	PCK	预测：磷酸烯醇丙酮酸羧激酶
map00010	糖酵解/糖质新生	DN58440_ c0_ g2	K01623	EC：4.1.2.13	−1.56	At4g30420	预测：wat1 相关蛋白 at4g30420 样
map00010	糖酵解/糖质新生	DN60513_ c1_ g2	K00131	EC：1.2.1.9	8.06	GAPN	假设蛋白 PHAVU_ 003G157200g

（续）

代谢条目	Pathway Definition	Gene_ID	KOEntry	EC	log2FC	Name	Annotation
map00010	糖酵解/糖质新生	DN63569_ c0_ g2	K03103	EC：3.1.3.62 3.1.3.80	1.38	UCNL	AGO10
map00010	糖酵解/糖质新生	DN63889_ c1_ g1	K18857	EC：1.1.1.1	−2.22	ADH2	酒精脱氢酶
map00010	糖酵解/糖质新生	DN64599_ c1_ g4	K00128	EC：1.2.1.3	7.92	ALDH2B4	假设蛋白质 PHA-VU_ 003G199100g
map00030	磷酸戊糖途径	DN49759_ c0_ g5	K00615	EC：2.2.1.1	9.82	—	假设蛋白质 PHA-VU_ 007G006600g
map00030	磷酸戊糖途径	DN28879_ c0_ g1	K03841	EC：3.1.3.11	8.64	FBP	假设蛋白质 PHA-VU_ 008G112000g
map00030	磷酸戊糖途径	DN41264_ c0_ g1	K01623	EC：4.1.2.13	9.00	—	假设蛋白质 PHA-VU_ 011G039100g
map00030	磷酸戊糖途径	DN41264_ c0_ g2	K01623	EC：4.1.2.13	9.73	—	假设蛋白质 PHA-VU_ 011G039100g
map00030	磷酸戊糖途径	DN41264_ c0_ g3	K01623	EC：4.1.2.13	9.13	FBA2	预测：果糖-二磷酸盐醛多糖酶 1，叶绿体
map00030	磷酸戊糖途径	DN45065_ c0_ g3	K01783	EC：5.1.3.1	7.37	RPE	假设蛋白 PHAVU_ 003G188800g
map00030	磷酸戊糖途径	DN46091_ c0_ g1	K01623	EC：4.1.2.13	7.23	FBA2	果糖-二磷酸酸醛酶
map00030	磷酸戊糖途径	DN58440_ c0_ g2	K01623	EC：4.1.2.13	−1.56	At4g30420	预测：wat1 相关蛋白 at4g30420 样
map00030	磷酸戊糖途径	DN60513_ c1_ g2	K00131	EC：1.2.1.9	8.06	GAPN	假设蛋白 PHAVU_ 003G157200g
map00910	氮代谢	DN51159_ c0_ g2	K01915	EC：6.3.1.2	8.21	GS1-1	胞浆谷氨酰胺合成酶 1-1，部分
map00910	氮代谢	DN53225_ c0_ g2	K01915	EC：6.3.1.2	10.46	—	假设蛋白 PHAVU_ 006G155800g
map00910	氮代谢	DN32780_ c0_ g2	K00284	EC：1.4.7.1	9.36	FdGOGAT	假设蛋白质 PHA-VU_ 001G123900g
map00910	氮代谢	DN46522_ c0_ g1	K10534	EC：1.7.1.1 1.7.1.2 1.7.1.1	13.23	NIA1	假设蛋白 PHAVU_ 009G121000g
map00910	氮代谢	DN46522_ c0_ g2	K10534	EC：1.7.1.1 1.7.1.2 1.7.1.1	9.00	NIA2	重命名：全名=硝酸还株酶［NADH］2；短名=NR-2
map00910	氮代谢	DN46522_ c0_ g3	K10534	EC：1.7.1.1 1.7.1.2 1.7.1.1	9.34	NIA2	假设蛋白 PHAVU_ 008G168000g
map00910	氮代谢	DN58414_ c1_ g5	K00261	EC：1.4.1.3	−1.88	GDH2	谷氨酸脱氢酶
map00910	氮代谢	DN61291_ c8_ g5	K00366	EC：1.7.7.1	8.44	NIR1	假设蛋白质 PHA-VU_ 003G292100g

（续）

代谢条目	Pathway Definition	Gene_ID	KOEntry	EC	log2FC	Name	Annotation
map00910	氮代谢	DN62160_c1_g2	K01673	EC：4.2.1.1	9.60	—	假设蛋白质 PHA-VU_004G013500g
map00910	氮代谢	DN67565_c0_g1	K10535	EC：1.7.1.1 1.7.1.2 1.7.1.3	8.06	NIA1	重命名：Full＝硝酸盐还原酶［NADH］1；短＝NR-1
map01230	氨基酸生物合成	DN49381_c0_g2	K00053	EC：1.1.1.86	7.80	PGAAIR	假设蛋白质 PHA-VU_011G134200g
map01230	氨基酸生物合成	DN49381_c0_g6	K00053	EC：1.1.1.86	7.97	At3g58610	预测：酮醇酸还原异构酶，类绿质
map01230	氨基酸生物合成	DN49759_c0_g5	K00615	EC：2.2.1.1	9.82	—	假设蛋白质 PHA-VU_007G006600g
map01230	氨基酸生物合成	DN50220_c0_g1	K00549	EC：2.1.1.14	7.30	MET	5-甲基四氢翼酰三谷氨酸-同型半胱氨酸甲基转移酶，部分
map01230	氨基酸生物合成	DN51159_c0_g2	K01915	EC：6.3.1.2	8.21	GS1-1	胞浆谷氨酰胺合成酶1-1，部分
map01230	氨基酸生物合成	DN51380_c0_g1	K00600	EC：2.1.2.1	10.21	—	假设蛋白质 PHA-VU_003G286600g
map01230	氨基酸生物合成	DN51664_c0_g1	K01623	EC：4.1.2.13	2.65	At5g07050	功能未知
map01230	氨基酸生物合成	DN52778_c0_g5	K14272	EC：2.6.1.4 2.6.1.2 2.6.1.44	4.50	GGAT2	假设蛋白 PHAVU_002G150800g
map01230	氨基酸生物合成	DN53225_c0_g2	K01915	EC：6.3.1.2	10.46	—	假设蛋白 PHAVU_002G150800g
map01230	氨基酸生物合成	DN54415_c0_g2	K00789	EC：2.5.1.6	3.84	SAMS	重命名：全名＝S-腺苷甲硫氨酸合成酶；短名＝ADOMET 合酶；别名：全名＝蛋氨酸腺苷三磷酸钴胺素腺苷转移酶；短名＝MAT
map01230	氨基酸生物合成	DN54415_c0_g3	K00789	EC：2.5.1.6	6.15	METK5	预测：s-腺苷甲硫氨酸合酶 5
map01230	氨基酸生物合成	DN54415_c0_g4	K00789	EC：2.5.1.6	7.22	METK2	预测：s-腺苷甲硫氨酸合酶 2
map01230	氨基酸生物合成	DN54569_c0_g1	K00814	EC：2.6.1.2	-1.36	ALAAT2	预测：丙氨酸氨基转移酶 2
map01230	氨基酸生物合成	DN55022_c0_g9	K00134	EC：1.2.1.12	9.15	GAPC	甘油醛-3-磷酸脱氢酶
map01230	氨基酸生物合成	DN55933_c2_g2	K00927	EC：2.7.2.3	9.53	—	假设蛋白 PHAVU_005G050700g
map01230	氨基酸生物合成	DN56986_c0_g6	K15227	EC：1.3.1.78	7.87	TYRAAT2	预测：砷酸盐脱氢酶 2，类似叶绿体
map01230	氨基酸生物合成	DN19783_c0_g2	K01738	EC：2.5.1.47	8.07	—	假设蛋白 PHAVU_007G057600g

（续）

代谢条目	Pathway Definition	Gene_ID	KOEntry	EC	log2FC	Name	Annotation
map01230	氨基酸生物合成	DN35045_c0_g1	K01586	EC：4.1.1.20	9.29	—	假设蛋白 PHAVU_002G232300g
map01230	氨基酸生物合成	DN41264_c0_g1	K01623	EC：4.1.2.13	9.00	—	假设蛋白质 PHA-VU_011G039100g
map01230	氨基酸生物合成	DN41264_c0_g2	K01623	EC：4.1.2.13	9.73	—	假设蛋白质 PHA-VU_011G039100g
map01230	氨基酸生物合成	DN41264_c0_g3	K01623	EC：4.1.2.13	9.13	FBA2	预测：果糖-二磷酸盐醛多糖酶1，叶绿体
map01230	氨基酸生物合成	DN45065_c0_g3	K01783	EC：5.1.3.1	7.37	RPE	假设蛋白 PHAVU_003G188800g
map01230	氨基酸生物合成	DN46091_c0_g1	K01623	EC：4.1.2.13	7.23	FBA2	果糖-二磷酸醛酶
map01230	氨基酸生物合成	DN48367_c0_g1	K01689	EC：4.2.1.11	7.83	—	预测：烯醇化酶
map01230	氨基酸生物合成	DN57163_c0_g1	K01803	EC：5.3.1.1	7.92	TIM	假设蛋白 PHAVU_001G181000g
map01230	氨基酸生物合成	DN58440_c0_g2	K01623	EC：4.1.2.13	-1.56	At4g30420	预测：wat1 相关蛋白 at4g30420 样

4.3.3 结 论

对于缺乏基因组信息的非模式物种而言，采用转录组测序技术可获得大量的转录本信息，对解决其基因进化、遗传育种以及生态等诸多方面的问题具有重意义。一般 Hiseq 策略的 Illumuna 高通量测序通量大，但通量的增加注定会牺牲序列片段长度为代价。由于非模式生物缺乏参考基因组信息，因而测序读长越长越有利于测序片段的后续装配。这使得454 技术（平均读长 400nt）在非模式生物转录组研究中应用较为广泛，但该技术价格高昂且通量不高。本研究采用 Illumina Hiseq4000 策略，开展杉木 Illumina 高通量测序，获得74288 条 Unigenes，平均单条 Unigene 长度 345nt，N50 为 1463nt，序列质量评价 Q30 达到95.07%~96.4%，最短转录本长度为 201nt，而获得的 Unigene 序列分布在 200~500nt 长度区间的占总数的 62.13%。与同类研究相比，本次测序在降低成本的前提下，既保证了测序的通量，又兼顾了单序列的长度与质量。

参考文献

陈道东，李贻铨，张瑛，等，1996. 花岗岩立地上杉木幼林施肥生长效益研究[J]. 林业科学研究，9（林木施肥与营养专刊）：34-40.

陈洪，1995. 杉木幼林若干光合特性的研究[J]. 福建林业科技，22(1)：69-72.

陈金林，2004. 杉木幼林施肥效应分析[D]. 南京：南京林业大学，5-15.

陈双双，2018. 超积累型东南景天基因家族分析及耐镉功能研究[D]. 北京：中国林业科学研究院，1-28.

陈先声, 1979. 桑树矿质营养状况研究[J]. 蚕业科学, 5(2): 34-39.

崔秀辉, 2007. 风砂干旱区小豆N、P施肥技术研究[J]. 耕作与栽培, 2: 11-13.

丁彬, 2004. 苏北杨树速生丰产配方施肥的试验研究[D]. 南京: 南京林业大学, 3-10.

丁昌俊, 张伟溪, 高暝, 等, 2016. 不同生长势美洲黑杨转录组差异分析[J]. 林业科学, 52(3): 47-58.

丁健, 2016. 沙棘果肉和种子油脂合成积累及转录表达差异研究[D]. 哈尔滨: 东北林业大学.

冯延芝, 2016. 杜仲种仁转录组测序及FAD3基因的鉴定与功能研究[D]. 北京: 中国林业科学研究院.

高磊, 李余良, 李高科, 等, 2018. 施氮肥对南方甜玉米钾素吸收利用的影响[J]. 植物营养与肥料学报, 24(3): 609-616.

何光明, 何航, 邓兴旺, 2016. 水稻杂种优势的转录组基础[J]. 科学通报, 61(35): 3850-3857.

何贵平, 陈益泰, 刘化桐, 等, 2000. 施肥对杉木无性系幼林生长的影响[J]. 林业科学研究, 13(5): 535-538.

何贵平, 齐明, 2017. 杉木育种策略及应用[M]. 北京: 中国林业出版社.

贺建栋, 龚臻祺, 陈道东, 等, 1996. 头耕土杉木幼林施肥效应的研究[J]. 林业科学研究, 9(林木施肥与营养专刊): 88-92.

胡炳堂, 洪顺山, 关志山, 等, 1996. 马尾松造林施肥两年生长反应[J]. 林业科学研究, 9(2): 215-220.

姜涛, 王丕武, 张君, 2013. 玉米差异显示与杂种优势的关系[J]. 玉米科学, 21(5): 41-45.

蒋桂雄, 2015. 油桐种子转录组解析及油脂合成重要基因克隆[D]. 长沙: 中南林业科技大学.

李博, 2009. 毛白杨与毛新杨转录组图谱构建若干性状的遗传联合分析[D]. 北京: 北京林业大学.

李阳, 2016. 亚硝酸盐对水稻胚性愈伤组织的诱导作用及机制[D]. 武汉: 武汉大学.

刘福妹, 2012. 最佳配方施肥及其氮磷钾元素对白桦生长发育和相关基因表达的影响[D]. 哈尔滨: 东北林业大学, 1-9.

刘欢, 2017. 不同施肥处理对杉木无性系幼苗生长及养分积累的影响[D]. 杭州: 浙江农林大学, 1-6.

马智慧, 2015. 铝胁迫下杉木幼苗的几种生理过程及转录组序列的研究[D]. 福州: 福建农林大学.

彭沙沙, 2011. 杉木材性相关基因的克隆、表达及单核苷多态性分析[D]. 临安: 浙江农林大学.

齐明, 何贵平, 曹高铨, 等, 2013. 杉木耐贫瘠优良无性系苗期初选[J]. 林业科学研究, 26(3): 379-383.

齐明, 何贵平, 周建革, 等, 2019. 杉木生长性状的杂种优势转录组分析[J]. 林业科学研究, 32(3): 113-120.

齐明, 何贵平, 2014. 林木遗传种中平衡不平衡、规则不规则试验数据处理技巧[M].

北京：中国林业出版社，31-33.

桑健，2014. 基于转录组测序的超积累型东南景天内参基因筛选与 HSF 基因家族初步分析 [D]. 北京：中国林业科学研究院，13-26.

文亚峰，韩文军，周宏，等，2015. 杉木转录组 SSR 挖掘及 EST-SSR 标记规模开发[J]. 林业科学，51(11)：40-49.

吴小波，李梅，李萌，等，2018. 珙桐 DiCCoAOMT1 基因的克隆及生物信息学分析[J]. 中南林业科技大学学报，38(7)：96-102.

吴泽鹏，叶淡元，李倘弟，等，1996. 尾叶桉两年施肥效应研究 [J]. 林业科学研究，9 (林木施肥与营养专刊)：161-166.

肖祥希，谢福光，杨细明，等，1995. 磷对杉木不同家系苗木生长影响试验研究[J]. 福建林业科技，22(增刊)：49-53.

谢钰容，2003. 马尾松对低磷胁迫的适应机制和磷效率研究[D]. 北京：中国林业科学研究院，12-16.

徐莉莉，2013. 杉木转录组特征及 R2R3-MYB 基因的克隆和表达分析[D]. 临安：浙江农林大学.

薛丹，陈金林，于彬，等，2009. 杨树苗木配方施肥试验[J]. 南京林业大学学报，33 (5)：37-40.

余常兵，陈防，成开元，2004. 杨树人工林营养及施肥研究进展[J]. 西北林学院学报，19(3)：67-71.

翟荣荣，2013. 超级稻协优 9308 根系杂种优势转录组分析[D]. 杭州：中国农科院水稻所.

张建国，盛炜彤，罗红艳，等，2003. N、P、NP 营养对杉木苗木生长和光合产物分配的影响[J]. 林业科学，39(2)：21-27.

张全德，胡秉民，1985. 农业试验统计模型和 BASIC 程序[M]. 杭州：浙江科学技术出版社.

张运兴，2017. 馒头柳镉吸收转运的分子生理学基础研究[D]. 北京：中国林业科学研究院，1-31.

周华，2015. 基于转录组比较的牡丹开花时间基因挖掘[D]. 北京：北京林业大学.

Beautifils E R, 1973. Diagnosis and recommendation integrated system [M]. Univ, Natal Soil. Sci. Bull, 1-32.

Geng C N, Zhu Y G, Liu W J, et al., 2005. Arsenate uptake and translocation in seedlings of two genotypes of rice is affected by external phosphate concentrations[J]. Aquat. Bot., 83：321-331.

Heilman P E, Stettler R F, 1986. Nutritional concerns in selection of black cottonwood and hybrid clones for short rotation . Can. J. For. Res., 16(4)：860-863.

Heilman P E, Xi Fuguang, 1993. Influence of nitrogen on growth and productivity of short-rotation *Populus trichocarpa×Populus deltoides* hybrids[J]. Can. J. For. Res., 23(9)：1863-1869.

Hua Hong huang , Li Lixu, Zai Kangtong, et al., 2012. De novo characterization of the Chinese fir(*Cunninghamia lanceolata*) transcriptome and analysis of candidate genes involved in cellulose and lignin biosynthesis[J]. BMC Genomics, 13(1): 648-658.

Li M, Su S S, Wu P F, Cameron K M, et al. , 2017. Transcriptome characterization of the chinese Fir (*Cunninghamia lanceolata* (Lamb.) Hook.) and expression analysis of candidate phosphate transporter genes[J]. Forests, 8(11): 420-437.

Loth-Pereda V, Orsini E, Courty P E, et al. , 2011. Structure and expression profile of the phosphate pht1 transporter gene family in mycorrhizal Populus trichocarpa[J]. Plant Physiol. , 156: 2141-2154.

Lu C, Hawkesford M J, Barraclough P B, et al. , 2005. Markedly different gene expression in wheat grown with organic or inorganic fertilizer[J]. Proceedings Biological Sciences, 272 (1575): 1901-1908.

Qiu Z, Wan L, Chen T, et al. , 2013. The regulation of activtity in Chinese fir(*Cunninghamia lanceolata*) involves extensive transcriptome remodeling[J]. New Physiologist, 199(3): 708-719.

Wang Zhanjun , Chen Jinhui, Liu Weidong, et al. , 2013. Transcriptome characteristics and six alternative expressed genes positively correlated with the phase transition of annual cambial activities in chinese fir(*Cunninghamia lanceolata* (Lamb.) Hook)[J]. Plos One, 8(8): 1-14.

Zhang Y, Han X, Sang J, et al. , 2016. Transcriptome analysis of immature xylem in the chinese fir at different developmental phases[J]. Peer J, 4(17): e2097.

Chapter 5
第5章
杉木杂种优势的发现预测及分子机理

5.1 杉木全同胞家系的遗传分析及重要树冠因子的筛选

杉木在我国南方16个省（自治区、直辖市）都有着广泛的分布，占全国木材产量的1/5，是我国一个极重要的造林树种。杉木遗传育种与培育研究新进展历时近70年，经过选择育种和杂交育种，培育出许多新品种。但是在育种工作中，对杉木木材饱满度等材质性状注意不够，而饱满度会影响木材的出材率。因此，研究杉木生长、形质和树冠结构性状的遗传变异以及展开杉木无性系理想株型选育，仍然具有重要意义。

国内涂忠虞（1982）率先采用通径分析，展开柳树（*Salix* sp.）理想株型无性系的选育；20世纪90年代邬荣领等（1988）曾系统地研究了欧美杨（*Populus* sp.）杂种无性系树冠特性（分枝数、枝长、枝粗和分枝角等）的遗传及其与材积生长间的关系。迄今，国内已在杨树、柳树、泡桐（*Paulownia* sp.）（赵丹宁等，1995）、油茶（*Camellia oleifera*）（潘华平等人，2011）、乳源木莲（*Manglietia yuyuanensis*）（欧建德等，2019）和峦大杉（*Cunninghamia konishii*）（欧建德等，2018）等树种中进行了通径分析，不过这些研究大多都是从森林培育等学科的角度，筛选对目标性状起决定作用的树冠因子；国外 Ceulemans 等（1990）研究了杨树（*Populus* sp.）杂种无性系枝条发端、分枝特性在树冠结构中的作用。总之，因不同树种具有不同的树冠分枝特性，难以肯定什么树冠结构性状对目标性状（材积等）有相同的决定作用。但还是有一些共性看法：森林树冠层是树木利用太阳能形成生产力的主要场所；森林树冠生长与结构特征改变着森林系统利用空间及资源的能力，影响着森林生态系统与土壤、大气、热量、水分和其他物质交换。杉木冠积、冠表面积、冠形率、冠长、冠幅、轮盘数等性状构成了树冠特性，反映了杉木分枝特性及其分布情况，杉木的树冠特性反映了树木的营养空间大小，它们综合反映了杉木冠型特征，与生长形质等性状有着密切关系。杉木冠型结构上存在着丰富的变异，有宽冠、窄冠、稀冠、密冠、独杆杉、垂直杉和过渡型等7种类型（叶培忠等，1964）。杉木的理想株型无性系的选育，是当前育种工作中值得开发一块处女地。然而到目前为止，有关杉木的树冠结构特性及其与生长形质方面的关系研究，还未见报道。因此，本研究以杉木树冠结构等性状的遗传变异为切入点，在此基础上深入研究树冠结构性状的遗传控制、遗传相关及其对生长、形质性状的决定作用。这在杉木多性状改良和高世代育种的今天仍具有重要价值。

本文通过对杉木全双列杂交试验材料，利用转化分析法、配合力分析法、遗传相关分析法和通径分析法，试图解决以下问题：①了解树冠结构等性状的遗传变异性；②了解树冠结构等性状的基因作用方式；③了解树冠结构性状及其与生长、形质性状间的遗传相关性；④了解树冠结构性状对生长性状的决定作用相对大小，以期为杉木杂交育种和无性系理想株型选择，提供科学理论依据。

5.1.1　材料与方法

5.1.1.1　试验点概况

试验点设在浙江省遂昌县大桥村。遂昌试验点气候属中亚热带季风类型，冬冷夏热，四季分明，雨量充沛，空气湿润，山地垂直高度 500m，气候差异明显。全年平均气温 16.8℃，年降水量 1510mm，降水日数 172d，年太阳总辐射量 101kcal/cm^2，年日照时数 1755h，年无霜期 251d。造林地为马尾松采伐基地，立地条件中等，挖穴 40cm×40cm× 40cm，造林密度 2m×2m，1997 年春季造林，造林前三年每年抚育一次，调查分析时，试验林的保存率为 88%。

5.1.1.2　研究材料

杉木 6×6 全双列交配（GriffingⅢ）试验，30 个组合，田间试验设计为单因素随机区组，单株小区，30 次重复，6 个亲本自由授粉种子（用于评价杂种优势率），外加 1 个一代种子园的混合种子和龙$_{15}$ 两个对照共 38 份材料参加试验。整个试验四周种一行厚朴作为保护行。因第 30 个重复受人为因素的破坏，故全林测量分析了 29 个重复的数据。5 年生时调查了胸径、树高、枝下高、冠幅、全树轮盘数，室内估算了材积、饱满度、冠长、冠形率、冠表面积、冠积、保存率等 12 个性状。交配设计中的亲本是通过单亲和双亲子代测定评选出的 6 个速生优质亲本：A1，A2，A3，A4，A5，A6。交配设计见图 5-1。

♀＼♂	A1	A2	A3	A4	A5	A6
A1	1Δ	2	3	4	5	6
A2	8	7Δ	9	10	11	12
A3	14	15	13Δ	16	17	18
A4	20	21	22	19Δ	23	24
A5	26	27	28	29	25Δ	30
A6	32	33	34	35	36	31Δ

图 5-1　杉木 6×6 全双列交配设计试验图

注：图中 Δ 表示自由授粉家系，其他是亲本和杂交组合的编号。

5.1.1.3 研究方法

（1）形质指标测定

杉木的形质指标测定，依照李火根等人（1990）的方法进行。

冠幅：试验树木东西、南北方向冠幅的平均值，表示树木的冠幅长度。

冠幅 =（东西冠幅 + 南北冠幅）/2。

冠长：冠长即指树干第一个活枝到树梢的高度，树冠长度 = 树高 – 枝下高。

冠形率为冠长/冠幅之比；树干饱满度为枝下高与全高之比 = 1–树冠率（运算时扩大10倍）。

枝下高：是指杉木从树干基部至树干第一个活枝处的高度。

轮盘数：树冠冠长上轮生枝盘数目。

假定杉木树冠是一个圆锥体，则其树冠表面积 = $\pi r L$，其中 r 是树冠投影面积的半径，等于冠幅/2，L 是圆锥母线 = $(m^2+r^2)^{1/2}$，这里 m 是冠长。

树冠冠积 = 三分之一底面积乘高，用字母表示为 $1/3\pi r^2 \times$ 冠长，r 含义同上。

（2）研究方法

①转化分析法处理不平衡数据　针对不平衡的试验数据，采用转化分析法的理论（齐明，2009），按模型（5–1）进行方差分析：

$$Y_{ijk} = 1u + F_{ij} + B_k + E_{ijk} \tag{5-1}$$

式中：Y_{ijk} 中第 i 个母本与第 j 个父本杂交子代在第 k 个区组中的观察值；u 是群体平均值；F_{ij} 第 i 个母本与第 j 个父本间的组合值；B_k 中第 k 个区组个体效应值；E_{ijk} 是随机误差。自由度和期望方差结构见表5-1。

表 5-1　单因素随机区组不平衡数据的期望均方结构（齐明，2009；齐明和何贵平，2014）

变　因	自由度	均　方	期望均方结构
重复间	$\sum\limits_{k}(1)-1=28$	MSb	$\sigma_e^2 + 0.1218\sigma_{fs}^2 + 26.3028\,\sigma_b^2$
杂交组合	$\sum\limits_{ij}(1)-1=29$	MSfs	$\sigma_e^2 + 25.4279\sigma_{fs}^2 + 0.1199\sigma_b^2$
机　误	$N..+1-\sum\limits_{k}(1)-\sum\limits_{ij}(1)=707$	MSe	$\sigma_e^2 - 0.0048\sigma_{fs}^2 - 0.0049\sigma_b^2$
总变异	$N..-1=764$		

②研究性状的遗传参数估计

全同胞家系的遗传力：$h_{fs}^2 = \sigma_{fs}^2/[MSfs/25.4279]$（由期望均方结构而来）　　（5–2）

研究性状遗传变异性：$GCV = \sigma_{fs}/$ 该性状群体平均值，σ_{fs} 是全同胞家系的遗传变异标准差；

研究性状的表型变异性：$PCV = \sigma_p/$ 该性状的群体平均值，σ_p 是研究性状的表型变异标准差；公式来源见参考文献（安三平等，2018）。

③配合力分析　在方差分析的基础上，根据杂交组合平均值进行配合力分析（孔繁玲，2006；Yates，1947）。配合力分析的模型为：

$$Y_{ij} = u + g_i + g_j + s_{ij} + r_{ij} \tag{5-3}$$

式中：Y_{ij} 是组合的平均值；u 是群体平均值；g_i 是第 i 个亲本的一般配合力；g_j 是第 j 个亲本的一般配合力；s_{ij} 是第 ij 个组合的特殊配合力；r_{ij} 第 i 个母本与第 j 个父本的正反交效应。注意(5-3)式中的正反交效应中包含了母本细胞质效应（Yates，1947）。

由于亲本间的近交系数 $f = 0$，故有：$V_A = 4\sigma_g^2$，$V_D = 4\sigma_s^2$，$V_I = 4\sigma_r^2$　　　　（5-4）

式中：V_A、V_D 和 V_I 分别为加性方差、显性方差和上位方差；σ_g^2、σ_s^2 和 σ_r^2 分别是一般配合力、特殊配合力和上位方差。

④相关分析和通径分析　基于以上研究结果，根据刘垂于等（1983）的方法，计算了杉木形质性状、树冠结构性状与生长性状间的遗传相关系数；通径分析参考 DelValle P R M 等（2012）的方法。通径分析通过分解自变量与因变量之间的直接相关性来研究自变量对因变量的直接重要性和间接重要性，从而为统计决策提供依据。

$$相关系数\ r_{ij} = C\,v_{ij} / \sqrt{(\sigma_i^2\ \sigma_j^2)} \qquad (5-5)$$

$$直接通径系数\ P_{yi} = b_i \times s_i / s_y，\quad 间接通径系数\ P_{yij} = r_{ij} \times P_{yi} \qquad (5-6)$$

式中：b_i 为目标性状 y 对原因性状 i 的偏回归系数；s_i、s_y 分别为原因性状 i 与目标性状 y 的标准差。相关变量 Y，与树冠结构性状 X_1，$\cdots$，X_n 是一组相关关系，则目标变量 Y 与原因变量 X 之间的相关关系有如下分解式：

$$R_{y.i} = \sum_{j=1}^{n} R_{i.j} P_j \quad i = 1, 2, \cdots, n ; \ j = 1, 2, \cdots, n \qquad (5-7)$$

这样通径分析(5-7)式，可用如下方程表示：

$$R_{11} \times P_1 + R_{12} \times P_2 + R_{13} \times P_3 + \cdots + R_{16} \times P_6 = R_{1.Y} \qquad (5-8)$$

$$R_{i1} \times P_1 + R_{i2} \times P_2 + R_{i3} \times P_3 + \cdots + R_{i6} \times P_6 = R_{i.Y} \qquad (5-i)$$

$$R_{61} \times P_1 + R_{62} \times P_2 + R_{63} \times P_3 + \cdots + R_{66} \times P_6 = R_{6.Y} \qquad (5-13)$$

其矩阵表达式为：$A \times X = B$ 　　　　　　　　　　　　　　　　　（5-14）

对于(5-14)式，A 为相关矩阵，X 为通径向量，B 为相关系数向量常数向量，

则有 　　　　　　　　　　　　　　$X = A^{-1} \times B$ 　　　　　　　　　（5-15）

以上转化分析法和配合力分析计算在 Excel 和 Matlab 7.0 平台上完成；遗传相关、通径分析利用 DPS 软件分析。

5.1.2　结果与分析

5.1.2.1　杉木全同胞家系间的生长、形质和树冠结构性状的差异分析

杉木全同胞家系间的生长、形质和树冠结构性状的差异分析结果见表 5-2。由表 5-2 可见，杉木生长性状（材积、树高、胸径）、形质性状（枝下高和饱满度）和树冠结构性状（冠幅、冠长、冠形率、冠表面积、冠积和轮盘数），在全同胞家系间均存在显著的差异，达到 1% 以上的统计显著水平。这一结果为研究参试性状的遗传变异性提供了基础，为配合力分析提供了前提，为理想株型育种树冠结构性状选择提供了基本计算资料。

表 5-2　杉木生长、形质和树冠结构性状的差异分析结果

变因	自由度	材积均方	树高均方	胸径均方	枝下高均方	饱满度均方	冠幅均方	冠长均方	冠形率均方	冠表面积均方	冠积均方	轮盘数均方
重复	28	5850	84400	427. 3780	6415. 4	2. 0039	139. 0213	150. 0542	0. 3442	435. 3037	175. 7946	112. 7327
全同胞家系间	29	2380 **	49300 **	99. 5404 **	5431. 2 **	1. 0178 **	28. 1572 **	95. 6566 **	0. 5353 **	121. 8415 **	41. 7910 **	58. 7495 **
误差	707	487. 4797	8330	24. 1623	1070. 3	0. 4285	10. 3164	25. 2254	0. 1214	30. 3095	13. 2075	18. 8451

注：性状的英文全称、简称见表 5-4，下同。

　　杉木生长、形质和树冠结构性状的遗传变异性分析结果见表 5-3。表 5-3 列举了杉木生长、形质和树冠结构性状的遗传变异性及遗传力大小的结果，其中杉木树冠结构性状的遗传变异性是首次报道。杉木生长、形质性状的研究结果与以前报道的结果（齐明，1996；齐明等，2011）一致：杉木生长、形质性状具有强度的遗传力（$h_{fs}^2 > 0.72$），低度（3% ~ 5%）到中度（6% ~ 9%）的遗传变异性，因此杉木生长形质改良应采用连续多代改良；杉木树冠结构性状亦具有中度以上的遗传力（从冠幅性状的 0.6118 到冠长性状的 0.7973），但不是主要改良的目标性状，不过它与生长形质性状有着密切的关系，决定树干的生长发育（表 5-7 ~ 5-9）；杉木树冠结构性状拥有较大的表型变异幅度：从冠幅的 $PCV = 14.69\%$ 到冠积的 $PCV = 39.49\%$；但遗传变异性除冠积的 GCV 达到 9.12% 外，其他树冠结构性状的 GCV 基本在 6.0% 左右变动。这一结果告诉我们一个重要信息：树冠结构性状具有高的遗传力，同时又具有较小的遗传变异性，那么直接树冠结构性状的改良，效果不佳。

表 5-3　杉木生长、形质和树冠结构性状的遗传变异性分析结果

类　目	材积（dm³）	树高（cm）	胸径（cm）	枝下高（cm）	饱满度	冠幅（dm）	冠长（dm）	冠形率	冠表面积（dm²）	冠积（dm³）	轮盘数
群体平均值	61. 60	674. 97	10. 03	109. 04	1. 66	27. 15	56. 74	2. 11	25. 21	11. 47	25. 84
遗传变异系数（%）	13. 91	6. 16	5. 40	11. 96	9. 09	3. 03	6. 31	6. 04	7. 45	9. 12	5. 86
表型变异系数（%）	44. 92	16. 78	20. 70	34. 85	43. 02	14. 69	19. 15	18. 14	27. 85	39. 49	19. 28
全同胞遗传力 h_{fs}^2（%）	78. 33	82. 38	73. 74	79. 8	57. 11	61. 18	79. 73	76. 95	73. 53	66. 47	66. 13

5.1.2.2　5 年生的杉木 6×6 全双列杂交子代试验的配合力分析结果

　　5 年生杉木 6×6 全双列杂交子代试验资料，在转化分析法的基础上，再采用 Griffing Ⅲ 模式，进行配合力分析，估计各研究性状的基因作用方式，其结果见表 5-4。

表 5-4　研究性状的基因作用方式估算结果

性　状	加性遗传方差 $\sigma_A^2 = 4\sigma_g^2$	非加性遗传方差 $\sigma_G^2 = 4(\sigma_s^2 + \sigma_r^2)$	加性与非加性遗传方差之比 σ_A^2/σ_G^2
材积(V)	25.8756	265.5768	1:10.3
树高(H)	1195.7112	4879.5252	1:4.1
胸径(DBH)	0.8160	10.92	1:13.4
枝下高(HUB)	8.2632	4.8900	1.7:1
饱满度(PL)	0.0448	0.03324	1.35:1
冠幅(CB)	1.4040	0.8840	1.6:1
冠长(CR)	1.4120	12.5939	1:9.0
冠形率(CSR)	38.5156	7.7184	5:1
冠表面积(CSA)	0.6844	13.8144	1:20.2
冠积(CV)	0.7780	3.5364	1:4.5
轮盘数(WBN)	0.5536	8.9424	1:16.2
保存率*(RS)	3.8444	7.9556	1:2.1

由表 5-4 可见，在研究的 12 个数量性状中，仅枝下高、饱满度、冠幅和冠形率 4 个性状上，加性遗传方差略超过了非加性遗传方差，其他 8 个性状(包括重要的改良性状，如材积等)都是非加性遗传方差超过加性遗传方差。这些结果表明：通过亲本评价，进行亲本选配，展开杂交育种，聚合有利基因，即可达到杉木大多数性状的遗传改良。表 5-3 还列举了逆向选择的全同胞家系的遗传力，这些遗传参数与我们在杉木中其他研究结果(齐明，1996；齐明等，2011)相一致，也与 Hung 等(2015)、Isik(2003)和 Araujo 等(1996)发表的遗传参数相一致。

5.1.2.3　生长、形质及树冠结构性状间的遗传相关和通径分析

研究性状经过遗传相关分析、通径分析，可揭示出对生长形质有重要贡献的树冠结构性状。这在理想株形无性系选择中具有重要地位，这种非加性遗传的树冠性状，可以指导杉木理想株形植株的选育。

(1)杉木研究性状间的遗传相关分析　根据刘垂于等(1983)的方法，计算了生长与形质间、树冠结构性状与生长间的遗传相关系数，见表 5-5、表 5-6。

表 5-5　生长与形质性状间的遗传相关

指　标	材　积	胸　径	树　高	枝下高	饱满度
材　积	1	0.844**	0.990**	0.232	-0.239
胸　径	0.844**	1	0.844**	-0.031	-0.357
树　高	0.990**	0.844**	1	0.232	-0.239
枝下高	0.232	-0.031	0.232	1	0.748**
饱满度	-0.239	-0.357	-0.239	0.748**	1

由表 5-5 可见：生长性状间具有强度相关；枝下高与生长间的相关不明显，饱满度与生长性状间有弱的负相关，但与枝下高有显著遗传相关。这一结果与齐明等(2011)的研究结果相一致。

杉木树冠结构性状及其与材积、形质性状间的遗传相关见表 5-6。

由表5-6可见：材积、饱满度性状与树冠结构性状间通常高度相关；树冠结构性状间，除了冠幅与冠长、冠形率、轮盘数间；冠形率与冠积间存在低遗传相关外，其他树冠结构性状间通常存在较强的正遗传相关，因此可以推断对生长、形质性状的进行改良，都会对其他树冠结构性状产生影响。

表 5-6　树冠结构性状间及其与材积、形质间的遗传相关

指标	冠 幅	冠 长	冠形率	冠表面积	冠 积	轮盘数	材 积
冠 幅	1	0.340	-0.215	0.713 **	0.826 **	0.255	0.507 **
冠 长	0.340	1	0.841 **	0.897 **	0.775 **	0.922 **	0.931 **
冠形率	-0.215	0.841 **	1	0.520 **	0.330	0.809 **	0.680 **
冠表面积	0.713 **	0.897 **	0.520 **	1	0.967 **	0.805 **	0.921 **
冠 积	0.826 **	0.775 **	0.330	0.967 **	1	0.684 **	0.837 **
轮盘数	0.255	0.922 **	0.809 **	0.805 **	0.684 **	1	0.813 **
材 积	0.507 **	0.931 **	0.679 **	0.921 **	0.837 **	0.813 **	1
枝下高	0.105	0.016	-0.014	0.025	-0.027	-0.072	
饱满度	-0.007	-0.473 **	-0.459 **	-0.375 **	-0.322	-0.489 **	

以上研究表明：树冠结构性状与材积(生长)性状间存在着高度的遗传相关；与枝下高存在弱的相关；冠长、冠形率、冠表面积和轮盘数与饱满度存在明显负遗传相关，冠幅和冠积与饱满度存在负的弱相关。这一研究结果表明通过对生长、形质的直接改良，这会影响树冠结构性状的表达，反过来，选择理想树冠性状，也会对材积和木材形质产生影响。

(2)树冠结构性状对材积的通径分析　材积是重要的改良性状，并与胸径、树高存在高度遗传相关，因此它可以代表生长性状，作为通径分析的因变量。通径分析结果见表5-7。

由表5-7可见：树冠结构性状对材积的直接通径，以冠形率和冠表面积最大，其中冠形率通过冠表面积产生的间接通径为0.4272，通过其他树冠结构性状产生的间接通径为不明显的负效应；树冠表面积通过冠形率产生的间接通径为0.4482，通过冠幅产生的间接通径为0.3419，通过其他树冠结构性状对材积产生的间接通径为不明显的负效应。表5-7中分析结果：冠形率和冠表面积是决定材积生长最重要的因子。

表 5-7　树冠结构性状对材积的通径分析结果

变 量	直接系数	通过冠幅	通过冠长	通过冠形率	通过冠表面积	通过冠积	通过轮盘数
冠 幅	0.4796	0	-0.0918	-0.1855	0.5855	-0.2202	-0.0604
冠 长	-0.2696	0.1633	0	0.7245	0.7370	-0.2066	-0.2180
冠形率	0.8616	-0.1033	-0.2267	0	0.4272	-0.0879	-0.1912
冠表面积	0.8212	0.3419	-0.2419	0.4482	0	-0.2578	-0.1903
冠 积	-0.2667	0.3960	-0.2089	0.2841	0.7938	0	-0.1617
轮盘数	-0.2364	0.1224	-0.2486	0.6966	0.6612	-0.1824	0

（3）树冠结构性状对枝下高的通径分析 树冠结构性状对枝下高的通径分析结果见表5-8。

表5-8 树冠结构性状对枝下高的通径分析结果

变 量	直接作用	通过冠幅	通过冠长	通过冠形率	通过冠表面积	通过冠积	通过轮盘数
冠 幅	2.8558	0	-0.7528	-0.6579	0.8258	-2.0449	-0.1206
冠 长	-2.2113	0.9722	0	2.5693	1.0395	-1.9186	-0.4354
冠形率	3.0556	-0.6149	-1.8594	0	0.6026	-0.8165	-0.3818
冠表面积	1.1583	2.0360	-1.9846	1.5896	0	-2.3938	-0.3802
冠 积	-2.4765	2.3582	-1.7132	1.0074	1.1196	0	-0.3229
轮盘数	-0.4722	0.7291	-2.0387	2.4705	0.9325	-1.6933	0

由表5-8可见：在树冠结构性状中，以冠形率和冠幅对枝下高的直接作用最大，其中冠形率通过冠表面积的间接作用最大，为0.6026；冠幅对枝下高间接通径作用亦是冠表面积最大，为0.8258。

（4）树冠结构性状对饱满度的通径分析 树冠结构性状对饱满度的通径分析结果见表5-9。从表5-9可以发现，冠形率和冠幅对饱满度的直接作用最大，其中冠形率通过冠表面积的间接通径作用最大；冠幅通过冠表面积的间接通径作用最大，两者对饱满度的间接通径结果一致。

表5-9 树冠结构性状对饱满度的通径分析结果

变 量	直接作用	通过冠幅	通过冠长	通过冠形率	通过冠表面积	通过冠积	通过轮盘数
冠 幅	2.2841	0	-0.9581	-0.6002	0.2581	-0.9259	-0.0653
冠 长	-2.8144	0.7775	0	2.3438	0.3249	-0.8687	-0.2359
冠形率	2.7874	-0.4918	-2.3665	0	0.1883	-0.3697	-0.2069
冠表面积	0.3620	1.6284	-2.5258	1.4501	0	-1.0838	-0.2060
冠 积	-1.1213	1.8860	-2.1804	0.9190	0.3499	0	-0.1750
轮盘数	-0.2559	0.5831	-2.5948	2.2536	0.2915	-0.7667	0

树冠结构性状对杉木生长和形质性状的通径分析，其实质性的结果是一致的：冠形率和冠表面积是杉木理想株型结构的重要因子，可以指导杉木理想株型无性系的选育。

5.1.3 结论与讨论

5.1.3.1 结 论

通过对5年生的杉木全双列杂交（GriffingⅢ）试验林不平衡资料，进行系统分析，得出如下结论：①转化分析法是处理林木遗传育种中不平衡试验数据的好方法；②本研究再次论证杉木多性状、多世代改良应该采用杂交育种的技术路线；③杉木生长性状和树冠结构性状间存在高度相关，这表明通过对生长性状的直接改良，会导致树冠结构性状的间接改良；④经过通径分析，确定冠形率和树冠表面积是理想株型育种中的重要因子。

5.1.3.2 讨 论

借助统计分析方法，系统研究杉木全双列杂交试验林的遗传变异，研究结果揭示了树冠结构性状具有高的全同胞家系遗传力、窄的遗传变异性；多数树冠结构性状是显性和上位(非加性)遗传方差占主导地位，这一结果与采用杉木种子园待测无性系作交配亲本的配合力测定结果不一致。杉木研究性状的基因作用方式是由交配群体的亲本遗传结构决定的，这一点齐明等已在 1996 年就对此进行了详细的讨论，并依此制订了高世代杂交育种的技术路线。

杉木树冠结构性状与生长性状间存在高的遗传相关，这表明虽然杉木树冠结构性状难以直接改良。但是伴随着生长、形质的连续多代改良的同时，它们会得到一些间接的改良。邓宝忠等(2003)应用多元回归相关分析，研究红松阔叶人工天然混交林中，主要树种的胸径和冠幅间的相关，发现红松胸径与冠幅之间相关紧密，其他阔叶树种胸径与冠幅的相关系数达 0.96 以上，这与我们的研究结果(文中未列出)类似。

本研究通过通径分析，得出树冠结构性状中冠形率，冠表面积是决定杉木理想株型选育中最重要的因子，这与欧建德等(2018)在峦大杉中与赵吉恭(1990)在杨树中研究结果基本相同。因此，冠形率和冠表面积可以应用到杉木无性系理想株型的选育中去。

5.2 杉木全双列杂交试验的遗传分析及优良品种的选择

杉木在我国南方 16 个省(自治区、直辖市)都有着广泛的分布，占全国木材产量的 1/5，是我国一个极重要的造林树种。杉木育种始于 20 世纪 50 年代，近几十年进展很快，关于种内遗传变异的研究，积累了大量的资料(俞新妥，2000)。目前，加速杉木成材速度，提高杉木单位面积上的产量，仍然是育种的重要目标之一。本文通过对杉木全双列杂交试验材料进行系统的综合研究，以期为杉木选择育种和杂交育种提供科学理论依据。

本次研究要解决以下几问题：①研究生长形质性状的遗传变异性，估计其遗传参数；②研究主成分指数综合性状的基因作用方式，探讨其间的遗传控制规律；③采用主成分分析选择指数，评选出速生优质的杉木杂交组合；④对主成分指数这一综合性状，进行配合力分析，评选 GCA 高的杉木亲本，为杉木的多性状改良和高世代育种提供科学依据，并为杂交种子园，提供优良材料。

5.2.1 材料与方法

5.2.1.1 研究材料

研究材料详情见第 5 章 5.1 节。

5.2.1.2 研究方法

(1)转化分析法处理不平衡数据 由于试验林内有部分植株死亡，这样试验获得了不平衡数据。针对不平衡的试验数据，采用转化分析法的理论(齐明，2009)，按模型(5-16)进行方差分析：

$$Y_{ijk} = 1u + F_{ij} + B_k + E_{ijk} \tag{5-16}$$

式中：Y_{ijk} 为第 i 个母本与第 j 个父本杂交子代在第 k 个区组中的观察值；u 为群体平均值；

F_{ij} 为第 i 个母本与第 j 个父本间的组合值；B_k 为第 k 个区组个体效应值；E_{ijk} 为随机误差。自由度和期望方差结构见表 5-10。

表 5-10　单因素随机区组不平衡数据的期望均方结构(齐明，2009；齐明和何贵平，2014)

变　因	自由度	均　方	期望均方结构
重复间	$\sum_k (1) - 1 = 28$	MSb	$\sigma_e^2 + 0.1218\sigma_{fs}^2 + 26.3028\,\sigma_b^2$
杂交组合	$\sum_{ij} (1) - 1 = 29$	MSfs	$\sigma_e^2 + 25.4279\sigma_{fs}^2 + 0.1199\sigma_b^2$
机　误	$N.. + 1 - \sum_k (1) - \sum_{ij} (1) = 707$	MSe	$\sigma_e^2 - 0.0048\sigma_{fs}^2 - 0.0049\sigma_b^2$
总变异	$N.. - 1 = 764$		

(2)研究性状的遗传变异性分析

全同胞家系的遗传力：

$h_{fs}^2 = {}_{fs}^2 / [MSfs/25.4279]$ (由期望均方结构而来)　　　　　　(5-17)

研究性状遗传变异性：

$GCV = \sigma_{fs} /$ 该性状群体平均值，σ_{fs} 为全同胞家系的遗传变异标准差；

研究性状的表型变异性：

$PCV = \sigma_p /$ 该性状的群体平均值，σ_p 为研究性状的表型变异标准差；

在方差分析的基础上，根据杂交组合平均值进行配合力分析(马育华，1982；饶胜土，1989)。

(3)生长形质间的遗传相关分析　基于以上研究结果，根据刘垂于等(1983)的方法，计算了杉木形质性状与生长性状间的遗传相关系数。

(4)主成分分析及主成分选择指数的建立　根据转化分析法获得的杂交组合平均值，进行主成分分析，然后采用主成分选择指数评选优良杂交组合。主成分选择指数是从杨纪珂的基本指数公式(1979)推导而来，它不仅考虑了性状间的遗传相关，而且还考虑到了处理间的遗传变异。主成分选择指数式如下：

$$I = \sum_1^7 \beta_i / \lambda_i \times Z(i) \tag{5-18}$$

式中：β_i 为第 i 个主分量的方差与全部方差之比，为主成分的广义遗传力；各主成分间的经济权重 $= 1$；λ_i 为第 i 个主成分的标准差 $= \sqrt{(\lambda^2)}$，为主成分的特征根的平方根；$Z(i)$ 为第 i 个主成分的得分。

(5)配合力分析与优良品种的选择　主成分指数这一综合性状的配合力分析模型为：

$$Y_{ij} = u + g_i + g_j + s_{ij} + r_{ij} \tag{5-19}$$

式中：Y_{ij} 为组合的平均值；u 为群体平均值；g_i 为第 i 个亲本的一般配合力；g_j 为第 j 个亲本的一般配合力；s_{ij} 为第 ij 个组合的特殊配合力；r_{ij} 为第 i 个母本与第 j 个父本的正反交效应。(5-19)式中的正反交效应中包含了母本细胞质效应(Yates，1947)。

由于近交系数 $f = 0$，故有：

$$VA = 4\sigma_g^2, \quad VD = 4\sigma_s^2, \quad VI = 4\sigma_r^2 \tag{5-20}$$

式中：VA、VD 和 VI 分别为加性方差、显性方差和上位方差；σ_g^2、σ_s^2、σ_r^2 分别为一般配合力、特殊配合力和上位方差。

以上转化分析法和配合力分析计算在 Excel 和 Matlab7.0 平台上完成；遗传相关、主成分分析采用 DPS 软件分析。

5.2.2 结果与分析

5.2.2.1 杉木不同杂交组合间生长、形质和树冠结构性状的差异分析（F 检验）

杉木不同杂交组合间生长、形质和树冠结构性状的差异分析结果见表 5-11。

表 5-11 杉木生长、形质和树冠结构性状的差异分析结果

变 因	自由度	材积均方	树高均方	胸径均方	枝下高均方	饱满度均方
重 复	28	5850	84400	427.378	6415.4	2.0039
组合间	29	2380**	49300**	99.5404**	5431.2**	1.0178**
误 差	707	487.4797	8330	24.1623	1070.3	0.4285

由表 5-11 可见，杉木生长性状（材积、树高、胸径）、形质性状（枝下高和饱满度）在杂交组合间均存在显著的差异，达到 1% 以上的统计显著水平。这一结果为配合力分析提供了基础；为优良杂交组合的选择提供了科学基础。

5.2.2.2 杉木生长、形质性状的遗传变异性分析结果

杉木生长和形质性状的遗传变异性分析结果见表 5-12。

表 5-12 杉木生长、形质和树冠结构性状的遗传变异性分析结果

类 目	材积（dm³）	树高（cm）	胸径（cm）	枝下高（cm）	饱满度×10
群体平均值	61.5958	674.9660	10.0261	109.04	1.6620
遗传变异系数（%）	13.91	6.16	5.40	11.96	9.09
表型变异系数（%）	44.92	16.78	20.70	34.85	43.02
全同胞遗传力（%）	78.33	82.38	73.74	79.8	57.11

表 5-12 列举了杉木生长和形质性状的遗传变异性大小的结果。杉木生长和形质性状的研究结果与以前报道的结果（齐明等，2011）一致：杉木生长、形质性状具有强度遗传力，低度到中度的遗传变异性，因此杉木生长形质改良应采用连续多代改良。

5.2.2.3 生长和形质性状间的遗传相关主成分分析

根据刘垂于等（1983）的观点，计算了生长与形质间、树冠结构性状与生长间的遗传相关系数见表 5-13。

表 5-13　生长与形质性状间的遗传相关

指 标	材 积	胸 径	树 高	枝下高	饱满度
材 积	1	0.844**	1.000**	0.232	−0.239
胸 径	0.844**	1	0.844**	−0.031	−0.357
树 高	1.000**	0.844**	1	0.232	−0.239
枝下高	0.232	−0.031	0.232	1	0.748**
饱满度	−0.239	−0.357	−0.239	0.748**	1

由表 5-13 可见：生长性状间具有强度相关；枝下高与生长间的相关不明显，饱满度与生长性状间有弱的负相关。这一结果与以前报道的结果相一致(齐明等，2011)。

5.2.2.4　杉木速生优质组合的评选

在方差分析的基础上，获得各杂交组合的平均值，进行主成分分析，计算主成分选择指数，其结果见表 5-14。

表 5-14　各杂交组合的主成分指数值

编号	杂交组合	指数值	编号	杂交组合	指数值	编号	杂交组合	指数值
2	A1×A2	−61.6193	14	A3×A1	−109.999	26	A5×A1	19.38675
3	A1×A3	−98.8177	15	A3×A2	35.12666	27	A5×A2	−2.36724
4	A1×A4	−38.1106	16	A3×A4	11.88954	28	A5×A3	−0.53912
5	A1×A5	−124.44	17	A3×A5	−50.412	29	A5×A4	42.00896
6	A1×A6	−82.2099	18	A3×A6	70.06329	30	A5×A6	109.531
8	A2×A1	4.562351	20	A4×A1	−30.2921	32	A6×A1	30.83981
9	A2×A3	9.092697	21	A4×A2	31.71492	33	A6×A2	−150.286
10	A2×A4	55.66552	22	A4×A3	14.20165	34	A6×A3	106.318
11	A2×A5	8.306421	23	A4×A5	−20.7598	35	A6×A4	90.68718
12	A2×A6	−7.34052	24	A4×A6	98.00916	36	A6×A5	39.78907

主成分选择指数为：

$$I = 33.293Z(1) + 26.8297Z(2) + 11.641Z(3) + 5.6406Z(4) + 2.1081Z(5) \quad (5-21)$$

根据主成分选择指数的评选结果，共获得 4 个优良杂交组合如下：

优良杂交组合有：NO.24，$A4 \times A6$，指数值 = 98.3866；NO.30，$A5 \times A6$，指数值 = 109.531；

NO.34，$A6 \times A3$，指数值 = 106.318；NO.35，$A6 \times A4$，指数值 = 90.6872

选择这 4 个优良杂交组合，产生的遗传进展见表 5-15。

表 5-15　入选优良组合的选择效果

性　状	材积（dm³）	胸径（cm）	树高（cm）	枝下高（cm）	饱满度×10
入选组合平均值	74.2709	10.0261	738.2958	125.9219	1.7295
选择进展	9.9286	1.1276	52.1711	13.4718	0.0385
遗传增益(%)	16.12	3.58	7.73	12.35	2.32

采用 13.33% 的入选率，从 30 个杂交组合中，选择 4 个优良杂交组合，其改良性状的遗传增益分别为 16.12%（材积）、3.58%（胸径）、7.73%（树高）、12.35%（枝下高）、2.32%（饱满度）。如果选择强度再提高，遗传增益还会增大。再考虑亲本是经过单亲和双亲子代试验和选择产生的，一代亲本选择材积遗传增益为 10%～15%（陈益泰等，1983），这样在亲本测定与选择的基础上，选出来的优良杂交组合，与未经改良的杉木相比，其材积遗传增益累计在 25% 以上。

5.2.2.5 主成分选择指数的配合力分析

5 年生的杉木 6×6 全双列杂交试验主成分选择指数的配合力分析结果见表 5-16。

表 5-16　5 年生的杉木 6×6 全双列杂交试验主成分选择指数的配合力分析结果

变　因	自由度	离差平方和	均　方	方差分量
一般配合力	5	5.07E+04	10140	635.5555
特殊配合力	9	4.55E+04	5055.556	2527.778
正反交效应	15	3.62E+04	2413.333	1206.667

由表 5-16 可见，主成分选择指数的配合力间存在明显的差异；虽然一般配合力有一定的作用，但特殊配合力起主导作用，反交效应的作用也十分明显（虽然正反交效应中包含了一定母本细胞质效应和试验误差）。这一结果为杉木高世代杂交育种方案的制定，又提供了一个佐证。6 个亲本的一般配合力效应值列于表 5-17。

表 5-17　6 个亲本的一般配合力效应值大小

亲本 A1	亲本 A2	亲本 A3	亲本 A4	亲本 A5	亲本 A6
−61.3374	−9.6431	−1.6345	31.8768	2.5630	38.1751

由表 5-17 可见，亲本 A1、A2、A3 的配合力效应偏低，亲本 A4、A5、A6 具有正向的一般配合力效应，其效应值大小顺序为：A6>A4>A5。显然 A4、A5、A6 是优良亲本，在杉木种子园建立中，应增加其比例。

经过主成分选择指数的配合力分析，3 个优良一般配合力亲本也评选出来了；4 个杂交组合已评选出来了，NO.30，A5×A6，指数值 = 109.531，表现最优，如 A5 和 A6 亲本的花期一致，可考虑营建双系种子园；综合考虑对这 4 个优良组合的利用，也可将 A3、A4、A5 和 A6 嫁接一起，建几个系的杂交种子园效果更好。或从这少数几个系的杂交组合，进行超级苗选择，进行无性繁殖和无性利用，其遗传增益更大。

5.2.3　结　论

通过对 5 年生的杉木全双列杂交（Griffing Ⅲ）试验林不平衡资料，进行综合分析，得出结论：①杉木生长、形质性状通常具有中度以上的遗传力，材积、枝下高和饱满度具有中度偏低的遗传变异性，这表明杉木多性状改良应该采用多世代连续改良；②杉木主成分选择指数这一综合性状中，其基因作用方式是非加性遗传方差占主导地位，加性方差具有一定的作用，这表明杉木多性状、多世代改良应该采用杂交育种的技术路线；③采用主成分选择指数，评选出 4 个优良组合和 3 个优良亲本，它们是建立少数几个系的杂交种子园的亲本材料。

5.3　不同方法对杉木全双列杂交试验试验数据分析结果的影响

目前，工业用材树种的遗传改良多数完成了一代、二代改良，逐步向高世代改良迈进。由于高世代育种群体中的亲本是多世代与高强度选择的产物，根据杉木多世代、多性状改良的经历：改良性状的遗传控制会由加性遗传方差占主导地位向非加性遗传占主导地位过渡。遗传方差相对大小的变化会影响林木遗传改良方案的制订和遗传改良成果利用的方式。浙江杉木高世代遗传改良方案就是根据实际情况，制订杂交育种的研究方案，展开杉木遗传改良，以适应杉木改良性状非加性遗传方差占主导地位和改良性状间存负的遗传相关。

国内外针叶树遗传改良方案的制订，多半是基于半双列杂交交配设计的试验结果。要知道半双列杂交试验的前提是基于不存在正反交效应，且细胞质基因效应不明显。随着育种世代的推进，育种材料的性质会发生变化，因为选择有利于杂合体，杂合体居多的育种群体，杂种优势会明显。因此高世代育种方案的制订，需要一套包括反交效应在内的全双列杂交交配设计(Griffing Ⅲ 或 Ⅰ)材料的分析遗传参数信息。

1936 年 Fisher 最先提出方差分析的原理和方法。1947 年 Eisenhart 提出了固定模型和随机模型理论。林木遗传育种中，有关配合力测定，也是沿用农作物遗传育种。Yates (1947)；Jink 和 Hayman(1954)；Kempthorne(1955)对双列杂交设计和配合力分析方法的进行了研制，并发表了研究成果，这些分析模型都是针对平衡的试验数据。Griffing(1956)对上述学者的研究进行了综合和总结，提出了双列杂交设计的 Griffing 4 种模式。遇上不平衡的试验数据基本上采用补平衡后再分析；直到 1977 年，Keuls 和 Garretsen(1977，1978)才发表了平衡不平衡、规则不规则的 Griffing Ⅲ 模式的矩阵分析原理，但仍没法解决负的方差分量的问题。1997 年朱军提出了线性模型理论，来处理农作物育种数据，他建议采用 MINQUE(1)来处理 Griffing Ⅲ 模式的试验数据，MINQUE(1)法不管试验数据是否缺失，都能处理，这极大地提高了试验效率，获得了丰富的遗传信息。在植物遗传育种实践中，遇上负的方差分量，通常令其为零，再估计一系列遗传参数性。

负的方差分量，既无生物学意义，又无法给出科学的数学解释。关于这一问题，齐明曾进行过一番研究，针对林木田间试验获得的不规则、不平衡数据，提出了转化分析法，进行数据处理。不平衡的全双列杂交试验数据处理，建议采用朱军的 MINQUE(1)进行分析，当获得负的方差分量时，采用 REML 法进行迭代处理(朱军，1997)。不过 REML 迭代法，经常碰到迭代不收敛，这在参试因子多时几乎是普遍的情形。再说即使迭代收敛，其分析结果也是有偏的。

负的方差分量这一问题并未引起同行的注意，这可从发表的论文和出版的著作(童春发等，2014；施季森等，1991)看出来。近来笔者对双列杂交试验的不平衡数据的处理办法进行了新的思考，就同一试验数据(Griffing Ⅲ)，进行线性模型理论和方差分析分析；针对同一数据，构建随机模型和混合模型进行处理分析；针对同一试验(Griffing Ⅲ)非平衡数据，构建随机模型，采用转化分析法，并以其结果为参照对象，比较了不同分析方法的分析结果的优劣，确定线性模型 MINQUE(1)法中是否要采用平衡数据？是否要采用随机模型？针对同一试验(Griffing Ⅲ)非平衡数据，确定是否要采用最小二乘法补平衡后，再采用 Yates 方法进行方差分析？这么做的目的是为高世代育种方案制订提供合适的遗传参数；为林木全双列交配试验的数据处理，提供一个合适的方法。

5.3.1　研究方案和技术路线

5.3.1.1　研究方案

（1）交配设计和试验林的建立　杉木 6×6 全双列交配（Griffing III）试验，30 个组合，单株小区，重复 28 次。5 年生时调查了胸径、树高、枝下高，室内推算了材积和纵贯比等 5 个性状，参与统计分析。交配设计中采用的亲本是经过单亲和双亲子代试验，评选出的 6 个速生优良无性系。交配设计图见下图 5-2。

图 5-2　杉木 6 * 6 全双列交配设计试验图

♀ ＼ ♂	A1	A2	A3	A4	A5	A6
A1	1Δ	2	3	4	5	6
A2	8	7Δ	9	10	11	12
A3	14	15	13Δ	16	17	18
A4	20	21	22	19Δ	23	24
A5	26	27	28	29	25Δ	30
A6	32	33	34	35	36	31Δ

注：上图中 Δ 表示自由授粉材料，其他是亲本和杂交组合的编号。

（2）比较研究方案 I　采用线性模型理论来处理试验不平衡数据，构建随机模型和混合模型如下：

$$Y = 1u + U_G e_G + U_S e_S + U_F e_F + U_M e_M + U_R e_R + U_B e_B + U_E e_E \tag{5-22}$$

式中：Y 为表型值；u 为群体平均值；U_G 为变量 G 已知系数设计矩阵；e_G 为独立随机变量 G 向量；U_S 为变量 s 已知系数设计矩阵；e_S 为独立随机变量 S 向量；U_F 为变量 F 已知系数设计矩阵；e_F 为独立随机变量 F 向量；U_M 为变量 M 已知系数设计矩阵；e_M 为独立随机变量 M 向量；U_R 为变量 R 已知系数设计矩阵；e_R 为独立随机变量 R 向量；U_B 为变量 B 已知系数设计矩阵；e_B 为独立随机变量向量；U_E 为已知系数单位矩阵；e_E 为独立随机误差向量。所有变量遵循正态分布。

根据欧氏范数最小这一要求，可推出如下方程组：

$$\left[tr(U_u^T Q_a U_v U_v^T Q_a U_u) \right] \left[\sigma_u^2 \right] = \left[y^T Q_a U_u U_u^T Q_a Y \right]$$

这里：$V1 = Ug * Ug' + Us * Us' + Uf * Uf' + Um * Um' + Ur * Ur' + Ub * Ub' + Ue * Ue'$；
σ_u^2 为先验值，取值为 1；

$$Va = \text{inv}(V1),$$

$Q1 = Va - Va \times 1 \times \text{inv}(1' \times Va \times 1) \times 1' \times Va$，解上述方程，即得参试因子的方差分量。

（5-22）式，（5-23）式，（5-24）式 及 Yates 方法等，更详细的计算过程可参考有关文献（朱军，1997；Yates，1947；马育华，1982）。

$$Y = xb + U_G e_G + U_S e_S + U_F e_F + U_M e_M + U_R e_R + U_E e_E \tag{5-23}$$

式中：X 为固定效应的系数设计矩阵；b 为固定效应向量；其他项意义同上。

按 MINQUE(1)法估计各因子的方差分量（施季森等，1991）。

（3）比较研究方案 II　采用最小二乘法将缺失数据补平衡，构建如上式（5-22）和

(5-23)随机模型和混合模型，采用 MINQUE(1)估计各因子的方差分量。

（4）比较研究方案Ⅲ　采用转化分析法的理论(齐明，2009)，使用不平衡数据，先按模型(5-24)进行方差分析，然后按 GriffingⅢ方法估计各因子的方差分量式(5-25)：

$$Y_{ijk} = 1u + F_{ij} + B_k + E_{ijk} \tag{5-24}$$

式中：Y_{ijk} 为第 i 个母本与第 j 个父本杂交子代在第 k 个区组中的观察值；u 为群体平均值；F_{ij} 为第 i 个母本与第 j 个父本间的组合值；B_k 为第 k 个区组效应值；E_{ijk} 为随机误差。

$$Y_{ij} = u + g_i + g_j + s_{ij} + r_{ij} \tag{5-25}$$

式中：Y_{ij} 为组合的平均值；u 为群体平均值；g_i 为第 i 个亲本的一般配合力；g_j 为第 j 个亲本的一般配合力；s_{ij} 为第 ij 个组合的特殊配合力；r_{ij} 为第 i 个母本与第 j 个父本的正反交效应。

（5）比较研究方案Ⅳ　以方案Ⅱ的平衡资料，采用 Yates 混合模型，估计各因子的方差分量，并与线性模型理论结果、GriffingⅢ结果相比较。

Yates 和 GriffingⅢ属于方差分析，其分析原理见马育华(1982)。

线性模型理论的原理和分析方法，可参见有关文献(朱军，1997；齐明，2009；齐明等，2014)。所有计算过程采用 Excel 和 Matlab7.0 平台，采用自行开发的程序(齐明，2009；齐明等，2014)进行数据处理。

5.3.1.2　技术路线

技术路线见图 5-3。

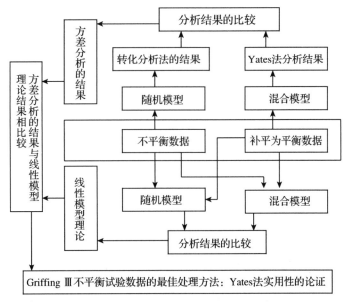

图 5-3　不同分析方法对 GriffingⅢ不平衡试验数据处理效果的比较研究

5.3.2　结果与分析

5.3.2.1　不平衡数据各因子的方差分量

随机模型条件下，杉木各研究性状配合力分析结果见表 5-18。由表 5-18 可以看出：在 6×6 全双列交配试验中，其生长性状上 GCA 的作用居于次要地位，但是 SCA 及正反交（REC）效应的作用均达到了极其显著的统计水平；在干形性状上，GCA 的作用极其显著，而 SCA 及 REC 效应的作用较弱；而母本细胞质效应对生长性状和纵贯比的表达有显著的作用；父系非核基因效应均不存在。

表 5-18　杉木主要经济性状配合力分析结果（随机模式）

（不平衡数据）

参试因子	材积（dm³）	树高（m）	胸径（cm）	枝下高（m）	纵贯比
一般配合力（GCA）	305.0385	45.7785	668.3534	2.0658	9.6289
特殊配合力（SCA）	1022.0661	100.9556	2942.6713	-1.7101	-18.7358
母本效应	914.6034	65.2997	2109.5054	-0.8942	6.3012
父本效应	-1809.5307	-179.3309	-4379.5545	-0.9132	-6.3318
正反交效应（REC）	203.0926	14.9534	382.0311	1.2225	1.9296
区　组	-112.9407	-10.3438	-382.0847	-0.1970	1.3470
机误	9.2927	0.0801	144.0628	0.1747	0.0516

注：表 5-18 是采用朱军的 MINQUE(1) 系统处理缺失数据，为了保证后续参数估计，实践中的通常做法是令表 5-18 中负的方差分量视为零（陈如凯等，1995；施季森等，1991），下同。

混合模型条件下，采用 MINQUE(1) 各因子的方差分量估计结果见表 5-19。

表 5-19　杉木主要经济性状配合力分析结果（混合模型）

（不平衡数据）

参试因子	材积（dm³）	树高（m）	胸径（cm）	枝下高（m）	纵贯比
一般配合力（GCA）	-1734880.0	357.446	-112730	1.9265	-2.5385
特殊配合力（SCA）	11982.8	-59.108	7164.4	-0.1457	0.2083
母本效应	-68808.0	37.888	-4358.0	0.0926	-0.1154
父本效应	431230.0	-61.987	2906.6	-0.4761	0.5604
正反交效应（REC）	-75440.0	29.337	-3386.0	0.0716	-0.1085
机　误	172.5	10.078	5450.0	0.1098	0.0988

由上表 5-19 可见，树高和枝下高具有相同的遗传控制方式：一般配合力和母体细胞质效应占主导地位，并存在上位效应，其他因子的作用不显著；材积、胸径和纵贯比以特殊配合力和父本花粉效应占主导地位，一般配合力、母本细胞质效应和正反交效应作用不显著。

比较表 5-18 和表 5-19 的结果，可以发现它有相似的一面，但不同性状各参试因子的遗传方差分量，更多的是不同地方。

5.3.2.2　平衡数据时的各因子方差分量

根据最小二乘法，将各组合中的缺值填充，使之平衡。采用随机模型条件下的 MIN-

QUE(1)，估计各因子的方差分量，结果见表5-20。

表5-20 杉木主要经济性状配合力分析结果(随机模式)

(平衡数据)

参试因子	材积(dm³)	树高(m)	胸径(cm)	枝下高(m)	纵贯比
一般配合力(GCA)	732.2239	73.01278	1444.2037	2.5007	8.1143
特殊配合力(SCA)	−475.236	−20.3683	−100.5629	3.9125	−11.6080
母本效应	1193.2978	42.6915	512.6039	1.7642	5.5738
父本效应	−2106.0967	−140.6383	−2702.593	−10.4426	−6.1634
正反交效应(REC)	−39.0570	−2.2206	−31.5718	−0.2183	−0.0553
区 组	289.6541	20.9687	364.7349	1.5564	1.0943
机 误	71.4838	2.3863	33.4781	0.1961	0.2940

由表5-20可以发现，材积、树高、胸径和纵贯比都是以一般配合力占主导地位，并存在显著的母本细胞质效应，其他遗传因子的作用不显著；只有枝下高例外，特殊配合力占主导地位，并存在显著的一般配力效应和母本细胞质效应，其他遗传因子作用不显著；另外区组的方差分量也显著，这表明试验地存在明显的林地异质性。

比较表5-20和表5-18的结果，可以发现该研究结果与表5-18有很大的差异，主要表现在 GCA 和 SCA 的相对大小上，两者的结果正好相反。

平衡数据的混合模型条件下，MINQUE(1)分析结果见表5-21。

表5-21 杉木主要经济性状配合力分析结果(混合模型)

(平衡数据)

参试因子	材积(dm³)	树高(m)	胸径(cm)	枝下高(m)	纵贯比
一般配合力效应(GCA)	15.3200	−0.2431	2.2181	0.0130	0.1791
特殊配合力效应(SCA)	352.1925	0.4292	1.6889	0.1417	0.1433
母本效应	1.5780	0.1291	−0.1642	0.4106	−0.4559
父本效应	0.4501	−0.00974	−0.3923	−0.3782	−0.4242
区 组	33.6968	0.6365	0.5872	0.1690	0.4692
机 误	427.7658	6.6370	22.1618	9.6900	10.4823

由表5-21可见，材积以特殊配合力效应占主导地位，其次是正反交(即上位效应)效应，一般配合力对材积也有显著影响，父母本非核基因作用不明显；树高中以上位性、特殊配合力占主导地位，其他遗传因子作用不显著；胸径则与材积、树高不同，它是以一般配合力占主导地位，特殊配合力显著，但居次要地位，父母本非核基因效应不显著；枝下高以母本细胞质基因效应占主导地位，上位性和特殊配合力也有显著作用，其他遗传因子作用不明显；纵贯比以上位性方差占主导地位，其次是一般配合力，特殊配合力作用居其后，其他遗传因子作用不明显。

比较表5-21与表5-19的结果，发现两者间有一定的差异。这和表5-20与表5-18比较结果相同，线性模型理论，平衡的数据并不能消灭负的方差分量，但能改变各参试因子方差分量的相对大小。那么我们要问：究竟是不补缺株值的非平衡数据，还是平衡数据分析的结果可靠？究竟是随机模型还是混合模型的分析结果可靠？且看下面方差分析的结果。

5.3.2.3 非平衡条件下杉木 6×6 全双列杂交试验转化分析法的结果

杉木 6×6 各性状在组合间的差异检验结果见表 5-22。

表 5-22 杉木各性状方差分析结果

试验类型	变 因	自由度	材积均方	树高均方	胸径均方	枝下高均方	纵贯比均方
6×6 全双列交配试验	重 复	27	2188.0170	7.5615	454.2765	63.9407	150.0542
	组合间	29	588.7524**	4.3915**	97.6126**	53.4914**	95.6566**
	误 差	681	152.9203	0.7771	17.7805	10.8637	25.2254

注：＊＊表示达到1%的显著水平，下同。

由表 5-22 可见：6×6 全双列交配试验，杉木主要经济性状在不同组合间都存在着极其显著的遗传差异，这是全同胞家系选择的依据，也是进一步对其遗传差异的成因进行配合力分析的前提。

杉木 6×6 全双列交配试验各研究性状的遗传方差估计结果见表 5-23。

现在按照 Griffing 方法 III 的随机模型，就配合力分析结果，进一步估计杉木主要经济性状的遗传参数，其结果列于表 5-23。

表 5-23 杉木 6×6 全双列交配试验主要经济性状的遗传方差

性 状	$\sigma_A^2 = 4\sigma_g^2$	$\sigma_D^2 = 4(\sigma_s^2 + \sigma_r^2)$	σ_A^2 / σ_D^2
材 积	1220.1540	4900.6348	1∶4
树 高	183.1140	463.6360	1∶2.5
胸 径	2673.4136	13298.8096	1∶5
枝下高	8.2632	4.8900	1.7∶1
纵贯比	38.5156	7.7184	5∶1

关于杉木性状的遗传控制，表 5-23 中的结果比表 5-22 更具体、更清楚：①在杉木 6×6 全双列交配试验中，在生长性状上，非加性遗传基因效应起主导作用，加性基因效应也起一定作用。而在干形性状上，加性基因效应起主导作用，非加性基因效应居次要地位。根据这一结果，要求杉木生长性状改良应以利用非加性基因效应为主，进行杉木的杂交亲本选配研究，并展开杂交育种，在杂交育种的基础上，建立双系种子园或进行无性利用，来利用杉木遗传育种成果；而干形性状的改良则应以利用加性基因效应为主。②上述研究表明，杉木生长性状(选择改良性状)的基因作用方式，与改良的性状有关。选择有利于杂合体，在杂合体居多的交配群体中，非加性遗传方差占主导地位，加性遗传方差居次要地位(说穿了：研究性状的遗传控制方式是由交配亲本群体的遗传结构决定的)(齐明，1996；何贵平等，2017)。

5.3.2.4 平衡数据混合模型条件下各参数方差分量的 Yates 的估计结果

采用最小二乘法，将各杂交组合的缺值补齐，形成一个平衡试验数据，然后采用 Yates 提出的混合模型进行方差分析，以估计各参试因子的方差分量，其结果见表 5-24。

由表 5-24 可见，生长性状以特殊配合力占主导地位，一般配合力居次要地位，母体细胞质效应也显著的作用；而枝下高和纵贯比有着相反的遗传控制方式：一般配合力居主导地位，特殊配合力也显著的作用，母体细胞质效应的作用不明显。

比较表 5-23 和表 5-24 的结果，可以发现：在所有研究性状上，方差分析获得的各参试遗传因子的方差分量的相对大小完全一致。

表 5-24 Yates 法估计的各参试因子的方差分量大小

参试因子	材积		胸径		树高		枝下高		纵贯比	
	方差分量	所占比例(%)	方差分量	所占比例(%)	方差分量	所占比例(%)	方差分量	所占比例(%)	方差分量	所占比例(%)
区组	—		—		—		—		—	
GCA	0.8960	0.57	0.0916	0.45	0.00984	1.16	1.0722	9.56	0.9634	3.81
SCA	6.5411	4.20	1.8027	8.85	0.04898	5.78	0.1494	1.33	0.9209	3.64
母体	3.6243	2.32	0.6014	2.95	0.02549	3.01	0.0001	0.00	0.0585	0.23
REC	5.3821	3.45	0.4361	2.14	0.0485	5.73	0.2207	1.97	0.8079	3.19
误差	139.4714	89.45	17.4328	85.60	0.7143	84.32	9.7689	87.14	22.5481	89.13

平衡数据的情形下，比较表 5-24 和表 5-21 的结果，可以发现两者有一定的相似之处，但也存在不同之点，主要表现在材积和树高的结果相同，而胸径、枝下高和纵贯比的参试遗传因子的方差分量相对大小不同。由于表 5-24 提供的信息量和参数的分量大小与表 5-18、表 5-23 中的结果有一致的趋势，且没有负的方差分量，所以表 5-24 的结果具有科学性、合理性和可靠性。在林木配合力育种中，采用 MINQUE(1)分析参试因子的方差分量时，没有必要填补缺值，直接使用不平衡数据进行分析。

5.3.3 结论与讨论

2009 年，齐明曾对林木遗传育种中解决负的方差分量，进行了初步的研究，对于田间子代试验资料，采用转化分析法进行数据处理，获得了好的分析效果（齐明等，2016）；对于双列杂交试验资料(Cockerham，1977；Zhu 等，1996)，建议采用线性模型理论来处理，如遇到负的方差分量时，再采用 REML 迭代法以求得方差分量，但这有个问题：参试因子多时，REML 迭代不收敛，而即使收敛，得到的结果也是有偏的。本研究再次对对双列杂交试验非平衡资料的处理方法进行了比较研究，MINQUE(1)适合于随机模型的不平衡资料，获得的信息最多，但有时有负的方差分量；Yates 法适合混合模型的平衡资料，既可消灭负的方差分量，又能获得较多的参数信息；转化分析法可消灭负的方差分量，但获得的信息有限，同时不平衡试验数据有一个很大的抽样方差（胡希远，2004）。

到此可以得出结论：①在杉木遗传育种中，对于第二代和第三代育种园中的材料，研究林木经济性状的遗传控制方式时，为了获得正反交效应和细胞质基因的信息，应有一套包括反交在内的全双列杂交试验（Griffing Ⅲ 或 Ⅰ）资料，最好不要采用半双列交配试验；②为了获得全双列杂交试验（Griffing Ⅲ）非平衡资料更多更准确的信息，采用多种方法处理不平衡数据是值得提倡的；③为了消灭负的方差分量，并获得较多的遗传信息，可将不平衡的试验数据补平衡（改进数据的正态性），采用 Yates 模型进行分析是有必要的。由于不平衡数据的统计分析具有一个很大的抽样方差(胡希远, 2004), 将不平衡的数据转化为平衡数据, 进行 Yates 法分析是值得鼓励。④对于(GriffingⅢ)的杂交试验获得的数据, 建议使用线性模型理论与 Yates 法并举的方法, 来求得各因子的方差分量。

以上的结论仅适用于杉木, 因为细胞遗传学的研究告诉我们: 针叶树除杉木外, 叶绿体是父系遗传, 线粒体则是母系遗传。采用 GriffingⅢ或Ⅰ模式来检测改良性状的遗传控制方式, 得到的有关结果可能与杉木有很大的不同。

有鉴于此, 最可靠的办法是育种学家、数量遗传学家和统计软件专家联合起来, 针对GriffingⅢ模型的非平衡资料(从 5×5 到 9×9GriffingⅢ), 采用电脑模拟高世代重要工业用材树种的遗传参数, 从而得出随着世代的增加, GriffingⅢ全双列交配试验遗传参数变化的一般结果, 筛选出具有普遍规律的分析方法。

5.4　杉木生长性状的杂种优势转录组分析

杉木是我国南方林区重要的速生用材造林树种, 经过 40 多年的遗传改良, 选育了一大批速生优质的杉木新品种应用于生产中。杂交育种是杉木遗传改良的主要途径(何贵平等, 2016), 主要通过选择遗传互补的优良亲本进行交配, 再选择出速生优质的杂交新品种。在杉木杂交育种研究中, 生长性状的杂种优势现象已有报道(何贵平等, 2017), 主要从数量遗传学或表观遗传学等方面进行了探讨(何贵平等, 2017; 洪舟, 2009; 丁昌俊等, 2016)。

随着分子生物学技术不断发展, 利用分子标记、RNA 差异显示、基因芯片等技术对杂种优势已有所研究, 如 Birchler(2003)认为基因差异表达模式与杂种 F_1 的表型存在一定的联系, 杂种的特定性状可能是父本、母本特定位点的等位基因共同表达的结果(Birchler, 2003; Birchler, 2010)。Li 等(2012)利用基因芯片技术对落叶松(*Larix* spp.)的杂种优势研究表明, 杂种 F_1 与亲本间有 54 个差异显著基因为非加性表达模式, 且这些基因参与生理过程、应激反应及淀粉和蔗糖代谢等多种生化途径。丁昌俊等(2016)运用转录组测序法研究了不同生长势的美洲黑杨(*Populus deltoides*)转录组的差异, 获得了大量差异基因, 发现杨树杂种优势的形成可能是由于相关基因的显著表达, 调节光合作用、物质代谢吸收等与生长紧密联系的代谢活动, 进而促进了杂种生长优势。

不少学者借助转录组测序或 RNA-seq 高通量测序技术, 研究了杉木纤维性状发育的形成机制和木材形成层活动的机理(Zhang 等, 2016; Huang 等, 2012; Wang 等, 2013; Qiu 等, 2013; 马智慧, 2015), 但杉木生长性状杂种优势产生的分子机理研究尚未见报道。本研究利用无参转录组测序技术, 在基因差异研究的基础上, 以基因差异表达分析为切入点, 以杉木 1 个优良组合的超亲、低亲两组杂交子代及其亲本为研究材料, 展开了杂种子代和亲本两两间的比较分析, 以期揭示杉木生长性状杂种优势的分子机理, 以期望获得具有重要生物学功能的基因, 为杉木杂交育种提供科学依据。

5.4.1　研究材料、方法与技术路线

5.4.1.1　研究材料

研究材料为已选育出的杉木优良杂交组合(龙 15×1339)及其亲本。1996 年春, 对前期试验中表现突出的杉木杂交组合, 在浙江遂昌杉木种子园进行了重复种, 1997 年完成杂

交子代育苗。同年，将浙江遂昌多系种子园几个小区改建成龙 15×1339 等组合的双系种子园。1997 年嫁接成园。本研究中使用的亲本和杂种（龙 15×1339）不仅林龄相同，且都达到成熟阶段。

2017 年 6 月 21 日，对杉木双系种子园中龙 15 和 1339 及同龄区域化试验林中的龙 15×1339 子代取样，叶样来自样树顶部当年生的嫩枝叶，3 个生物学重复，龙 15（P1）3 个样株的编号为：P1-1、P1-2 和 P1-3；1339（P2）3 个样株的编号为 P2-1、P2-2 和 P2-3。由于杂交组合内子代会发生分离，杂种子代的取样参照丁昌俊等（2016）的方法。对试验林内该组合抽取超亲子代 3 株：HF1-1、HF1-2、HF1-3 和低亲子代 LF2-1、LF2-2、LF2-3。构成 4 个样本组：HF1、LF2、P1 和 P2，进行测序、序列组装、功能注释，最后亲本与子代共 4 个样本组，两两比较，总共 6 个比较组进行处理与分析。杉木龙 15×1339 子代表现和超亲杂种优势见表 5-25。

表 5-25　浙江遂昌杉木杂交组合龙 15×1339 的超亲优势

杂交组合	材积 （dm³）	树高 （m）	胸径 （cm）
龙 15×1339	19.69（20.87%）	5.75（7.48%）	8.35（8.58%）
龙 15×闽 33	18.51（13.63%）	5.46（2.06%）	8.21（6.76%）
龙 15 半同胞	16.29	5.35	7.69

取样时超亲子代 HF1 的平均胸径是超低亲 LF2 胸径的 134.81%~138.32%；HF1 平均树高是 LF2 的 134.60%~150% 亲本龙 15 和 1339 取自双 8 区生长发育正常的植株。

5.4.1.2　研究方法

（1）cDNA 文库准备及 RNA-seq 测序　文库构建、无参转录组测序以及随后的 unigene 功能注释、基因表达分析等项目的分析参见有关文献（马智慧，2015；李阳，2016；丁健，2016；冯延芝，2016；翟荣荣，2013；蒋桂雄，2014）。

实验流程按照 Illumina 公司提供的标准步骤执行。文库质检合格后，用 Illumina Hiseq4000 测序仪进行测序，测序策略为双末端测序，即高通量测序数据通常为 2×150bp。测序深度采用施季森等（Zhang 等，2016；Huang 等，2012；Wang 等，2013），杉木转录组测序的方法，为 6G。原始 RAW reads 过滤后，使用 Trinity 软件对高质量数据［Clean reads］进行从头组装，即进行 de novo 拼接，获得 unigenes 和 transcripts。随后进行功能注释：将 unigenes 序列分别比对到 NCBI 的数据库 Nr、Pfam、KEGG（kyoto encyclopedia of genes and genomes）、Swiss-port、KOG 及 GO（gene ontology），获得与 unigene 相似性最高的序列，继而确定该 unigene 的功能和名称。

（2）序列比对及差异表达基因分析　通过 Illumina Hiseq4000 测序获得的转录组测序数据，需经过以下几个步骤的生物信息学处理与分析（马智慧，2015；李阳，2016；丁健，2016；冯延芝，2016；翟荣荣，2013；蒋桂雄，2014），方能获得有意义的结果：①原始数据处理；②序列组装；③unigene 序列的功能注释；④差异表达的 unigene 的热聚类分析等。除了样本针叶的采集和研究方案的制定外，整个项目中的测序和初步分析委托杭州联川生物技术股份有限公司完成。

Unigene 的表达量 FPKM（Fragments per kb per million fragments），其计算公式：

$$FPKM = 10^6 C / \left[(NL) / 10^3 \right]$$

式中：*FPKM* 为某个基因（A）的表达量；*C* 为唯一比对到基因 A 的片段数；*N* 为唯一比对到所有 unigene 的总片段数；*L* 为 unigene A 的碱基数。

5.4.1.3　技术路线

本研究的技术路线见图 5-4。

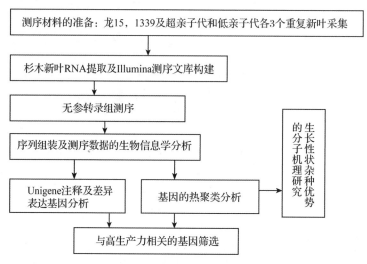

图 5-4　本研究的技术路线

5.4.2　结果与分析

5.4.2.1　测序数据质量和基因表达概况

杉木亲本龙 15（P1）和 1339（P2）、超亲子代 HF1 和低亲子代 LF2，每个品种有 3 个生物学重复，12 个样树（4 个样本组），测序测得的原始测序序列（Raw reads）介于 4.3E+07～5.2E+07；12 个样本的 Clean reads 分别介于 4.3E+07～5.2E+07。Clean reads 有效数据占原始 Raw reads 的比例在 98% 以上。

12 个样本的 Phred 数值大于 Q20 和 Q30 的碱基占总体碱基的百分比，分别介于 98.20%～98.84% 和 95.07%～96.4% 之间。原始测序序列中，碱基 G 和 C 的数量总和占总碱基数的百分比介于 44.20%～45.08% 之间。

12 株样树测得的基因表达量在不同区间的分布接近正态分布。综合以上几个测序质量评价指标，说明 12 个样株的测序质量较高，能满足后续研究和数据分析的要求。

5.4.2.2　测序数据的拼接结果

从测序数据的拼接结果可见表 5-26，平均 GC% 达 40.78%；当读长数达 50% 时，该读长的长度为 1214pb。综合其他各项结果，可以得出测序数据的组装拼接很成功。

表 5-26　拼接结果的统计

项　目	总　数	平均 GC（%）	最小基因长度	最大基因长度	总组装基座	读长数达 50% 时读长长度
基因（个）	80171	40.78	201	14718	49803726	1214
转录本（个）	131241	40.89	201	14718	113134804	1660

5.4.2.3　基因注释结果

对 Clean reads 在 6 个数据库进行 BLASTX 分析。将获得的基因分别在 Swiss-prot、Nr、Pfam、KEGG、KOG 和 GO 中注释，结果杉木亲代和子代共注释有 80171 个基因（表 5-27）。Nr 数据库的注释结果为 32.50%，这远远低于通常报道的结果（56%）。Nr 数据库的注释结果与注释软件、阈值等有关，也与基因的组装结果有关。

杉木为无参测序，测得的数据通常采用 BLASTX 序列比对，观察表 5-27 可以发现，各数据库所注释的基因比率大于 100%，这表明有的基因同时在不同的数据库得到重复注释。由于针叶树已进行全基因组测序的树种太少，因而与农作物相比，针叶树种中挖掘出的基因也少。为了获得良好的测序结果，今后要加快针叶树，尤其是杉木的全基因组测序研究。

表 5-27　不同数据库 BLAST 注释结果统计

项　目	Swiss-prot	Nr	Pfam	KEGG	KOG	GO
基因数	16837	26055	20239	9162	21059	15088
注释比例（%）	21.00	32.50	25.24	11.43	26.27	18.82

5.4.2.4　亲代与其杂种子代 4 组样本间的基因差异模式分析

基于转录组测序结果，绘制亲本和子代基因传递与表达韦恩图（图 5-5）。可以发现，将杂种和双亲相比，基因差异表达呈现以下 5 种模式：①双亲中可表达但杂种中不表达（双亲共沉默型）；②只在双亲之一中表达，不在杂种中表达（亲本特异表达型）；③只在

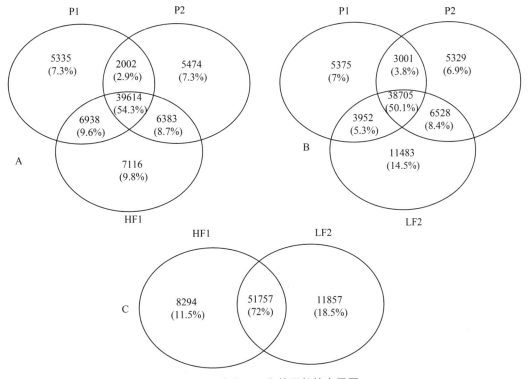

图 5-5　亲本和子代基因数的韦恩图

A（P1，P2，HF1）韦恩图　　B（P1，P2，LF2）韦恩图　　C（HF1，LF2）韦恩图

杂种中表达，不在双亲中表达（杂种特异表达型）；④在杂种和一个亲本中表达（单亲表达一致型）；⑤在双亲和杂种中都表达。前4种模式属基因表达质的差异，即存在与缺失变异（Presence/absence variation，简称 PAV），而第5种模式则属于基因表达量的差异。以上结果与徐进等（2008）对鹅掌楸（*Liridendron chinense*）、张小蒙等（2012）对水稻（*Oryzal sativa*）及王章奎等（2003）对小麦（*Triticeae aestivum*）的研究结果基本一致，与张君等（2010）对大豆（*Glycine max*）的研究结果完全一致。这表明亲本间存在差异基因与杂种优势有关。

5.4.2.5 亲代与其杂种子代 4 组样本间的差异基因表达分析

从杉木 4 个样本组组间两两比较的差异基因表达分析结果（图 5-6）可以看出，P1VSP2、HF1VSP1、HF1VSP2、LF2VSHF1 四组差异表达基因不多，上调表达差异基因少于下调基因数；LF2VSP1、LF2VSP2 两组间的表达差异基因多，但上调基因占多数；每组内的上调/下调基因数略有差别，但两者都有基因表达。这一结果与丁昌俊等在杨树中的研究结果基本一致。龙 15×1339 这一杂交组合内，HF1 是超亲子代，LF2 是低亲子代，HF1 较 LF2 表达差异基因的数量少，上调/下调基因比率不均匀、不平衡，这导致了 HF1 生长就快，LF2 生长慢。

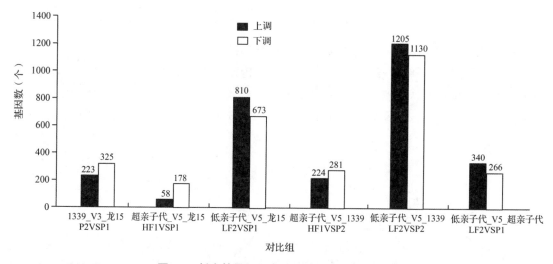

图 5-6　杉木转录组组内差异基因表达分析结果

5.4.2.6 基因表达量的聚类分析与杂种优势的分子机理

从测序组装、比对注释和基因表达量计算到基因的差异分析，最终从各样本组获得的基因中，依据显著富集的 FDR 值，分别抽取表达量极其显著的 100 多个基因。差异基因的富集分析是基于所有的差异基因进行的，并没有人为选择差异基因。根据基因表达量这一性状进行聚类分析，得到基因和亲本的聚类图（图 5-7）。从聚类图（图 5-7 左）中可以发现：同一亲本不同分株在同一基因上通常表达量是一致的，100 多个基因，按表达量聚类分为不同的聚类块。①由于同一聚类块的基因具有类似的功能，并假设它们控制一个性状，由于有些聚类块是由较少基因组成，有些聚类块的基因是多基因组成，这说明杉木数量性状，有些是受寡基因控制，有些是受多基因控制的。②参与杂交的 2 个亲本，在相同的聚类块上，通常龙 15 的基因显著高表达，则 1339 的同一基因则显著低表达，反之龙 15 的基因显著低表达，则 1339 的同一基因则显著高表达，即同一基因在父母本间不同亲本基因表达量变化是互补的。既然双亲这样组配产生了杂种优势，这表明杉木杂种（龙 15×

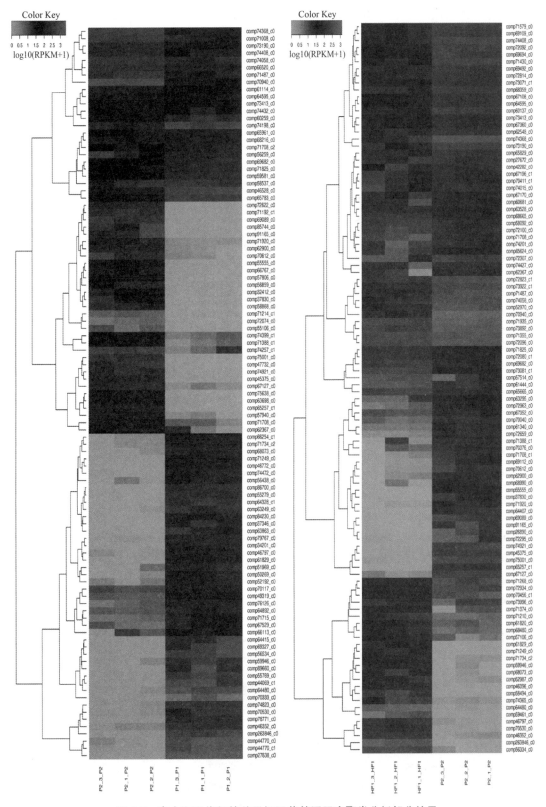

图 5-7　亲本和子代间的差异极显著基因层次聚类分析部分结果

1339)生长性状的杂种优势是超显性在起作用(图5-7,左)。③(图5-7,右)超亲子代和1339间,104基因按表达量聚类,获得10个聚类块:Ⅰ类有16个基因,亲本和超亲子代同上调;Ⅱ类有18个基因,亲本上调,超亲子代下调;Ⅲ类有2个基因,亲子同为上调;Ⅳ类有10个基因,亲子同上调;Ⅴ类有7个基因,亲本下调,超亲子代上调;Ⅵ类有26个基因,亲本上调,子代下调;Ⅶ类有9个基因,亲本下调,子代上调;Ⅷ类有9个基因,亲本下调,子代上调;Ⅸ类有2个基因,亲子同为下调;Ⅹ类有5个基因,亲本下调,子代上调。这10个聚类块大致控制10个性状。其中,Ⅴ类、Ⅶ类、Ⅷ类和Ⅹ类,这4个性状(聚类块)中,同一基因,亲本1339下调,超亲子代上调。它们是否参与了生长性状的形成或生长性状杂种优势的表达,有待于下面进一步的分析研究。

本研究我们还做了超亲子代与龙15(HF1VSP1)的热聚分析,聚类结果与HF1VSP2基本相同(图略),但使用的基因不同。100个基因,按表达量划分为7个聚类块,控制7个性状的表达:Ⅰ类有30个基因,亲本上调,子代下调;Ⅱ类有11个基因,亲本上调,子代下调;Ⅲ类有16个基因,亲子同为上调;Ⅳ类有5个基因,亲子同为下调;Ⅴ类有9个基因,亲本上调,子代下调;Ⅵ类有15个基因,亲子同为下调;Ⅶ类有14个基因,亲本下调,子代上调。可见,超亲子代与龙15的热聚分析中,只有Ⅶ类中的这14个基因可能与杉木杂交子代的高生产力有关,可能是控制生长性状杂种优势的因子。另外,我们还对亲本下调,超亲子代上调的基因进行了追踪,试图理解子代表达量上调的这5个聚类块(性状)中的44个基因归属哪个代谢途径或参与了哪个性状的形成。超亲子代与龙15比较组,Ⅶ类的14个基因追踪结果见表5-28。

表5-28　HF1VSP1中Ⅶ类的14个基因的功能追踪结果

基　因	基因的功能	基　因	基因的功能
Comp73565_ c0	与GO:0005634(细胞核)同源	Comp72062_ c3	[R]一般的功能预测
Comp61820_ c0	脂质运输和代谢;与GO:0016021同源;	Comp71268_ c0	昼夜节律
C0mp71030_ c0	α-淀粉酶;淀粉和蔗糖代谢	Comp52987_ c0	翻译后修饰;与GO:0009607叶绿体同源
C0mp61016_ c0	(只有上调表达量信息)	Comp66767_ c0	(只有上调表达量信息)
Comp68480_ c0	[R]一般的功能预测	Comp68783_ c0	光合作用;与GO:0009535同源
Comp56601_ c0	[P]无机离子运输和代谢	Comp70456_ c1	昼夜节律;与GO:0030154同源
Comp62983_ c0	苯丙氨酸代谢;血红素结合	Comp50961_ c0	ATP结合;信号传递机制

由表5-28可知,这14个在超亲子代中上调的基因,多数与生长有关:C0mp71030_ c0参与淀粉和蔗糖代谢;Comp62983_ c0参与苯丙氨酸代谢;Comp71268_ c0和Comp70456_ c1参与昼夜节律;Comp68783_ c0参与光合作用;Comp50961_ c0参与ATP结合;并行使信号传递功能。显然这些基因与生长相关,是杉木高生产力的直接原因。

就HF1VSP2,我们也对亲本下调,超亲子代中的上调基因进行了追踪:Ⅴ类的7个基因多与次生物代谢有关;Ⅶ类和Ⅷ类中的18个基因,有8个基因只有表达量信息,其余10基因涉及不可或缺的膜、假设蛋白、翻译后修饰等功能;Ⅹ类的5个基因有3个只有表达量信息,另外2个基因涉及叶绿体被膜和一般功能预测;显然这4个聚类块(性状)与生长优势无直接关系,而是参与其他性状的形成。这是一种推断,真实的情形要依赖于杉木全基因组的测序和功能分析结果。

5.4.3　结论与讨论

5.4.3.1　结　论

本研究采用转录组测序法研究杉木杂种优势的分子机理，得出杉木生长性状的杂种优势的分子机理是超显性。使用热聚类分析的方法，对基因和研究材料进行了类别划分，基因聚类分析结果揭示出：杉木有些性状通常由 2~30 个基因控制表达；杉木超亲子代高生产力的原因，是 HF1VSP1 中Ⅶ类的 14 个基因上调表达的结果。

使用韦恩法作图，揭示杉木基因在上下代传递有 5 种模式，这一结果与张君等的研究结果完全一致。

通过基因注释和功能分析，特别是热聚类分析，获得了大量基因：如细胞膜、跨膜运输、细胞壁合成和防御反应的相关基因，以及植物昼夜节律、信号传导、淀粉和蔗糖代谢途径、苯丙素的生物合成代谢途径、激素合成与运输代谢等，这些上调/下调基因中有些基因参与了杂种优势的形成。

5.4.3.2　讨　论

杂种优势是生物界普遍存在的一种现象，已在多种作物中广泛利用，不少学者就杂种优势机理提出了许多假说，其中有代表性的假说有 Davenport 和 Bruce(1910)提出的显性假说与 Shull (1914)和 East 提出的超显性假说。在杉木遗传育种领域，有关杉木生长性状也存在"加性学说"(叶培忠等，1981)和"显性学说"(张全仁，1984，会议材料)之争。随着分子生物学研究方法和技术的应用，植物遗传学研究不断拓展和深入，但有关杂种优势遗传机制的争议仍然存在，因为分子生物学研究结果仍与研究材料等因素有关(许晨璐等，2013；邢俊杰等，2005；Meyer 等，2007；齐明，1996；Xiao 等，1995；Yu 等，1997；庄杰云等，2001；Meyer 等，2007；Hoecker 等，2008)。如在水稻研究中，Xiao 等提出显性效应是水稻杂种优势的主要遗传基础，Yu 等则认为上位性效应是水稻杂种优势的重要遗传基础；庄杰云等进一步考虑了遗传背景的影响，指出基于杂合型遗传背景的超显性效应是水稻杂种优势的重要遗传基础。本研究得出杉木生长性状杂种优势的分子机理是超显性，这和本项目组关于杉木数量遗传的研究结果是一致的。随着杉木分子遗学研究的深入，采用不同的杉木研究材料，采用不同的分析方法(如 QTL 分析)，杉木数量性状的分子遗传机制的研究结果有可能与水稻中的情形相同或不同；也可能与本研究相同或不相同，因为研究材料、研究的方法决定研究结果。好在杉木进入了高世代育种阶段，其亲本材料经过多世代与高强度选择，高世代育种群体在改良性状上多为杂合体，杂合体居多的育种群体，性状的遗传控制方式会由加性方差占主导地位，过渡到显性方差占主导地位。同时杂种亲本间合理组配，会产生杂种优势。因此本研究结果：杉木生长性状杂种优势的分子机理为超显性，就是当前杉木高世代杂种优势的分子机理。

5.5　杉木杂交组合内生长性状分离的机制探讨

孟德尔最先揭示了生物杂合体 F_1 间杂交，子代性状要发生分离。杂交育种是杉木遗传改良的主要途径(何贵平等，2016)，在杉木杂交育种研究中，生长性状的杂种优势现象已有报道(何贵平和齐明，2017)，但是杂种的生长、材质等性状分离的分子机理研究的较少。

　　杉木是我国重要的工业用材树种，按照短周期工业用材的要求，除了速生优质外，另外就是要收获期一致。杉木遗传改良进入了第三代，杉木育种群体是多世代与高强度选择的产物，杂合体居多，福建省已观察到杉木高世代种子园的后代生长明显分离(施季森，1990)，这明显不利于杉木工业用材林的收获。杉木无性系和亲本性状互补的亲本双系杂交种子园有着独有的优势。但是无性系对立地条件要求较高，且存在"C"效应；杉木双系种子园有独有的优势，但是这需建立在优良杂交组合的子代分离研究的基础上。通过选择性状互补的优良亲本进行控制杂交，再经苗期评价，可以选育出生长节律大致相同的杂交新品种。

　　近年来，我国对一年生杂种实生苗的分离状况的研究报道多在李 (*Prunus salicina*)(邓继光等，1995)、柚(*Citrus maxima*)(王丹等，2001)、枣(*Ziziphus jujuba*)(鹿金颖等，2003；王冬梅等，2004；张小猜等，2009) 苹果(*Malus pumila*)和梨(*Pyrus pyrifolia*)(崔艳波等，2011；吴敏等，2011)中，研究多在1~3年生以上的生长势或亲本与童期的关系方面，研究发现，一年生植物枝干、叶片、针刺等性状可作为早期鉴定、早期选择的主要指标。林业上邱有德等(2017)发现桉树控制优质大径材的 EgLBD 基因极其作用机制，但杉木杂交组合的子代分离对收获期的影响，尚未引起同行的注意。

　　多个网站检索结果发现，不少学者在杉木中，借助 RNA-seq 技术，来研究杉木纤维性状发育的形成机制和木材形成层活动的机理(Zhang 等，2016；Hua 等，2012；Qiu 等，2013)。目前尚未发现有人采用转录组技术研究杉木优良杂交组合内生长性状分离的分子机理。本研究利用无参转录组测序技术，在基因差异研究的基础上，以基因差异表达分析为切入点，以杉木一个优良组合的超亲、低亲两组杂交子代及其亲本为研究材料，展开杂种子代和亲本两两间的比较分析，来探讨杉木杂种生长性状分离的分子机理，揭示杉木优良杂交组合高生产力的原因。

5.5.1　研究材料、研究方法和技术路线

5.5.1.1　研究材料

　　研究材料为遂昌的一片杉木杂交子代试验林中的优良杂交组合(龙15×1339)及其亲本(齐明，2005)。2017 年 6 月 21 日 10：30~15：00 时，完成了双系种子园中龙 15 和 1339 及同龄区域化试验林中的龙 15×1339 子代取样，叶样来自样树顶部当年生的嫩枝叶，3 个生物学重复，龙 15(P1)3 个样株的编号为：P1-1，P1-2，P1-3；1339(P2)3 个样株的编号为 P2-1，P2-2 和 P2-3；由于要研究杂交组合内子代会发生分离机制，因此杂种子代的取样参照丁昌俊等(2016)的方法：对试验林内该组合抽取超亲子代 3 株：HF1-1，HF1-2，HF1-3 和低亲子代 LF2-1，LF2-2，LF2-3。这样构成 4 个样本组(HF1、LF2、P1 和 P2)，进行测序、序列组装、功能注释、最后亲本与子代 4 个样本组，两两组合，总共有 6 个比较组，进行数据处理与分析。杉木龙 15×1339 子代及群体的分离表现信息见表 5-29。

　　表 5-29 中群体的遗传变异性不大，而龙 15×1339 的生长表型变异：材积上低于群体水平，而树高、胸径上则超过群体平均水平，说明试验地的环境变异较大。取样时超亲子代 HF1 的平均胸径是超低亲 LF2 胸径的 134.81%~138.32%；HF1 平均树高是 LF2 的 134.60%~150%。采样的子代植株、亲本龙 15 和 1339 生长发育均正常。

表 5-29　遂昌杉木杂交试验林及 15×1339 优良组合的分离信息（6 年生的结果）

杂交组合及试验林	材积（dm³）	树高（m）	胸径（cm）
龙 15×1339 平均值	19.69	5.75	8.35
变异范围	0~44.86	0~7.0	0~12.00
表型变异系数 PCV（%）	52.54	33.09	35.04
试验群体平均值	17.54	5.23	8.03
遗传变异系数 GCV（%）	13.94	5.49	6.30
表型变异系数 PCV（%）	62.69	20.20	24.43

5.5.1.2　研究方法

（1）cDNA 文库准备及 RNA-seq 测序　文库构建、无参转录组测序以及随后的 unigene 功能注释、基因表达分析等项目的分析参见有关文献（李阳，2016；丁健，2016；冯延芝，2016；翟荣荣，2013；蒋桂雄，2014）。

（2）序列比对及差异表达基因分析　通过 Illumina Hiseq4000 测序获得的转录组测序数据，需要经过生物信息学处理与分析（李阳，2016；丁健，2016；冯延芝，2016；翟荣荣，2013；蒋桂雄，2014），方能获得有意义的结果。除了样本针叶的采集和研究方案的制定外，整个项目中的测序和初步分析委托杭州联川生物技术股份有限公司完成。

Unigene 的表达量 FPKM（Fragments per kb per Million fragments），其计算公式：

$$FPKM = 10^6 C / [(NL)/10^3]$$

式中：FPKM 为某个基因（A）的表达量；C 为唯一比对到基因 A 的片段数；N 为唯一比对到所有 unigene 的总片段数；L 为 unigene A 的碱基数。

样本比较组的 GO-term 或 KEGG-term 间基因处于平衡或不平衡的状态指数 $k = sum$（第 i 个下调 term 的基因数 /第 i 个上调 term 的基因数）/n，上式中 i 取 1 到 n，标准差按常规公式计算。k 等于或接近 1 时，样本组间的差异表达基因处于平衡状态，反之处于不平衡状态。

5.5.1.3　技术路线

本研究采用的技术路线见图 5-8。

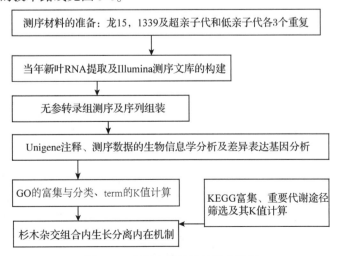

图 5-8　本研究所采用的技术路线

5.5.2 结果与分析

5.5.2.1 测序数据质量和基因表达概况

杉木亲本 P1 和 P2、超亲子代 HF1 和低亲子代 LF2，每个品种有 3 个生物学重复，12 个样本（4 组样品），测序测得的原始测序序列（Raw Reads）介于 4.3E+07 到 5.2E+07；12 个样本的 Clean reads 分别介于 4.3E+07 到 5.2E+07。Clean reads 有效数据占原始 Raw Reads 的比例在 98% 以上。

12 个样本的 Phred 数值大于 Q20 和 Q30 的碱基占总体碱基的百分比，分别介于 98.20%~98.84% 和 95.07%~96.4% 之间。原始测序序列中，碱基 G 和 C 的数量总和占总碱基数的百分比介于 44.20%~45.08% 之间。

综合以上几个测序质量评价指标，说明 12 份样品的测序质量较高，能保证后续研究和满足后续数据分析的要求。

5.5.2.2 测序数据的拼接结果

测序数据的拼接结果见表 5-30。

表 5-30　拼接结果的统计

项　目	所有	平均 GC(%	最短基因	最长基因	总组装基座	当读长数达 50% 时，该读长的长度(pb)
基　因(个)	80171	40.78	201	14718	49803726	1214
转录本(个)	131241	40.89	201	14718	113134804	1660

从表 5-30 可见，平均 GC% 达 40.78%；当读长数达 50% 时，该读长的长度为 1214pb。综合其他项的结果，可以得出测序数据的组装拼接的结果很成功。

5.5.2.3 基因注释结果

对 Clean reads 在 6 个数据库进行 BLASTX 分析，比对结果列于表 5-31。

表 5-31　不同数据库 BLASTX 注释结果统计

基因数	数据库 Swiss-prot	数据库 Nr	数据库 Pfam	数据库 KEGG	数据库 KOG	数据库 GO
80171	16837	26055	20239	9162	21059	15088
100%	21.00%	32.50%	25.24%	11.43%	26.27%	18.82%

将获得的基因分别在 Swiss-prot，Nr，Pfam，KEGG，KOG 和 GO 中注释，结果杉木亲代和子代共注释有 80171 个基因。Nr 数据库的注释结果为 32.50%，这远远低于通常报道的结果 56%，Nr 数据库的注释结果与注释软件，阈值等有关，也与基因的组装结果有关。杉木为无参测序，测得的数据通常采用 BLASTX 序列比对，观察表 5-31 可以发现，各数据库所注释的基因比率大于 100%，这表明有的基因同时在不同的数据库得到了重复注释。

5.5.2.4 差异表达基因的 GO 富集与分类分析和杂种子代的生产力

本研究选择 4 个样本组（HF1VSP1、HF1VSP2、LF2VSP1、LF2VSP2）对所有的 DEGs（differentially expressed genes）进行 GO 功能富集分析，从中挑选出显著的 GO terms 进行 GO 分类分析作图。GO 功能分类体系中有参与生物过程 BP、细胞组分 CC 以及分子功能 MF 3 个大类，43 或 45 个小类别。图 5-9 是 HF1VSP1 的分析结果：以亲本龙 15(P1) 为参照物，

HF1 中不同的 GO terms 中参与新陈代谢的基因数目不同；针对大多数 GO terms，基因下调趋势超过了上调的趋势；上调极显著的 3 个 GO terms（按基因数目多少的排序，下同）是：不可或缺的膜（k 是平衡系数，$k=7.80$）>亚铁血红素结合（$k=1.25$）>过氧化物酶活性（$k=0.33$），不少 GO terms 上，没有上调基因。下调极显著的 3 个 GO terms 是：不可或缺的膜（$k=7.80$）>受体活性（$k=20.00$>细胞壁（$k=7.00$）；所有 GO terms 上，存在显著的下调基因。

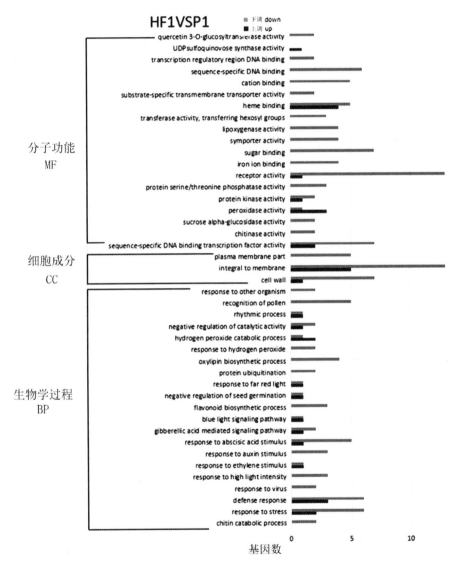

图 5-9　HF1VSP1 差异表达基因的 GO 分类

以上 GO terms 依次是 1：槲皮素 3-0-邻葡萄糖活性；2：UDP 磺基喹诺糖合酶活性；3：超越调控制区 DNA 结合；4 特异系列 DNA 结合；5：阳离子结合；6：特异底物跨膜转运体活性；7：亚铁血红素结合；8：转移酶活性；9：脂氧合酶活性；10：同向转运活性；11：糖结合；12：铁离子结合；13：受体活性；14：丝氨酸蛋白磷酸酶活性；15：蛋白激酶活性；16：过氧化物酶活性；17：蔗糖-α-葡萄糖苷活性；18：几丁质酶活性；19：序

列特异性 DNA 结合转录因子活性；20：质膜部分；21：不可或缺的膜；22：细胞壁；23：对其他有机体的响应；24：识别标注；25：节律过程；26：负调节催化活性；27：过氧化氢酶催化过程；28：对过氧化氢酶的响应；29：氧的生物合成；30：蛋白质泛素化；31：对远红外光的响应；32：种子萌发负调控；33：类黄酮生物合成过程；34：蓝光信号传导途径；35：赤霉酸介导的信号途径；36：对脱落酸刺激的响应；37：对生长素刺激的响应；38：对乙烯刺激的响应；39：对高强度光线的响应；40：对病毒的响应；41：防御响应；42：对胁迫的响应；43：几丁质分解过程。

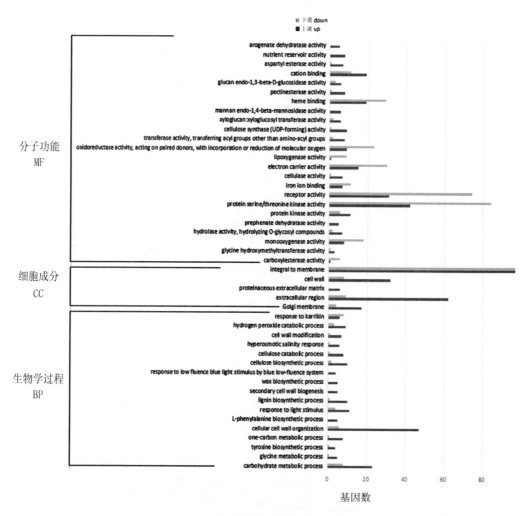

图 5-10　LF2VSP1 差异表达基因的 GO 分类

以上 GO terms 依次是 1：阿罗酸脱水酶活性；2：营养库活性；3：天门冬氨酰酯酶活性；4：阳离子结合；5：葡聚糖吲哚-1，3-β-D-葡糖苷酶活性；6：果胶酯酶活性；7：亚铁血红素结合；8：甘露聚糖吲哚-1，4-β-苷露糖苷酶活性；9：木葡聚糖转移酶活性；10：纤维素合成酶活性；11：转移酶活性；12：氧化还原酶活性；13：脂氧合酶活性；14：电子载体活性；15：纤维素酶活性；16：铁离子结合；17：受体活性；18：蛋白质激酶活性；19：预苯酸脱氢酶活性；20：水解酶活性；21：单氧酶活性；22：甘氨酸羟基甲基转移酶活性；23：羧酸酯酶活性；24：不可或缺的膜；25：细胞壁；26：非细胞质基的额外蛋白质；27：细胞外区域；28：高尔基膜；29：对胰激肽的响应；30：过氧化氢分解过程；31：细胞壁的改变；32：对高渗透盐度的响应；33：纤维素分解代谢过程；34：纤维素生物合成过程；35：对低影响蓝光的响应；36：蜡的生物合成过程；37：次生壁的生物起源；38：木质素的生物合程过程；39：对光刺激的响应；40：苯基丙氨酸生物合成过程；41：细胞壁组织；42：一碳代谢过程；43：酪氨酸生物合成过程；44：甘氨酸代谢过程；45：碳水化合物代谢过程。

图 5-10 是 LF2VSP1 的分析结果，仍以龙 15（P1）为参照物，LF2VSP1 中不同的 GO terms 中参与新陈代谢的基因数目不同；针对大多数 GO terms，基因下调和上调有着相似的态势；上调极显著的 3 个 GO terms 是：不可或缺的膜（$k=1.21$）>细胞外区域（$k=0.15$）>蛋白质激酶活性（$k=1.14$）。下调极显著的 3 个 GO terms 是：不可或缺的膜（$k=1.21$）> 蛋白质丝氨酸活性（$k=1.14$）>受体活性（$k=2.39$）；同时在所有的 GO terms 上存在显著的上调基因，LF2VSP1 中 GO terms 上基因分布趋于均匀、平衡。

比较图 5-9 与图 5-10 发现，HF1VSP1 和 LF2VSP1 的分析结果不一致：在 HF1VSP1 中，差异表达基因在不同 GO terms 上分布处于不均匀、不平衡，而 LF2VSP1 中，整个系统间差异表达的基因数相差不大，平衡系数接近于 1.0。由此得出：超亲子代生长优于低亲子代正是 HF1 的基因系统处于非均匀、非平衡状态；而低亲子代生长慢则是由于其基因系统处于均匀、平衡状态。这是杉木杂种生长分离的内在遗传基础。

本研究还研究了 HF1VSP2 和 LF2VSP2 富集与分类研究结果。HF1VSP2 和 LF2VSP2 的分析结果与 HF1VSP1 和 LF2VSP1 基本一致：尽管参照对象变了，超亲子代 HF1 和低亲子代 LF2 其系统内差异表达的基因数目所处的状态并没有改变。超亲子代和低亲子代基因所处的状态、平衡参数的统计分析结果列于表 5-32。

表 5-32　杉木转录组组内差异基因表达的状态分析

样本比较组	GO 富集	KEGG 富集
	显著 GO-terms 间平衡参数 k 值	255 个 KEGG-terms 间平衡参数 k 值
HF1VSP1	6.4508±4.1795	1.2082±1.2705
LF2VSP1	0.8326±1.6366	1.0119±1.4011
HF1VSP2	3.7641±3.5634	1.2444±1.1466
LF2VSP2	2.4228±4.4608	0.9305±1.3693

从表 5-32 中 GO 数据分析，可以发现：超高亲子代的差异表达基因的分布处于不均匀、不平衡状态，低亲子代差异表达基因的分布趋于均匀、平衡状态。就 KEGG terms 富集结果，我们使用了更多的 KEGG terms（上调/下调基因）资料，从系统的角度，探讨了全部资料的 KEGG terms 的结果与杂种生长分离间的关系，计算其平衡系数，结果列于表 5-32。表 5-32 给出了超亲和低亲样本比较组，254 个 KEGG-term 间，基因上调/下调的状态平衡参数，与 GO 的富集分析结果基本一致：生长超亲子代优于低亲子代是由于整个基因系统处于非平衡状态：HF1 处于非平衡状态，LF2 趋于平衡状态，这正是超亲子代 HF1 生长优于低亲子代 LF2 的原因。

5.5.2.5　差异表达基因的 Pathway 显著性富集分析与子代的生长优势

通过 KEGG 数据库中的 Pathway 富集分析，确定 DEGs 参与的主要生化代谢途径和信号转导途径等，结果显示，子代/亲代 4 个比较组中，差异表达的基因分布在 74~130 条 Pathway 中。表 5-33 为处理比较组 HF1VSP1、HF1VSP2、LF2VSP1 和 LF2VSP2 富集结果中最显著的前 10 条 Pathway。由表 5-33 可见，HF1VSP1 和 HF1VSP2 富集结果接近；LF2VSP1 和 LF2VSP2 的富集结果接近。但在相同的参照物下，超亲子代与低亲子代的 KEGG 富集结果差异很大：LF2VSP1 与 HF1VSP1 仅有两个 KEGG terms（苯丙氨酸代谢和亚油酸的新陈代谢）相同，其他 8 个 KEGG terms 不相同；同时相同的 KEGG term 内，上调基因数与下调基因数不同。LF2VSP2 与 HF1VSP2 间的比较结果：也有两个 KEGG terms（苯丙素的生物合成和苯丙氨酸代谢）相同，其他 8 个 KEGG terms 不相同，同时在相同的 KEGG terms 内，上调基因数与下调基因数相同或不同。

表 5-33　4 个比较组的 KEGG 富集结果中前 10 个代谢途径（$P<0.01$）

LF2VSP1	k 值	HF1VSP1	k 值
淀粉和蔗糖的代谢	77/163	昼夜节律－植物	46/33
苯丙素的生物合成	74/137	抗原处理及存在	36/47
甲烷代谢	25/70	剪接体	29/37
甘氨酸、丝氨酸和苏氨酸代谢	28/43	MAPK 信号通路	57/51
氰氨基酸代谢	24/54	类黄酮生物合成	66/52
苯丙氨酸代谢	6/16	亚油酸的新陈代谢	4/0
类黄酮生物合成	13/5	苯丙氨酸代谢	2/4
亚油酸的新陈代谢	9/2	内吞作用	5/0
类胡萝卜素生物合成	9/0	亚麻酸代谢	4/0
戊糖和葡萄糖醛酸盐的相互转化	1/12	半乳糖代谢	3/0
LF2VSP2	k 值	HF1VSP2	k 值
甲烷代谢	21/74	类黄酮生物合成	63/55
淀粉和蔗糖的代谢	74/166	昼夜节律－植物	46/33
甘氨酸、丝氨酸和苏氨酸代谢	40/31	苯丙素的生物合成	82/129
苯丙素的生物合成	84/127	苯丙氨酸代谢	67/81
类胡萝卜素生物合成	18/25	二萜生物合成	8/13
利什曼病	13/7	黄酮和黄酮醇的生物合成	2/1
一个由叶酸组成的碳池	5/5	细胞色素代谢	1/2
苯丙氨酸代谢	4/24	亚油酸的新陈代谢	2/1
氰氨基酸代谢	2/15	香叶醇降解	0/2
氮代谢	8/9	亚麻酸代谢	2/2

综合以上 Pathway 富集分析结果可以发现，超亲子代和低亲子代比较组的遗传差异，表现在两个层面上：其一是 KEGG-term 间的不平衡；其二是 KEGG-term 内，上调/下调的基因不均衡。这与 GO 的富集分析结果基本一致，这正是超亲子代 HF1 生长优于低亲子代 LF2 的原因。

5.5.3　结论与讨论

要揭示杉木杂交组合生长性状分离的内在机制，最好在超亲子代和低亲子代比较组间，选择相同的富集显著的 terms，然后再比较 terms 内基因是上调表达，还是下调表达。但是现在研究的结果是超亲子代和低亲子代比较组间，在两个层面上存在差异。GO 和 KEGG 富集结果，揭示 80% 的 terms 是不同的，仅 20% 的 terms 是相同的，高一级的遗传因子相异，比 terms 内基因差异表达更有说服力。尽管如此，我们还是比较了 LF2VSP1 与 HF1VSP1、HF1VSP2 与 LF2VSP2 相同的 terms 基因表达情况，见表 5-34。

表 5-34　相同 terms 下基因的差异表达情况

亚油酸代谢	基因表达		苯丙素生物合成	基因表达	
	HF1VSP1	LF2VSP1		LF1VSP2	LF2VSP2
comp46528_ c0	上调	下调	comp71734_ c2	上调	上调
comp59067_ c0	上调	下调	comp61444_ c0	上调	上调
comp59067_ c1	上调	下调	comp52987_ c0	上调	上调
comp52479_ c0	上调	下调	comp62494_ c0	上调	基因沉默
苯丙氨酸代谢	基因表达		comp60891_ c0	下调	基因沉默
	HF1VSP1	LF2VSP1	comp73490_ c0	下调	基因沉默
comp52987_ c0	上调	上调	comp68751_ c0	下调	下调
comp62983_ c0	上调	上调	comp27611_ c0	下调	基因沉默
comp61444_ c0	上调	基因沉默	comp71175_ c0	下调	基因沉默
comp71354_ c2	下调	下调	comp62983_ c0	上调	上调
comp55452_ c0	上调	上调	comp61921_ c0	下调	基因沉默
comp69809_ c0	下调	基因沉默	comp60891_ c1	下调	基因沉默

由表 5-34 可见，在低亲子代中，一般仍表现为下调表达或基因沉默，而在超亲子代中上调表达基因，只有亚油酸代谢中，低亲子代中下调表达基因，在超亲子代中上调表达，这是解释杂种生长分离的原因之一。但它属于 terms 间的差异。

杉木杂种高生产力的原因是其内在基因系统中基因分布不均匀、不平衡的原因。杉木优良组合中子代生长出现分离：超亲子代生长比低亲生长快，是由于超亲子代 GO terms 和 KEGG terms 层面不平衡，以及 GO terms 和 KEGG terms 内的基因表达数量，以及其内上调/下调的基因分布处于不均匀、不平衡状态；低亲子代 GO terms 和 KEGG terms 的差异基因的数量，以及其内上调/下调的基因分布趋于均匀、平衡状态(图 5-9 和图 5-10)。杉木超亲杂种高生产力(组合内杂种生长分离)符合耗散结构理论：不平衡体系，能量大，信息多，生产力也最高。

杉木杂种生长性状存在分离现象，对收获期不利。GO 和 KEGG 富集分析，揭示有大量的基因参与了生长过程。标记辅助选择 MAS 研究工作量太大，成本高，技术复杂。利用分子生物学技术，对育种群体展开遗传多样性研究，选择表达基因互补的亲本，进行杂交组配，这样降低杂种生长性状的分离，以达到收获期的大体一致，是一条可行的技术路线(齐明、何贵平等，2018；齐明、王海蓉等，2018)。

5.6 杉木转录组特征及与生长发育有重要关系的基因筛选

杉木是一种常绿针叶树，主要分布在中国南方和越南北部。它是我国经济上最重要的造林树种，占全国森林面积的24%，以生长速度快、产量高、木材质量好著称。因此，杉木的遗传育种受到政府的高度重视。

杉木育种研究是杉木研究领域中最活跃和研究成果最多的学科。俞新妥在1957年最早开展杉木种源试验，开创了我国杉木遗传育种先河。随后，南京林业大学主持全国杉木子代测定课题，从20世纪60年代开始进行杉木子代测定、种子园建设、杂交试验、多世代改良等。中国林科院主持的全国杉木种源试验，从20世纪70年代开始收集杉全分布区的种源，并在南方各省区40多个试验点进行测定，根据试验结果，进行优良种源选择、种源区划分等。在施季森主持下制定了杉多代遗传改良的程序，在第一代改良的基础上，又进行了第二代改良。福建洋口林场经过测定，发现288个家系中有41个家系的遗传增益超过第一代种子园亲本的15%~20%，实际累积增益达45%左右，在优良家系的基础上，在福建尤溪、三明建立了第二生产性的杉木种子园。洪菊主持全国13个省份参加的杉木种源试验中，经过"六五""七五"和"八五"3个阶段的研究，总结出种源在稳定性、丰产性及材性方面的差异，为各杉木造林区确定了速生高产种源，测试13个省优良种源，10年生试验林，平均材积实际增益为30.46%、遗传增益为6.09%。在种源试验的基础上，各产区都开展了不同目标的广泛研究：南京林业大学展开了生长与材性联合改良；陈益泰、许乾坤等展开了杉木杂交育种，提出了双系种子园途径来利用杉木杂交育种成果；王朝晖等人曾进行杉木定向培育造纸材地理种源试验选择研究，测试了31个不同种源的木材管胞形态因子，选择与造纸材性能密切相关的管胞长度、壁腔比、长宽比、柔性系数等性状作为评价因子，评选出了相对优良的种源。在无性系选育方面，浙江开化等单位做了大量的工作，并且成效显著。

我国杉木育种研究处于国内同类研究领先水平，目前在多世代育种上已进入第三代，木材性状的改良和其形成分子机制方面，也做了不少工作；福建农林大学的林业工作者在杉木营养遗传研究和杉木施肥方面做了许多探索，取得了一些成绩。

鉴于现在的杉木遗传育种，今后我国的杉木遗传改良有几个趋势：其一，进一步推进杉木的高世代育种；其二，针对杉木连栽生产力下降的现象，展开杉木的营养遗传育种；其三，进一步探索杉木的分子育种（即转基因育种）；其四，以常规的杉木育种优良材料为基础，展开高新技术育种（MAS），促进常规育种与分子育种的结合。要做这些工作，必须掌握大量的基因信息。

杉木作为针叶树（20~30Gb）典型的基因组非常大的非模式物种，其转基因分子研究工作尚未突破，主要集中在转录谱分析和基因表达模式的研究上，然而，下一代DNA测序技术的发展，为转录组检测给定样本RNA含量的信息提供了革命性的工具。特别是第二代测序平台，可以提供高通量、准确、低成本的方法来生成在的单基因和表达数据集，这些数据已被证明是定性和定量地描述植物转录组的强大工具。

转录组测序技术是研究杂种优势分子机制的有力工具。不仅可以探索杉树杂种优势的分子机制，揭示杉树杂交种高产的原因，还可以研究其亲本和子代之间的遗传差异以及代谢途径上的差异。

本研究基于杉木生长性状杂种优势的转录组分析结果，研究杉木新叶性状转录组的分子特征，并从杉木龙 15×1339 优良组合中，挑选超亲组的 KEGG 富集结果，筛选与生长密切相关的基因，由于光合作用、呼吸作用和碳代谢三个 KEGG 通路与生长密切相关，挖掘显著表达的基因若干时，也列举了这三个代谢途径中的重要基因，以期为杉木分子遗传学和分子育种积累数据。

5.6.1　研究方案

(1)以成熟杉木 1 年新针叶为研究对象，提取 RNA，经过 RNA 质检，建立测序文库，进而开展 RNA-seq 高通量测序。

(2)在所有样本测序结果的基础上，经过分子信息学的分析，研究了杉木针叶的转录组特征。

(3)在杉木生长性状杂种优势转录组分析的基础上，通过比较不同样本组的基因差异，选择与杉木生长有关的重要基因。

(4)技术路线　本研究采用的技术路线见图 5-11。

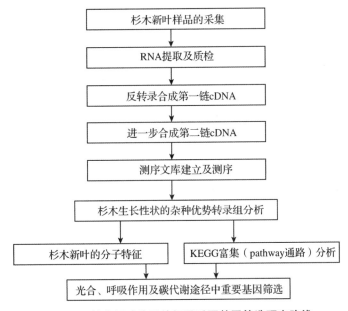

图 5-11　杉木新叶分子特征及重要基因筛选研究路线

5.6.2 结果与分析

5.6.2.1 测序数据的预处理结果

评价测序数据的质量。亲本 P1、P2、HF1、LF2 各组均有 3 个生物学重复。共有 12 个样本(4 个样本组),原始读长的范围 4.3e +07 ~ 5.2e + 07;12 个样品的净读长范围从 4.3e + 07 到 5.2e + 07。Clean reads 占原始读长的 98% 以上。测序数据的处理结果见表 5-35。

表 5-35 测序数据的处理结果

样品	原始数据		有效数据		有效数据比率(%)	Q20(%)	Q30(%)	GC(%)
	读长	碱基数	读长	碱基数				
P1_1	4.8E+07	7.26G	4.7E+07	6.97G	98.27	98.20	95.07	45.20
P1_2	4.7E+07	7.09G	4.6E+07	6.88G	98.61	98.75	96.17	44.75
P1_3	5E+07	7.48G	4.9E+07	7.27G	98.73	98.70	96.12	45.08
P2_1	5E+07	7.52G	4.9E+07	7.32G	98.77	98.79	96.32	45.04
P2_2	4.7E+07	7.03G	4.6E+07	6.84G	98.76	98.84	96.39	44.92
P2_3	5E+07	7.55G	4.9E+07	7.33G	98.68	98.72	96.15	44.81
HF1_1	5.2E+07	7.84G	5.1E+07	7.61G	98.70	98.71	96.15	44.54
HF1_2	5.1E+07	7.63G	5E+07	7.40G	98.62	98.71	96.12	44.51
HF1_3	4.8E+07	7.23G	4.7E+07	7.01G	98.63	98.68	96.08	44.88
LF2_1	5.2E+07	7.87G	5.1E+07	7.62G	98.57	98.74	96.15	44.40
LF2_2	4.3E+07	6.51G	4.3E+07	6.33G	98.71	98.82	96.33	44.72
LF2_3	5.2E+07	7.88G	5.2E+07	7.66G	98.74	98.84	96.40	44.56

12 个样本的 Phred 数值大于 Q20 和 Q30 的碱基占总体碱基的百分比,分别介于 98.20%~98.84% 和 95.07%~96.4% 之间。碱基 G 和 C 的数量总和占总碱基数的百分比介于 44.20%~45.08% 之间。基于上述测序质量评价指标,12 个样本的测序质量较高,可以保证后续研究,满足后续数据分析的要求。

5.6.2.2 测序数据的结果

测序数据组装结果见表 5-36 所示。

表 5-36 拼接结果的统计

项目	所有的	中位数GC%	平均GC%	最小长度	中位数长度	平均长度	最大长度	总组装碱基因数	N50
基 因(个)	80171	39.70	39.78	201	284	621	14718	49803726	1214
转录本(个)	131241	40.20	40.09	201	402	862	14718	113134804	1660

表 5-36 中的这些数据反映了测序组装很成功。

5.6.2.3　基因注释结果

对于 80171 unigenes，在 6 个数据库中进行 BLASTX 分析，比较结果见表 5-37。

表 5-37　BLAST 注释结果统计

基因数	Swiss-prot	nr	Pfam	KEGG	KOG	GO
80171	16837	26055	20239	9162	21059	15088
100%	21.00%	32.50%	25.24%	11.43%	26.27%	18.82%

所得的 unigenes 分别在 Swiss-prot、nr、Pfam、KEGG、KOG 和 GO 数据库（annotation）中比对，在杉木及其后代中发现了 80171 个基因。所得的 unigenes 在 Swiss-prot、nr、Pfam、KEGG、KOG 和 GO 数据库中均有注释。杉木测序没有参考基因组信息。测量数据通常采用 blastX 序列进行比较。由于针叶树全基因组测序的树种太少了。因此，与作物相比，针叶树物种挖掘的基因也更少。为了获得较好的测序结果，今后应加快针叶树全基因组测序。

5.6.2.4　12 株样树基因表达量的一般概况

12 株样树基因表达的一般概况列于表 5-38。

表 5-38　基因表达量在不同树木中的分布

样本	0~0.1 RI	0.1~0.3 RI	0.3~2.57 RI	2.57~15 RI	15~60 RI	>60 RI
P1_1	158(0.42%)	614(1.62%)	13079(34.58%)	14179(37.49%)	7017(18.55%)	2773(7.33%)
P1_2	101(0.28%)	241(0.66%)	5021(12.72%)	13981(38.20%)	14440(39.46%)	2812(7.68%)
P1_3	217(0.55%)	1199(2.02%)	17091(42.05%)	11811(29.75%)	6545(16.49%)	2838(7.15%)
P2_1	268(0.69%)	658(1.70%)	10158(26.27%)	16083(41.60%)	8791(22.74%)	2703(6.99%)
P2_2	352(0.81%)	1967(4.51%)	21064(48.27%)	11123(25.49%)	6483(14.86%)	2646(6.06%)
P2_3	319(1.13%)	506(1.80%)	3544(12.60%)	9817(34.91%)	10491(37.30%)	3446(12.25%)
HF1_1	416(0.90%)	2089(4.50%)	22426(48.27%)	12210(26.28%)	6633(14.28%)	2681(5.77%)
HF1_2	318(0.65%)	1690(2.48%)	23242(47.80%)	13504(27.77%)	7026(14.45%)	2842(5.85%)
HF1_3	249(0.71%)	531(1.52%)	4471(12.79%)	12917(36.94%)	13441(38.44%)	3357(9.60%)
LF2_1	362(0.73%)	2019(4.07%)	23187(46.74%)	13242(26.69%)	7833(15.79%)	2967(5.98%)
LF2_2	181(0.46%)	496(1.26%)	5737(14.54%)	15986(40.52%)	14047(35.60%)	3009(7.63%)
LF2_3	72(0.18%)	228(0.56%)	4888(12.00%)	16387(40.23%)	15856(38.92%)	3305(8.11%)

从表 5-38 可以看出，12 个样本的基因表达分布规律基本相同，接近正态分布。

一般在 0~0.1 RI 和 0.1~0.3 RI 范围内表达量较低。在 0.3~2.57 RI；2.57~15 RI；15~60 RI 三个间隔高表达的基因更多。基因表达量> 60 RI 时基因量下降。一般在 0~0.1 RI 和 0.1~0.3 RI 范围内表达量较低。基因表达量在 0.3~2.57 RI，2.57~15 RI 和 60 RI 三个区间内基因表达量较高。基因表达量> 60 RI 时基因量下降。

5.6.2.5　基因的长度分布

12 个样本基因长度的平均分布如图 5-12 所示。

如图 5-12 所示：12 个样本基因的平均分布与对数分布相似。研究结果与大量研究结果一致。

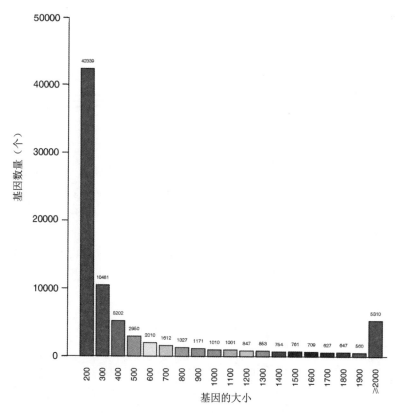

图 5-12　12 个样本中基因的长度分布

5. 6. 2. 6　组装拼接后的 GC 内容统计

GC 内容分布如图 5-13 所示。从图 5-13 可以看出，GC 内容的分布接近正态分布。

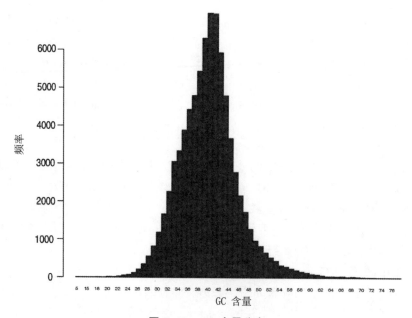

图 5- 13　GC 含量分布

5.6.2.7　基因分布密度图

基因分布密度见图 5-14。

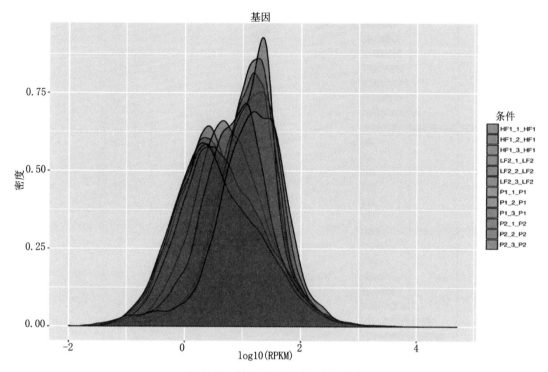

图 5-14　基因在不同样本上的分布

5.6.2.8　GO 注释分类的统计结果

GO 注释分类的统计结果如图 5-15 所示。①生物过程(25 个 GO trems)，分为转录、DNA 合成和转录调控、DNA……②细胞骨架组成(15 个 GO trems)，整合到记忆体中包含更多的基因；③分子功能(10 个 GO trems)，ATP 结合包含更多的基因。

在 GO 功能分类体系中，有 123 条具有具体功能定义；共得到 1866 个 GO 功能注释。在所有转录物中，有 16 个转录物(1%)的 GO 注释归为细胞组分，34 个(GO terms)为生物学过程，20 个(GO terms)为分子功能。上述 3 大功能可被划分为更详细的小类别。在细胞组分功能类型中，细胞和细胞部分所含比例最高，均为了 2%。在生物学过程功能类型中，主导生命过程分别是代谢过程(15%)和细胞过程(22%)，生长及免疫系统过程比例最低。在分子功能类型中，催化活性和蛋白结合所含比例最高，分别为 46% 和 42%，转运蛋白活性(4.98%)，分子转换活性(2.12%)。

5.6.2.9　KEGG 通路分类

KEGG 通路分类结果如图 5-16 所示。代谢有更多的 KEGG trems (13 个 trems)和基因：氨基酸代谢(745)，能量代谢(690)，碳水化合物代谢(829)。其次是翻译(582)，负责遗传信息处理。

5.6.2.10　KOG 功能分类

杉木转录组的 KOG 功能分类如图 5-17 所示。共有 26 个基因门类，其中：一般功能预测最多的基因，多达 4000 个。

为从整体上了解转录物序信息，首先利用 NR、Swiss-Prot 等蛋白数据库，对上述

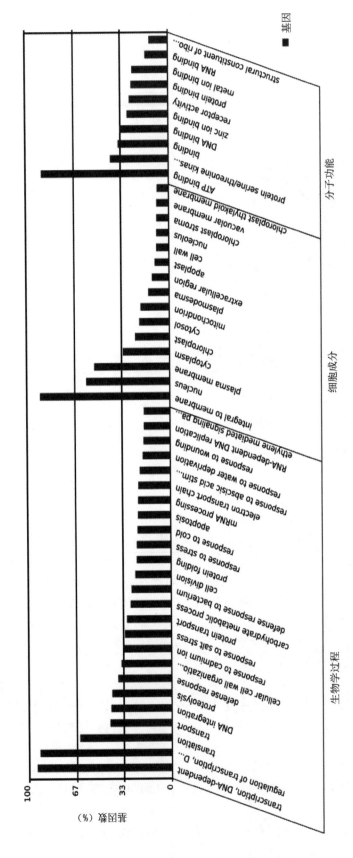

图 5-15　杉木转录组的 GO 分类分布

1：转录、DNA 依赖；2：转录的调整；3：翻译；4：运输；5：DNA 整合；6：蛋白质的调控反应；7：防御作用；8：细胞壁组织；9：对钙离子响应；10：对盐胁迫响应；11：蛋白质运输；12：碳水化合物代谢响应；13：对细菌的防御反应；14：细胞分裂；15：蛋白质折叠；16：胁迫响应；17：对冷响应；18：凋亡；19：mRNA 处理；20：电子传递链；21：对脱落酸刺激的响应；22：缺水响应；23：受伤响应；24：依赖 RNA 的 DNA 复制；25：乙烯介导的信号；26：不可或缺的膜；27：细胞核；28：质膜；29：细胞质；30：叶绿体；31：叶绿素；32：线粒体；33：胞间连丝；34：细胞外区域；35：质外体；36：细胞壁；37：细胞核；38：细胞质；39：液泡膜；40：叶绿体类囊体膜；41：ATP 结合；42：丝氨酸蛋白质/类囊体激酶；43：结合；44：DNA 结合；45：锌离子结合；46：受体活性；47：蛋白质结合；48：金属离子结合；49：RNA 结合；50：结构成分。

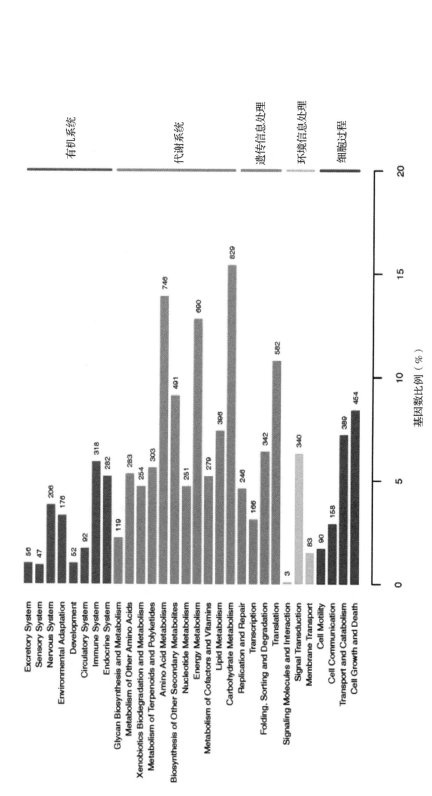

图 5-16　KEGG 代谢通路分析

1:排泄系统;2:感觉系统;3:神经系统;4:环境自适应;5:发育系统;6:循环系统;7:免疫系统;8:内分泌系统;9:多糖生物合成与代谢;10:其它氨基酸代谢;11:外源性物质生物降解与代谢;12:萜类化合物和聚酮化合物代谢;13:其它次生物代谢的生物合成;14:其它氨基酸代谢;15:核苷酸代谢;16:能量代谢;17:辅酶因子和维生素代谢;18:脂质代谢;19:碳水化合物代谢;20:复制与修复;21:转录;22:折叠、分类和降化;23:翻译;24:信号分子和互作;25:信号转导;26:膜运输;27:细胞活性;28:细胞通信;29:运输与分解代谢;30:细胞生长与死亡。

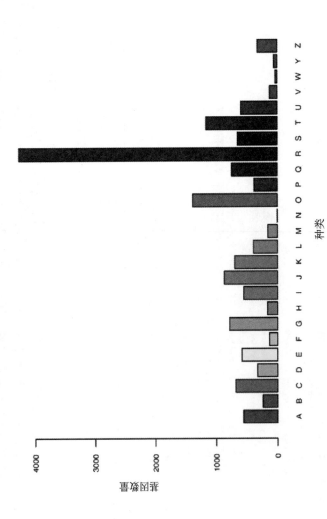

图 5-17 杉木转录组 KOG 功能分类

A：RNA processing and modification
B：Chromatin structure and dynamics
C：Energy production and conversion
D：Cell cycle control, cell division, chromosome partitioning
E：Amino acid transport and metabolism
F：Nucleotide transport and metabolism
G：Carbohydrate transport and metabolism
H：Coenzyme transport and metabolism
I：Lipid transport and metabolism
J：Translation, ribosomal structure and biogenesis
K：Transcription
L：Replication, recombination and repair
M：Cell wall/membrane/envelope biogenesis
N：Cell motility
O：Posttranslational modification, protein turnover, chaperones
P：Inorganic ion transport and metabolism
Q：Secondary metabolites biosynthesis, transport and catabolism
R：General function prediction only
S：Function unknown
T：Signal transduction mechanisms
U：Intracellular trafficking, secretion, and vesicular transport
V：Defense mechanisms
W：Extracellular structures
Y：Nuclear structure
Z：Cytoskeleton

A：处理和修饰；B：染色质结构与动力学；C：能量产生与转化；D：细胞循环控制，细胞分裂及染色体分区；E：氨基酸运输和代谢；F：核苷酸运输与代谢；G：碳水化合物的运输与代谢；H：辅酶运输和代谢；I：油脂运输和代谢；J：翻译，核糖体结构和生物起源；K：复制，重组和修复；L：翻译；M：细胞壁/细胞膜/包膜生物发生；N：细胞的运动性；O：转译后的修饰，蛋白质翻转，伴侣；P：无机离子运输和代谢；Q：次生物代谢物的生物合成，运输和分解代谢；R：一般功能预测；S：未知功能；T：信号传导机制；U：细胞内运输和膜泡运输；V：防御机制；W：细胞外结构；Y：细胞核结构；Z：细胞骨架。

基因数目

种类

73779 条转录本数据进行 BLASTX 对比。结果显示，在 73779 条转录本序列中，58.01% 的转录物（42799 条）具有同源比对信息；其中，有 41902 条转录物具有蛋白功能，占 56.79%。

随后，利用 COG 及 Gene Ontology（GO）功能注释分类对具有同源对比信息的 41902 条转录进行比对和功级注释（E-value<1e-05）。在 COG 功能分类体系中，有 14877 条候选具有具体的蛋白功能定义，共获得 25483 个 COG 功能注释。涉及 25 个 COG 功能类别。其中，一般功能基因的转录本比例最大，为 16.60%；其次为转录因子，比例为 8.07%；蛋白质翻译后修饰与转运及分子伴侣相关基因，比例为 7.42%。在该转录组中，涉及植物生长发育相关的功能定义主要包括：氨基酸转运与代谢（5.27%）、碳水化合转动与代谢（6.10%）、复制、重组和修复（6.83%）、核糖体结构和生物转化（6.57%）、物质代谢过程号转导机理（5.27%）等多个生理生化过程。值得注意的是，1028 和 969 Unigenes 涉及次级代谢的生物合成、运输、分解代谢和细胞膜、细胞壁的起源。

5.6.3　重要基因的筛选

差异表达基因通路与后代生长优势有关。KEGG 数据库中不同 KEGG 术语中 DEGs 的主要生化通路和信号转导通路基因十分重要。从 HF1VSP1、HF1VSP2 两个比较组的 KEGG 富集到的基因中，挑选重要的代谢途径，从中筛选表达显著的基因，列举了基因来源、基因名、上调或下调以及从 NCBI 数据库中下载该基因的俗名。差异表达基因在 74~130 个通路中均有发现。表 5-39 显示了 HF1VSP1 和 HF1VSP2 富集的前 10 个通路信息。

从表 5-39 可见，在对照组 HF1VSP1，有 79 个基因参与了植物的生理节奏，但这是最重要的（$P=0.0000024$），植物的昼夜节律变化不仅调节植物的生长发育，而且在调节植物的反应和适应环境方面起着重要作用；其次是抗原的处理和呈现；第三是剪接体。在 HF1VSP2 中，类黄酮生物合成涉及代谢基因 118 个；二是植物的昼夜节律；第四是苯丙素的生物合成。见表 5-40。

在 LF2VSP1 和 LF2VSP2 中，低亲代和亲本比较组富集分析结果总结如下：LF2VSP1：淀粉与蔗糖代谢、>苯丙类生物合成>甲烷代谢等；LF2VSP2：甲烷代谢>淀粉和蔗糖代谢>甘氨酸、丝氨酸和苏氨酸代谢等。LF2 的生长差异与参与这些代谢途径的基因有关。

表 5-39　KEGG 富集和 HF1VSP1、HF1VSP2 两个比较组中前 5 条 KEGG terms
（研究材料为亲本和优亲子代）

比较组	KEGG term	KEGG_ID	NO. of gene	P 值	比较组	KEGG term	KEGG_ID	NO. of gene	P 值
HF1 VS P1	植物昼夜节律	ko04712	79	0.0000024	HF1 VS P2	类黄酮生物合成	ko00941	118	0.0000000
	抗原处理与存在	ko04612	83	0.0000359		植物昼夜节律	ko04712	79	0.0000007
	剪接体	ko03040	66	0.0008352		苯丙素的生物合成	Ko00500	240	0.0000011
	MAPK 信号通路	ko04010	108	0.0012912		苯丙氨酸代谢	ko00051	80	0.0022348
	类黄酮生物合成	ko00941	118	0.0020368		二萜生物合成	ko00521	11	0.0034491

注：app 表达抗原处理及展示；sdb 表达二苯乙烯类、二芳庚类和姜辣素的生物合成。

表 5-40　HF1VSP1 和 HF1VSP2 比较组中的重要基因

KEGG 编号	代谢途径名	基因编号	KEGG_EC	俗　名	功能注释
ko04712	植物的昼夜节律	comp74015_ c0	–	PRR73	伪响应调节器 7
ko04712	植物的昼夜节律	comp73428_ c0	–	LHY	晚细长的下胚轴
ko04712	植物的昼夜节律	comp70456_ c1	–	GI	橙黄鸢尾兰
ko04712	植物的昼夜节律	comp64867_ c0	–	COL4	锌指蛋白康斯坦
ko04712	植物的昼夜节律	comp71268_ c0	–	APRR3	伪响应调节器 7
ko04712	植物的昼夜节律	comp58042_ c0	EC：2. 2. 1. 74	–	查耳酮合酶
ko04712	植物的昼夜节律	comp55097_ c0	EC：2. 2. 1. 74	PKSG4	查耳酮合酶
ko04712	植物的昼夜节律	comp66110_ c0	–	UNE10	植物色素相互作用因子 3
ko04612	抗原处理及展示	comp73404_ c0	–	HSP70	热激蛋白 70kDa1/8
ko04612	抗原处理及展示	comp52183_ c1	–	MED37C	热激蛋白 70kDa1/8
ko04612	抗原处理及展示	comp66883_ c0	–	MED37C	热激蛋白 70kDa1/8
ko04612	抗原处理及展示	comp66745_ c0	–	HSC-2	热激蛋白 70kDa1/8
ko04612	抗原处理及展示	comp52817_ c0	–	HSP70	热激蛋白 70kDa1/8
ko04612	抗原处理及展示	comp74319_ c0	–	HSP83A	分子伴侣 HtpG
ko04612	抗原处理及展示	comp70014_ c0	–	NFYA3	核转录因子 Y
ko04010	MAPK 信号通路	comp73404_ c0	–	HSP70	热激蛋白 70kDa1/8
ko04010	MAPK 信号通路	comp52183_ c1	–	MED37C	热激蛋白 70kDa1/8
ko04010	MAPK 信号通路	comp66883_ c0	–	MED37C	热激蛋白 70kDa1/8
ko04010	MAPK 信号通路	comp66745_ c0	–	HSC-2	热激蛋白 70kDa1/8
ko04010	MAPK 信号通路	comp52817_ c0	–	HSP70	热激蛋白 70kDa1/8
ko04010	MAPK 信号通路	comp51415_ c0	EC：2. 1. 2. 16	PP7	蛋白磷酸酶 5
ko00941	类黄酮生物合成	comp58042_ c0	EC：2. 2. 1. 74	–	查耳酮合酶
ko00941	类黄酮生物合成	comp50231_ c0	EC：5. 5. 1. 6	CHI3	查耳酮异构酶
ko00941	类黄酮生物合成	comp61444_ c0	EC：1. 14. 12. –	CYP76C4	对香豆素 3 羟化酶
ko00941	类黄酮生物合成	comp55097_ c0	EC：2. 2. 1. 74	PKSG4	查耳酮合酶
ko00941	类黄酮生物合成	comp73071_ c1	EC：1. 14. 12. 21	CYP75B1	类黄酮 3′单氧酶
ko00941	类黄酮生物合成	comp34995_ c0	EC：1. 14. 11. 19	–	青素双加氧酶
ko00591	亚油酸代谢	comp46528_ c0	EC：1. 12. 11. 12	LOX1. 4	脂氧合酶
ko00591	亚油酸代谢	comp59067_ c0	EC：1. 12. 11. 12	LOX1. 1	脂氧合酶
ko00591	亚油酸代谢	comp59067_ c1	EC：1. 12. 11. 12	LOX2. 1	脂氧合酶
ko00591	亚油酸代谢	comp52479_ c0	EC：1. 12. 11. 12	Os03g0179900	脂氧合酶

（续）

KEGG 编号	代谢途径名	基因编号	KEGG_ EC	俗　名	功能注释
ko00360	苯丙氨酸代谢	comp52987_ c0	EC：1. 11. 1. 7 1. 11. 1. 15 2. 1. 1. –	Os07g0638300	过氧化物氧还蛋白
ko00360	苯丙氨酸代谢	comp62983_ c0	EC：1. 11. 1. 7	GSVIVT00023967001	过氧化物酶
ko00360	苯丙氨酸代谢	comp61444_ c0	EC：1. 14. 12. –	CYP76C4	对香豆素 3 羟化酶
ko00360	苯丙氨酸代谢	comp71354_ c2	EC：1. 11. 1. 7	GSVIVT00037159001	过氧化物酶
ko00360	苯丙氨酸代谢	comp55452_ c0	EC：1. 11. 1. 7	GSVIVT00023967001	过氧化物酶
ko00360	苯丙氨酸代谢	comp69809_ c0	EC：1. 4. 2. 21	–	伯胺氧化酶
ko00592	亚麻酸代谢	comp46528_ c0	EC：1. 12. 11. 12	LOX1. 4	脂氧合酶
ko00592	亚麻酸代谢	comp59067_ c0	EC：1. 12. 11. 12	LOX1. 1	脂氧合酶
ko00592	亚麻酸代谢	comp59067_ c1	EC：1. 12. 11. 12	LOX2. 1	脂氧合酶
ko00592	亚麻酸代谢	comp52479_ c0	EC：1. 12. 11. 12	Os03g0179900	脂氧合酶
ko00941	类黄酮生物合成	comp68990_ c0	EC：1. 14. 11. 19	ANS	青素双加氧酶
ko00941	类黄酮生物合成	comp73081_ c1	EC：1. 14. 12. 21	CYP750A1	类黄酮 3′单氧酶
ko00941	类黄酮生物合成	comp61444_ c0	EC：1. 14. 12. –	CYP76C4	对香豆素 3 羟化酶
ko00941	类黄酮生物合成	comp71935_ c0	EC：1. 14. 11. 19	ANS	青素双加氧酶
ko00941	类黄酮生物合成	comp73071_ c1	EC：1. 14. 12. 21	CYP75B1	类黄酮 3′单氧酶
ko00941	类黄酮生物合成	comp52970_ c0	EC：2. 2. 1. 74	CSF7	查耳酮合酶
ko00941	类黄酮生物合成	comp73512_ c0	EC：1. 14. 12. 21	CYP75B2	类黄酮 3′单氧酶
ko00941	类黄酮生物合成	comp71977_ c1	EC：2. 2. 1. 74	CSF7	查耳酮合酶
ko00941	类黄酮生物合成	comp60891_ c0	EC：1. 14. 12. 11	CYP73A1	反肉桂酸 4 单加氧酶
ko00941	类黄酮生物合成	comp59163_ c0	EC：2. 2. 1. 74	CHS	查耳酮合酶
ko00941	类黄酮生物合成	comp74140_ c1	EC：2. 2. 1. 74	CSF7	查耳酮合酶
ko00941	类黄酮生物合成	comp65996_ c0	EC：1. 14. 11. 23	SRG1	黄酮醇合成酶
ko00941	类黄酮生物合成	comp73620_ c0	EC：1. 14. 11. 9	FHT	柚苷配基 3 加双氧酶
ko00941	类黄酮生物合成	comp60891_ c1	EC：1. 14. 12. 11	CYP73A4	反肉桂酸 4 单加氧酶
ko04712	植物的昼夜节律	comp74015_ c0	–	PRR73	伪响应调节器 7
ko04712	植物的昼夜节律	comp70456_ c1	–	GI	橙黄鸢尾兰
ko04712	植物的昼夜节律	comp71268_ c0	–	APRR3	伪响应调节器 7
ko04712	植物的昼夜节律	comp52970_ c0	EC：2. 2. 1. 74	CSF7	查耳酮合酶
ko04712	植物的昼夜节律	comp71977_ c1	EC：2. 2. 1. 74	CSF7	查耳酮合酶
ko04712	植物的昼夜节律	comp73428_ c0	–	LHY	晚细长的下胚轴
ko04712	植物的昼夜节律	comp59163_ c0	EC：2. 2. 1. 74	CHS	查耳酮合酶
ko04712	植物的昼夜节律	comp74140_ c1	EC：2. 2. 1. 74	CSF7	查耳酮合酶
ko04712	植物的昼夜节律	comp64867_ c0	–	COL4	锌指蛋白康斯坦
ko00360	苯丙氨酸代谢	comp71734_ c2	EC：4. 2. 1. 24	PAL	苯丙氨酸裂解酶
ko00360	苯丙氨酸代谢	comp61444_ c0	EC：1. 14. 12. –	CYP76C4	对香豆素 3 羟化酶

（续）

KEGG 编号	代谢途径名	基因编号	KEGG_ EC	俗　名	功能注释
ko00360	苯丙氨酸代谢	comp52987_ c0	EC：1. 11. 1. 7 1. 11. 1. 15 2. 1. 1. -	Os07g0638300	过氧化物氧还蛋白 6
ko00360	苯丙氨酸代谢	comp60891_ c0	EC：1. 14. 12. 11	CYP73A1	反肉桂酸 4 单加氧酶
ko00360	苯丙氨酸代谢	comp73490_ c0	EC：4. 2. 1. 24	PAL	反肉桂酸 4 单加氧酶
ko00360	苯丙氨酸代谢	comp71175_ c0	EC：6. 2. 1. 12	–	4 香豆素 CoA 连接酶
ko00360	苯丙氨酸代谢	comp62983_ c0	EC：1. 11. 1. 7	GSVIVT00023967001	过氧化物酶
ko00360	苯丙氨酸代谢	comp61921_ c0	EC：1. 11. 1. 7	PER48	过氧化物酶
ko00360	苯丙氨酸代谢	comp60891_ c1	EC：1. 14. 12. 11	CYP73A4	反肉桂酸 4 单加氧酶
ko00100	类固醇生物合成	comp69910_ c0	EC：1. 14. 99. 7	–	鲨烯单加氧酶
ko00100	类固醇生物合成	comp58538_ c1	EC：2. 5. 1. 21	SQS1	法尼司二磷酸法尼基转移酶
ko00500	淀粉和蔗糖代谢	comp64095_ c0	EC：2. 2. 1. 2	BAM9	β-淀粉酶
ko00500	淀粉和蔗糖代谢	comp68338_ c0	EC：2. 1. 1. 11	PME12	果胶酯酶
ko00500	淀粉和蔗糖代谢	comp63013_ c0	EC：2. 2. 1. 15	At1g48100	聚半乳糖醛酸酶
ko00500	淀粉和蔗糖代谢	comp69882_ c0	EC：2. 4. 1. 14	SPS2	蔗糖磷酸合成酶
ko00500	淀粉和蔗糖代谢	comp64336_ c0	EC：2. 2. 1. 2	BAM1	β-淀粉酶
ko00500	淀粉和蔗糖代谢	comp66263_ c0	EC：2. 2. 1. 21	Xyl2	β 葡糖苷酶
ko00500	淀粉和蔗糖代谢	comp71720_ c0	EC：2. 2. 1. 39	At4g29360	葡聚糖内皮 1，3-D 糖苷酶
ko00500	淀粉和蔗糖代谢	comp72584_ c0	EC：2. 2. 1. 4	Os09g0533900	内切葡聚糖酶
ko00500	淀粉和蔗糖代谢	comp69898_ c1	EC：2. 1. 1. 11	PECS-2. 1	果胶酯酶
ko00500	淀粉和蔗糖代谢	comp73507_ c0	EC：2. 2. 1. 39	VIT_ 06s0061g00120	葡聚糖内皮 1，3-D 糖苷酶
ko00500	淀粉和蔗糖代谢	comp69941_ c0	EC：2. 2. 1. 4	At1g64390	内切葡聚糖酶
ko00500	淀粉和蔗糖代谢	comp66075_ c0	EC：2. 2. 1. 2	BAM3	β-淀粉酶
ko00500	淀粉和蔗糖代谢	comp68540_ c0	EC：2. 2. 1. 4	At1g64390	内切葡聚糖酶
ko00500	淀粉和蔗糖代谢	comp69408_ c0	EC：2. 1. 1. 11	PME61	果胶酯酶
ko00500	淀粉和蔗糖代谢	comp66158_ c0	EC：2. 1. 2. 12	TPPD	海藻糖磷酸酶
ko00500	淀粉和蔗糖代谢	comp67910_ c0	EC：5. 1. 2. 6	GAE3	UDP 葡萄糖酸酯 4 表位酶
ko00500	淀粉和蔗糖代谢	comp65263_ c0	EC：2. 1. 1. 11	PME31	果胶酯酶
ko00500	淀粉和蔗糖代谢	comp49343_ c0	EC：2. 2. 1. 4	At4g02290	内切葡聚糖酶
ko00500	淀粉和蔗糖代谢	comp64853_ c0	EC：2. 2. 1. 4	GLU1	内切葡聚糖酶
ko00500	淀粉和蔗糖代谢	comp73106_ c0	EC：2. 4. 1. 25	DPE2	4 -葡聚糖转移酶
ko00500	淀粉和蔗糖代谢	comp71758_ c0	EC：2. 2. 1. 21	BXL5	β 葡糖苷酶
ko00500	淀粉和蔗糖代谢	comp70457_ c1	EC：2. 2. 1. 21	BXL4	β 葡糖苷酶
ko00500	淀粉和蔗糖代谢	comp69311_ c0	EC：2. 7. 1. 4	At3g59480	果糖激酶
ko00500	淀粉和蔗糖代谢	comp54766_ c0	EC：2. 2. 1. 26	INV1	β-呋喃果糖苷酶
ko00500	淀粉和蔗糖代谢	comp72814_ c0	EC：2. 4. 1. 11	–	糖原合酶
ko00500	淀粉和蔗糖代谢	comp68324_ c0	EC：2. 7. 7. 27	ADG2	葡萄糖 1 磷酸腺苷转移酶
ko00500	淀粉和蔗糖代谢	comp70457_ c0	EC：2. 2. 1. 21	BXL1	β 葡糖苷酶

（续）

KEGG 编号	代谢途径名	基因编号	KEGG_EC	俗　名	功能注释
ko00500	淀粉和蔗糖代谢	comp59027_c0	EC：2.2.1.4	At4g02290	内切葡聚糖酶
ko00500	淀粉和蔗糖代谢	comp53611_c0	EC：2.2.1.21	BXL4	β 葡糖苷酶
ko00500	淀粉和蔗糖代谢	comp70068_c0	EC：2.2.1.4	CEL1	内切葡聚糖酶
ko00500	淀粉和蔗糖代谢	comp70441_c0	EC：2.1.1.11	PME53	果胶酯酶
ko00500	淀粉和蔗糖代谢	comp54437_c0	EC：2.2.1.26	INV1	β-呋喃果糖苷酶
ko00500	淀粉和蔗糖代谢	comp69408_c1	EC：2.1.1.11	PME34	果胶酯酶
ko00500	淀粉和蔗糖代谢	comp67135_c0	EC：2.7.1.4	At3g59480	果糖激酶
ko00500	淀粉和蔗糖代谢	comp68842_c0	EC：2.2.1.21	BGLU42	β 葡糖苷酶
ko00500	淀粉和蔗糖代谢	comp69620_c0	EC：2.2.1.21	BGLU24	β 葡糖苷酶
ko00500	淀粉和蔗糖代谢	comp64992_c0	EC：2.1.1.11	PME31	果胶酯酶
ko00500	淀粉和蔗糖代谢	comp72768_c0	EC：2.4.1.13	SUS2	蔗糖合酶
ko00500	淀粉和蔗糖代谢	comp71030_c0	EC：2.2.1.1	AMY3	α 淀粉酶
ko00500	淀粉和蔗糖代谢	comp50532_c0	EC：2.2.1.21	Xyl2	β 葡糖苷酶
ko00500	淀粉和蔗糖代谢	comp57826_c0	EC：2.1.1.11	–	果胶酯酶
ko00500	淀粉和蔗糖代谢	comp69428_c0	EC：2.2.1.15	–	聚半乳糖醛酸酶
ko00500	淀粉和蔗糖代谢	comp63750_c0	EC：2.1.1.11	PME16	果胶酯酶
ko00500	淀粉和蔗糖代谢	comp68412_c0	EC：2.2.1.4	KOR	内切葡聚糖酶

涉及杉木针叶中碳水化合物、光合作用和呼吸作用的基因见表 5-41。

表 5-41　涉及杉木针叶中碳水化合物、光合作用和呼吸作用的基因

基因编号	基因名	log2（FC）	上/下调节	功能描述
碳水化合物代谢				
comp72282_c0	RFS5	−2.9	down	水苏糖合成酶
comp54766_c0	INV1	−inf	down	β 呋喃果糖苷酶
comp72128_c0	VIT_06s0061g00120	−2.1	down	
comp54437_c0	INV1	−inf	down	β 呋喃果糖苷酶
comp64780_c0	A6	−1.13	down	
comp73975_c0	A65g24080	−2.08	down	糖绑定
comp73814_c0	LECRKS5	−1.53	down	糖绑定
comp27243_c0	XTH31	−1.1	down	细胞葡聚糖代谢过程
comp26776_c0	XTH28	−1.1	down	细胞葡聚糖代谢过程
comp56752_c0	STC	6.8	up	碳水化合物运输
comp56752_c1	STC	−2.37	down	碳水化合物运输
comp61820_c0	DES1	1.88	up	脂肪酸生物合成过程

（续）

基因编号	基因名	log2（FC）	上/下调节	功能描述
comp3623_ c0	CXE15	−7.68	down	羧基酯酶活性
comp74262_ c0	CXE11	1.17	up	羧基酯酶活性
comp72737_ c3	CXE15	−1.53	down	羧基酯酶活性
comp57860_ c0	MDL1	2.46	up	酒精代谢过程
comp72330_ c0	HTH	5.85	up	酒精代谢过程
comp73775_ c0	FAR4	1.27	up	
comp74112_ c0	PLT4	−1.02	down	碳水化合物运输
comp68990_ c0	ANS	−4.55	down	
comp71935_ c0	ANS	−1.6	down	
comp73620_ c0	FHT	−1.37	down	柚苷配基 3 加双氧酶
comp61292_ c0	dfr1	−1.04	down	
comp66330_ c0	AMY1.1	−1.62	down	阿尔法淀粉酶活性
comp69682_ c0	CYP86B1	1.46	up	
comp65186_ c0	NEC3	1.13	up	碳酸酐酶
comp72814_ c0	−	−1.16	down	淀粉合成酶活性
comp62494_ c0	BGLU13	1.65	up	β 葡糖苷酶
光合作用	Ko00195			
comp68783_ c0	LHCB1.3	7.46	up	
comp67746_ c0	RBCS−3B	6.8	up	对远红光的反应
comp72740_ c0	HYS	−1.93	down	对红光的响应
comp58741_ c0	AATP1	−1.02	down	叶绿体的膜
comp65215_ c0	SQD1	1.13	up	叶绿体基质
comp59067_ c1	LOX2.1	−1.74	down	叶绿体基质
comp73195_ c0	GA4	−2.13	down	对红光响应
comp74597_ c0	psbA	−1.14	down	光合系统 II 蛋白
comp259031_ c0	CYP20−2	inf	up	叶绿体膜
comp65903_ c0	psaB	−1.19	down	光系统 I 核心蛋白 Ib
comp54109_ c0	COX6B−1	inf	up	叶绿体类囊体膜
comp69694_ c0	ADT6	−2.04	down	预苯酸脱水酶
comp71579_ c0	ATJ11	−1.64	down	叶绿体基质
comp72814_ c0	−	−1.16	down	糖原合酶
comp59469_ c0	3−Apr	−1.39	down	

（续）

基因编号	基因名	log2(FC)	上/下调节	功能描述
comp67026_ c0	ag2	1.84	up	叶绿体
comp72258_ c0	EMB1270	1.25	up	叶绿体
comp73586_ c0	ag8	-2.9	down	叶绿体
comp69161_ c0	CRYD	-2.36	down	脱氧核糖嘧啶
comp69685_ c0	CYP74A	2.5	up	氢过氧化物脱水酶
呼吸作用				
comp67746_ c0	RBCS-3B	6.8	up	
comp74823_ c0	TAR1-A	-11.88	down	线粒体
comp78771_ c0	AtMg00030	-inf	down	线粒体
comp68783_ c0	LHCB1.3	7.46	up	
comp52183_ c1	MED37C	-1.86	down	
comp66883_ c0	MED37C	-1.13	down	
comp74259_ c0	ERECTA	-1.24	down	线粒体
comp61268_ c0	–	2.28	up	分子伴侣 DnaK
comp54109_ c0	COX6B-1	Inf	up	
comp69161_ c0	CRYD	-2.36	down	

5.7　浮获杉木杂种优势的父母本选配研究

杉木是我国南方一个十分重要的造林树种，杉木的遗传改良备受政府的重视，其遗传育种也最为深入。叶志宏等（1991）和齐明等（2009）借助双列杂交试验资料，研究发现杉木的生长和材性性状上，均存在极显著的细胞质效应。同杉木一样，在农作物遗传育种中，叶绿体、线粒体和核基因组都参与了植物杂种优势的形成过程（姚俊修，2013），并在一些经济作物中观察到线粒体和叶绿体活性的杂种优势和互补现象（Srivastava，1983）。因此杉木杂交育种亲本选配，就不能不考虑细胞质基因的效应。叶绿体和线粒体是重要的细胞器，净光合速率和呼吸速率是衡量细胞器功能强弱的有效指标。何贵平等（2016）基于杉木细胞遗传学的研究结果，结合方面的研究，确定了杉木杂交种的杂交模式：用高净光合速率的亲本作杂交母本，用高呼吸速率的亲本作杂交父本，这将杉木杂交育种理论向前推进了一步。

杂交育种是杉木遗传改良的主要途径，杂交亲本选配的研究工作十分重要（齐明，1996；何贵平等，2016）。目前杉木杂交种的亲本选配方法已取得重大进展，净光合速率和呼吸速率大小在决定杂交模式方面起重要作用（何贵平和齐明，2016）。因此目前在杉木杂交育种中，将育种园中高光合速率的亲本和高呼吸速率的亲本评选出来，是一件极重要的研究工作。

由于林木的杂种优势往往表现在 F$_1$ 代（王明庥，2001），因此本研究以 23 年生的杉木一代育种园亲本为研究对象，但杉木育种园中 23 年生的杉木胸径有 15~20cm，高达 11~

13m，其全树（或中上部位的样枝）的光合速率和呼吸速率难以直接测定。只能采用间接的方法，来测定育种园中亲本的光合速率和呼吸速率。

来自多个学术网站的信息，尚未搜索到林木呼吸速率遗传变异等方面的研究报道，林木净光合速率和呼吸速率的遗传变异性在林木遗传育种中的重要性，尚未引起林木育种工作者的重视（姜磊等，2005）。本研究中采用的研究材料是经过单亲或双亲测定与评选的一代亲本材料，研究亲本无性系的净光合速率和亲本家系的呼吸速率的大小和遗传变异，试图达到如下目的：其一，要获得育种园亲本光合和呼吸速率的大小与遗传变异信息，为杂交育种提供一系列的母本或父本，为杉木杂交育种提供科技支撑；其二，通过本研究，要获得杉木的净光合速率与呼吸速率间的关系，确定同一亲本作杂交母本和作杂交父本是否等效，以及如何解决与利用这种不等效性；其三，理论上，要为促进林木遗传育种学与林木生理学的融合与发展积累资料。

5.7.1　材料与方法

5.7.1.1　研究材料

以遂昌杉木1.5代种子园（兼用育种园）中的亲本为研究对象，选取靖70、龙4、龙5、龙8等40个亲本无性系，来研究净光合速率和呼吸速率的大小和遗传变异，其目的是为杂交育种评选若干优良的母本和父本。参试亲本的详细信息见表5-43或表5-45。

5.7.1.2　亲本无性系净光合速率的间接测定

杉木的净光合速率大小可以反映叶绿体的功能强弱。杉木育种园亲本净光合速率采用间接测定的原因：育种园内树体高大，直接测定杉木亲本样枝的净光合速率有困难，加之净光合速率是一个瞬时值，野外的环境条件多变，因此难以在相同条件下同时测定育种园多个亲本的净光合速率。间接测定的依据：一般来讲，当年展叶速生期的成熟叶片，其叶绿素含量与净光合速率存在显著正相关（吕建林，1998；魏书銮等，1998；魏书銮等，1994；刘振威，2008；李保国等，1991；高三基等，1999；程保成等，1985；刘振业等，1983）。23年生的育种园杉木无性系的净光合速率间接测定的方法：首先，建立其当年速生期针叶的净光合速率与总叶绿素含量的回归方程：于2016年6月下旬的一个晴天（10：00~11：00），在遂昌一片刚郁闭的杉木人工林中，抽样生长发育正常的植株30个，抽取树冠中部当年生的向阳枝条，采用LI-6400光合仪测定三片针叶的净光合速率，用CI-202叶面积仪测定样叶的叶面积（用于校正净光合速率），采用比色法测定叶绿素含量（陈福明等，1984）。第二步测定杉木育种园内亲本总叶绿素含量：每个无性系抽取三株样树，每株样树选取两个标准枝。第三步，将各亲本无性系的总叶绿素值代入回归方程，从而获得亲本的净光合速率，进而研究其遗传变性及杂交母本的选择。

5.7.1.3　杉木亲本家系呼吸速率的大小和遗传变异研究

线粒体是植物的动力"工厂"，呼吸速率是其重要的生理功能。呼吸速率的大小又是杉木杂交育种中父本选择的重要指标。但育种园中的杉木树体高大，不同器官的呼吸速率相差很大，同时目前还没合适的仪器来测定整株林木的呼吸速率。种子是遗传信息的载体，杉木种子体积小，易于控制发芽环境和测定环境，易于在相同的条件下，测定不同亲本家系的呼吸速率，这样不同品种间的呼吸速率测量值间具有可比性。亲本家系呼吸速率测定的具体方法（赵梅霞等，2005）如下：从育种园内选取40个亲本家系，分别采集自由授粉的种子，进行发芽试验，采用红外 CO_2 果蔬呼吸测定仪 GHX−3051H，测定其杉木亲本的呼吸速率，使用空调来控制测定环境的温度（25℃），用半同胞自由授粉家系发芽种子参与测定，每个亲本家系选择发芽胚根生长至 1~3mm 的种子 100 粒，每个亲本家系 OP 发芽种子材料测定 7 次，用每次的亲本呼吸速率参与统计分析。

5.7.1.4　测量数据的统计分析

杉木净光合速率和呼吸速率等性状，采用单因素方差分析方法，其线性模型为：

$$Y_{ij} = \mu + f_i + e_{ij}$$

式中：Y_{ij} 为第 i 个亲本第 j 次的测量值；μ 为群体平均值；f_i 为第 i 个亲本的效应值；e_{ij} 为随机误差。

无性系的重复力 $R = 1 - 1/F$；家系的广义遗传力 $H_f^2 = 1 - 1/F$；F 值是方差分析中的 F 值。

遗传变异系数 GCV = 遗传标准差 σ_g/群体平均值；表型变异系数 $PCV = \sigma_p$ 表型标准差/群体平均值。数据处理在 Excel、DPS 和 Matlab7.0 平台上完成，遗传参数估计参见有关文献（齐明，2009；齐明，2014）。

5.7.2　结果与分析

5.7.2.1　杉木展叶期总叶绿素含量与净光合速率间的关系研究

采用 Excel 作图，6 年生杉木展叶期总叶绿素含量与净光合速率间的直线关系见图 5-18。

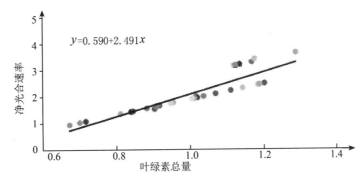

图 5-18　杉木净光合速率与总叶绿素含量间的关系图

经 DPS 计算，遂昌县的杉木人工林获得总叶绿素含量与净光合速率的回归方程为：

$$Y = 0.590 + 2.491X$$

式中：Y 为净光合速率；X 为总叶绿素含量（mg/g 干重）；回归方程 F 值 = 7.9293[**] 达到 1% 的统计水平，相关系数 $r = 0.6470$[***] 达到 1‰ 的显著水平。

这一结果：其一显示 30 个杉木样本净光合速率与总叶绿素含量有直线线性关系；其二在杉木速生期净光合速率与总叶绿素含量彼此显著相关。由此可见：本研究结果与魏书銮等（吕建林，1998；魏书銮等，1998；魏书銮等，1994；刘振威，2008；李保国等，1991；高三基等，1999）的研究结果一致：在速生期，杉木的叶绿素总量与其净光合速率有显著正相关建立的回归方程很成功，可用亲本总叶绿素含量来预测亲本的净光合速率大小（年龄效应是一个系统误差，可以不考虑）。

5.7.2.2 杉木亲本无性系净光合速率的遗传变异性

随机模型条件下，40个杉木亲本无性系的净光合速率的遗传变异性分别见表5-43。

观察表5-42可见，群体中亲本无性系间的净光合速率存在明显的差异，达到1‰的统计水平，同时净光合速率的重复力达92.71%以上，亲本具有中度的遗传变异性（GCV=17.56%；PCV=21.30%）。这表明对于杉木而言，通过选择育种就可达到光合特性单性状遗传改良的目的。

表5-42 亲本无性系净光合速率的方差分析结果

变 因	离差平方和	自由度	均 方	F 值	方差分量
亲 本	369.9845	39	9.4868	13.7231 ***	1.4659
误 差	138.2648	200	0.6913		0.6913
重复力(%)			92.71		
遗传变异系数(%)			17.56		
表型变异系数(%)			21.30		

5.7.2.3 杉木亲本无性系净光合速率的大小及变异

杉木亲本无性系净光合速率的大小及变异见表5-43。

表5-43 参试的杉木亲本无性系及净光合速率

亲本号	净光合速率 [μmol CO_2/(m² · s)]	亲本号	净光合速率 [μmol CO_2/(m² · s)]
龙15	7.69±0.75	1236	7.52±0.35
闽33	5.42±0.33	龙5	7.22±0.71
1269	7.85±0.66	1258	4.74±0.57
阳11	7.50±0.61	靖1342	7.18±0.76
阳15	7.33±0.73	1244	7.72±1.50
高37	6.93±0.28	苍2	4.83±0.39
1419	8.41±0.82	1276	9.11±0.93
1278	8.37±0.85	1239	4.48±0.29
1366	8.74±0.98	1228	6.05±0.59
丽55	8.87±0.34	1073	5.36±0.69
靖70	4.89±0.61	1260	7.44±1.38
1391	5.85±1.35	丽8	8.27±1.12
1339	7.32±1.20	丽15	7.44±2.04
龙8	8.82±0.45	丽14	5.94±0.45
云17	7.14±1.02	靖398	6.48±1.54
丽13	6.06±0.34	1068	6.52±0.52
龙4	6.54±0.12	丽4	8.18±0.93
柳337	7.53±1.01	1218	8.69±0.36
1220	5.03±0.24	龙13	7.57±0.76
丽16	7.45±0.81	龙28	6.13±0.73

表5-43中，群体净光合速率的平均值为6.89μmol CO_2/(m² · s)［单位，下同］，标准差为0.76。超出群体平均值一倍标准差（7.65）的亲本有：龙8、1244、1269、1366、

1419、1278、龙 15、丽 8、丽 55、丽 4、1218 和 1276 等 12 个亲本，它们可以作为杂交育种的母本使用；低于群体平均值一倍标准差(6.13)的亲本有：靖 70、龙 28、1258、1391、丽 13、闽 33、苍 2、1073、1239、丽 14、1220 和 1228 等 13 个亲本，这些亲本不宜作为杂交育种的母本使用。其他亲本的净光合速率值居中，可用于丰富多系种子园的遗传基础。

5.7.2.4　杉木亲本家系呼吸速率的遗传变异性

随机模型条件下，杉木亲本家系呼吸速率的遗传变异性研究结果见表 5-44。

观察表 5-44 可见，育种园中的亲本家系在呼吸速率上存在显著的差异，并且是受强度遗传控制的，家系广义遗传力达 96.42%，同时具有中度以上的遗传变异性 GCV 为 41.67%，与光合特性一样，通过选择育种便可达到呼吸速率单性状改良的目的。

表 5-44　杉木亲本家系呼吸速率的方差分析结果

变　因	平方和	自由度	均　方	F 值
家系间	125.3793	39	3.2149	27.9314[**]
误　差	27.6192	240	0.1151	
总变异	152.9985	279	0.5484	
广义遗传力(%)		96.42		
遗传变异系数(%)		41.67		
表型变异系数(%)		46.37		

5.7.2.5　杉木育种园中亲本家系在呼吸速率上大小与变异

40 个亲本家系的呼吸速率大小与变异见表 5-45。

表 5-45　杉木亲本家系的呼吸速率测定结果

亲本家系号	呼吸速率±标准差 mg CO_2/[(100seed)·h]	亲本家系号	呼吸速率±标准差 mg CO_2/[(100seed)·h]
龙 15	1.05±0.11	1236	1.57±0.24
闽 33	1.05±0.15	龙 5	1.36±0.27
1269	1.48±0.16	1258	1.66±0.41
阳 11	1.08±0.17	靖 1342	1.65±0.20
阳 15	1.36±0.17	1244	1.25±0.15
高 37	1.41±0.14	苍 2	2.13±0.36
1419	1.14±0.15	1276	0.95±0.09
1278	2.65±0.64	1239	0.75±0.52
1366	1.34±0.29	1228	0.71±0.16
丽 55	3.20±0.46	1073	1.14±0.35
靖 70	3.37±0.40	1260	1.15±0.15
1391	0.87±0.16	丽 8	1.32±0.19
1339	3.32±0.46	丽 15	1.25±0.32
龙 8	1.41±0.29	丽 14	1.08±0.16
云 17	2.89±0.31	靖 398	1.61±0.70
丽 13	1.64±0.32	1068	1.46±0.20
龙 4	2.45±0.50	丽 4	1.67±0.25
柳 337	1.61±0.41	1218	2.19±0.57
1220	1.53±0.53	龙 13	1.37±0.14
丽 16	1.60±0.48	龙 28	1.15±0.26

表 5-45 中，杉木育种园群体呼吸速率的平均值为：1.60 mg CO_2/[（100seed）·h]［单位，下同］，标准差为：0.30。呼吸速率超过一倍标准差（$\mu + \sigma = 1.90$）的家系有：1339，丽55，靖70，1278，云17，龙4，苍2和1218，共有8个家系，其亲本适合于做杂交的父本；呼吸速率低于一倍标准差（$\mu - \sigma = 1.30$）的家系有：龙15，闽33，阳11，1419，1391，1244，1276，1239，1228，1073，1260，丽14和龙28，共13个家系，其亲本不适合做杂交的父本。其他的亲本家系的呼吸速率居于[$\mu - \sigma$，$\mu + \sigma$]范围，可用于丰富多系种子园的遗传基础。

5.7.2.6 杉木净光合速率与呼吸速率间的关系分析

杉木的改良是多性状上的遗传改良，因此单从净光合速率或呼吸速率来选择优良品种是不妥的。将以上光合特性和呼吸速率的研究结果联系起来，可以发现，虽然1339，靖70，1278，云17，龙4，苍2和1218，共有8个亲本可作为杂交育种中优良的父本，但1339，靖70和苍2因净光合速率太低，故不宜作杂交母本使用；龙15，闽33，1419，1391，1244，1276六个亲本不适宜做杂交的父本，但是龙15、1419、1244和1276是杂交育种中优良的母本。即同一杉木亲本做母本与做父本时，两者间并不等效，这与杉木配合力测定结果一致（叶志宏等，1991；齐明等，2014；叶培忠等，1981；刘红梅等，2014）。

进一步观察本研究结果，我们还可发现：其一，参试的40个亲本间，其呼吸速率与净光合速率间存在复杂关系的现象：一些净光合速率很突出的亲本，其家系呼吸速率通常表现较低，反之亦然；其二，在本研究中，发现丽55、1278和1218这三个亲本很特别，它们既是优秀的杂交父本，又是优秀的杂交母本，这在双系和多系种子园的建立中有重要作用，要加大这三个亲本无性系在种子园中应用的力度。其三，大多数亲本间净光合速率与呼吸速率在中度范围[$\mu - \sigma$，$\mu + \sigma$]变化，综合40个亲本间的净光合速率与呼吸速率间的关系研究，两者间存在不显著负的秩相关（$r_s = -0.2021$），这与农作物中等人的研究结果相一致（李少昆等，1998）。关于植物的光合速率与呼吸速率间的关系，在农作物和林业生态学研究中，多采用抽样测定的方法，得出结论是净光合速率与呼吸速率间有存在正相关、负相关和不相关多种结果，这是由于研究材料、研究方法不同造成的（李少昆等，1998；王家源等，2013；王胜华等，1992；Parnik 等，2014；Kulshrestha 等，1981；Wilson 等，1981；Jeffrey 等，1989；Hansen 等，1994）。

5.7.3 结论与讨论

5.7.3.1 结 论

杉木杂交育种是杉木遗传改良的主要途径，林木的杂交优势往往表现在 F_1 代。本研究以遂昌1.5代育种园亲本为研究对象，通过测定分析40个亲本家系的光合速率和呼吸速率大小与变异，评选出了若干个优良母本和优良的父本，这为重建双系种子园提供了物质基础。同时表明采用间接的方法评选优良杂交亲本是行得通的。

5.7.3.2 讨 论

（1）杉木杂交育种中亲本选择及其利用 在本研究中，多数优良的杉木亲本，其净光合速率与呼吸速率的大小没有一致的同步趋势，但多数亲本其净光合速率居中，其呼吸速率也表现居中。这一结果与农作物中的研究结果（周艳敏，2007）相同。而经光合和呼吸速率评选出的优亲是杉木杂交育种的重要材料，它们的表现决定了它在育种中的作用：是做杂交的母本还是父本，或不宜参与杂交育种。以上的研究表明：对于某一杉木亲本无性系而言，它是优良的母本，并不等于说它也是优良的父本，反之也是一样，适合作杂交的父本，并不等于说它也是合适的母本；居多数的杉木亲本材料仅适合于丰富多系种子园的遗传基础。这一结果对杉木遗传改良是有影响的，从遗传育种学的角度来看这一结果，可以发现要获得优良的杉木种子，须选择不同杂种优势群间的高净光合速率的亲本做母本，高呼吸速率的亲本做父本，采用杂交育种的方式，来聚合亲本的光合和呼吸的优良特性，以达到培育新品种的目的。好在杉木存在自交衰退和自交不育，在花期匹配的基础上，可采用双系种子园途径，可利用杉木杂交育种的成果。但对杉木多系种子园，可以采用人工去雄，改变性比等措施（利用遗传工程的手段使低呼吸速率的亲本雄性不育，想法好但现在不现实），不然的话，多系种子园的遗传增益会打折扣。据马常耕等（1990）的报道，以 50 个杉木一代种子园为材料，4 年生树高比较试验，结果是 5.2%～25.3% 的种子园树高遗传增益为负值；郑勇平等（2007）对浙江省的 1 代、1.5 代和 2 代杉木种子园材积遗传增益测定结果是 16.97%、22.58% 和 26.42%，这些参数比齐明（1998）研究的预测结果［杉木一代、二代生产性育种园材积遗传增益的预测结果分别是 25.68% 和 43.53%］要低。其中，参试种子园与当地未改良的对照相比，差异未达到显著水平种子园的比率分别为 40%、20% 和 20%。杉木种子园（材积）遗传增益的"异化"这一现象与大量的劣等花粉参与了授粉有关。

（2）杉木亲本家系发芽种子的呼吸速率可以代表杉木亲本无性系呼吸速率　呼吸速率也是一种数量性状，受微效多基因控制，遵从林木数量遗传规律。在林木遗传育种学中，新品种选育都要经过子代试验，而子代试验的原理就是采用子代试验获得的结果（子代的平均表现）来鉴定亲代的优劣；由于用于测定呼吸速率的种子是来 1.5 代多系种子园（兼用育种园）中亲本家系自由授粉（OP）的混种。林木遗传育种中，通常假定多系种子园自由授粉家系的种子间为半同胞关系，对于特定的亲本家系，其呼吸速率测定的种子来自多系育种园时，可以认定不同父本间花粉效应正负抵消，这样亲本家系种子呼吸速率的平均值，可视为亲本的一般配合力值。因此杉木发芽种子的呼吸速率的平均值可以代表亲本的呼吸速率大小（杨博，2010；刘双平等，2009；杨文钰等，2002；段永宏，2009；魏君等，2010）。

以前通常是采用小蓝子法来测定种子的呼吸速率，受仪器设备的限制，误差大，测定技术麻烦。目前从遗传育种学的角度，使用发芽种子材料来研究植物呼吸速率的遗传变异性的报道很少，经文献检索发现，仅 5 例采用亲本家系（或种源）OP 发芽种子的呼吸速率来代表替植物亲本呼吸速率的测定结果（杨文钰等，2002；段永宏，2009；李少昆等，1998；王家源等，2013；王胜华等，1992），这与我们的思路是相一致的。现在先进的 CO_2 红外测定仪已研制出来了，这会带动林木呼吸作用的遗传变异研究。在林木遗传育种中，多半是测定发芽种子的呼吸速率，只有在生理生态学研究中，采用抽取样方法来测定林木枝叶或树干的呼吸速率，这种抽样的结果只能代表枝叶（或树干）的呼吸速率，通常不能代替全树的呼吸速率。而在林木中，用种子的呼吸速率代表亲本的呼吸速率，具有细胞学和统计遗传学的基础。今后林木遗传育种应注重植物生理学方面的研究，促进林木育种学与树木生理学两者间的融合与发展。

5.8　杉木杂种优势群的划分和杂交组合的选配研究

　　林木遗传育种工作者十分注重育种群体的遗传多样性信息，因为亲本群体的遗传多样性决定了群体的适应性和遗传改良潜力（齐明，2008；林峰等，2015），而了解林木改良群体的遗传多样性则是进行林木遗传改良的基础，所以育种群体遗传多样性的研究十分重要（张一等，2009；陈由强等，2001；Coelho 等，2006；Ohsawa 等，2006；Tsumura 等，1996）。

　　杉木是我国南方林区重要的造林树种，选育出速生优质的杉木新品种是杉木育种工作的重点，而杂交育种则是杉木新品种创制的主要途径（何贵平等，2016；齐明，1996），而在动植物杂交育种中，亲本选配对杂交育种十分重要。杉木的配合力育种表明：杉木的生长和材性等性状具有显著的细胞质基因效应（叶志宏等，1991；齐明，2009）。因此，亲本选配必须考虑细胞质的遗传影响。叶绿体和线粒体是重要的细胞器，已有的研究表明：杉木的叶绿体是母性遗传，线粒体是父系遗传（Wenoing et al.，1999）。光合速率是叶绿体的重要功能，呼吸速率则是线粒体的重要功能，因此，可选择高光合速率的亲本作杉木杂交的母本，选择高呼吸速率的亲本作杉木杂交的父本。

　　亲本的选配较为重要（侯金珠，2009）。合理选择杂交亲本，划分杂种优势群，建立杂交模式，从而获得一批有希望的杂交组合。这是提高育种效率，减少盲目性，节约成本的重要前提。在理论上可促进林木遗传育种学向前发展。

　　20 世纪 90 年代，玉米育种学家就已普遍接受了杂种优势与杂交模式的概念，并展开了大量的研究（林峰等，2015；郑淑云等，2006；姜海鹰等，2005；荆绍凌等，2006；邓剑川，2008；张一等，2010；陈晓阳等，1993；陈晓阳等，1995；沈熙环，1990；Hong 等，2007）。国内外对玉米（*Zea mays*）杂种优势群划分较多，其次是水稻（*Oryza sativa*）、小麦（*Triticum aestivum*）和番茄（*Solanum lycopersicum*），其研究也取得显著的成绩。作物育种工作者先是通过谱系分析，地理来源，配合力分析以及同工酶标记等方法对玉米种质进行了分类。随着分子生物学的发展，分子标记为杂种优势群的划分提供了新方法。Reif 等（2004）分别用 SSR 标记对不同的群体进行遗传多样性分析，证明了用分子标记分析玉米群体遗传多样性及划分杂种优势群是可行的。Senior 等（1998）用 70 个 SSR 标记位点研究了 94 份玉米自交系的遗传多态性，聚类分析成功地将供试材料划分为 9 个类群，与北美玉米的主要杂种优势群相符。吴金凤等（2014）选用 1041 个较高多态性 SNP 位点，将供试的 51 份玉米自交系划分为 7 个杂种优势群，划分的结果与谱系来源具有一致性。与玉米相比，杉木的杂种优势群的研究尚处于起步阶段：2016 年，我们采用多学科综合研究，已就杉木的杂交组合的选配，取得了突破性的进展（何贵平等，2016）。那就是采用于等位酶信息，对杉木育种群体中几个的亲本基因型进行分型，然后采用聚类分析，进行杂种优势群的划分（袁力行等，2001；郑淑云等，2006；姜海鹰等，2005；荆绍凌等，2006；邓剑川，2008；张一等，2010），优势群间进行组配；同时研究亲本叶绿体和线粒体的功能，以此筛选出优良的母本和父本，从而决定杂交模式（何贵平等，2016；侯金珠，2009）。

　　ISSR 标记检测的是两个 SSR 之间的一段短 DNA 序列上的多态性，虽然是第二代分子标记，但它结合了 SSR 和 RAPD 优点，不还需要了解研究材料的背景信息，同时操作简单，稳定性好，检测方便，通常比 RFLP、SSR、AFLP 等标记的多态性更高，而且可以很好地覆盖全基因组，价格便宜，因而 ISSR 分子标记至今仍被广泛应用于物种鉴定，遗传多样性研究等领域(齐明，2008；林峰等，2015；张一等，2009；Martines 等，2003)。本研究以杉木亲本分子遗传差异为切入点，研究育种群体的遗传多样性，划分杉木杂种优势群，合理进行亲本选配，配制强优势组合，从而提高育种。

[拟解决的关键问题]以往杉木杂交育种中，多是采用传统的方法，凭经验进行杂交的亲本选配，杂交制种，然后进行田间试验，试验进行十年左右再进行优良组合的评选。这样做虽然取得了一些成绩，但花费了大量的人力、物力和时间，育种效率低。本研究利用 ISSR 标记，先对育种园亲本群体的遗传多样性进行研究，其目的是为了了解育种群体的遗传改良潜力；在此基础上，是利用聚类分析，合理地划分杂种优势群，对每个优势群进行评选优良的母本和父本，按不同优势群间的优良母本与父本组配，得到有希望的杂交组合，据此为杉木的杂交育种提供科学依据。

5.8.1　材料与方法

5.8.1.1　研究材料

本研究的杉木育种群体是遂昌县杉木 1.5 代种子园(生产良种兼顾育种园之用)，其建园材料要么是经过单亲代子代测定评选出的优良品种，要么就是经过双亲子代测定评选出的优良亲本。本研究选取了龙 15、1339、1419、闽 33、靖 70、龙 4、龙 5、龙 8 等 40 个亲本无性系，来研究亲本群体的分子遗传变异，参试亲本的编号参见表 5-43。

5.8.1.2　基因组 DNA 提取

于 4 月 24 日，采取遂昌杉木育种园 20 年生杉木嫩芽，低温条件下迅速运回实验室。采用黄发新的缓冲液洗涤法来提取 DNA。DNA 的提取和 PCR 扩增，参见有关文献(齐明，2008；张一等，2009；张一等，2010)。

扩增产物经 Goodview 核酸染料染色，再采用 1.5%琼脂糖凝胶分离，对照标准分子量 2000bp Ladder Marker (上海鼎国)，最后利用 FR-200 紫外与可见光分析成像系统拍照记录分析结果。图 5-19 给出了研究亲本群体在引物为 UBC812 时的 ISSR 扩增结果。

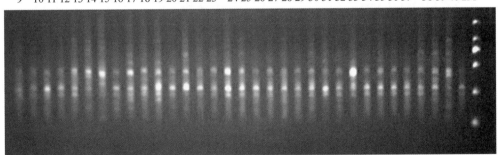

图 5-19　引物为 UBC812 时，亲本群体部分个体的 ISSR 扩增产物的分离表达情况

注：9~40 为亲本无性系、与表 5-43 中材料相同，M 为 DNA 标准分子量。

5.8.1.3　引物筛选

亲本群体遗传多态性分析的引物，是从 UBC#800~900 间的 100 条引物中，采用常规方法筛选而来(齐明，2008；张一等，2009)，共 11 条多态性 ISSR 引物。各引物名称，检测的位点数和多态位点数见表 5-46。

表 5-46　用于育种园亲本群体遗传多态性分析的引物 **

引物	序列(3′~5′)	位点数	多态位点数	引物	序列(3′~5′)	位点数	多态位点数
UBC808	$(AG)_8C$	5	2	UBC812	$(GA)_8A$	11	4
UBC825	$(AC)_8T$	6	2	UBC834	$(AG)_8YT$	8	3
UBC835	$(AG)_8YC$	7	3	UBC836	$(AG)_8YA$	7	4
UBC841	$(GA)_8YC$	12	2	UBC842	$(GA)_8YG$	7	4
UBC855	$(AC)_8YT$	7	4	UBC856	$(AC)_8YA$	8	4
UBC857	$(AC)_8YG$	4	3				

注：$Y=(C,T)$，$R=(A,G)$。

5.8.1.4　数据统计与分析

ISSR 为显性标记，同一引物扩增产物中电泳迁移率一致的带被子认为具有同源性。电泳图谱中的每一条带视为一个分子标记(遗传标记 Marker)，并代表一个结合位点。凝胶上位于 200~2000bp 范围内，且具有多态性的谱带，按如下法则判读：有谱带时判读为 1，模糊弱带和无谱带时判读为 0。采集到的数据构建 0/1 数据矩阵。应用 POpGEN32(Tools for Population Genetics Analysis) 软件进行数据分析，计算下列参数：

(1)群体内每位点平均等位基因数

$$A = \sum_{i=1}^{n} a_i / n$$

式中：A 为考虑全部位点时每位点平均等位基因数；a_i 为第 i 位点检测到的等位基因数目；n 为检测到的总位点数。

(2)平均每位点有效等位基因数

$$Ae = (1/n) \sum_{i=1}^{n} (1/ \sum_{j=1}^{mi} q_{ij}^2)$$

式中：mi 为在 i 位点上检测到的等位基因总数；对 q_{ij} 为位点 i 上第 j 个等位基因的频率。

(3)多态位点百分率

$$PPL = 群体内多态位点数/研究群体总位点数$$

(4)Shannon Wiener 信息指数(I)

$$I = -(1/m) \sum_{i=1}^{k} p_i \ln p_i$$

式中：m 为总标记数；k 为所统计的标记型总数；p_i 为某标记型在被检测群体中的出现频率。

(5) Nei′s 遗传多样性指数(HE)

$$HE = 1 - \sum_{j=1}^{m_i} q_{ij}^2$$

式中：m_i 为位点 i 的等位基因数；q_{ij} 为位点 i 上第 j 个等位基因的频率。

在确知研究群体具有较高的遗传多样性后，使用 DPS 软件，采用聚类分析对育种园育种亲本进行类群划分，由于亲本均经过子代试验评选而来，所以利用分子信息，聚类结果可以此作为划分杂种优势群依据，杂种优势群间优良母本与父本进行合理组配，得到的拟优良组合，可以作为杂交育种时杂交组合选择的科学依据(杉木育种园中母本和父本选择研究参见第 5 章 7.7)。

5.8.2　结果与分析

5.8.2.1　亲本群体的遗传多态性

利用 11 条 UBC 引物对亲本群体中的 40 个亲本，进行 PCR 扩增，每条引物扩增出的谱带数为 4~12 不等，谱带片断大小在 300~1800bp 之间。共检测到 82 个位点，其中 35 个位点是多态的，平均水平的多态性位点百分率为 42.7%，亲本群体观察到基因数为 2，有效基因数为 1.7853(±0.1904)，Nei＇s 基因多样性 (H_E) 的平均值为 0.4328(±0.0690)，Shannon 指数表型多样式性指数的平均值为 0.6223(±0.0758)。这些参数经过与国内外林木中的研究结果(张一等，2009；Hong 等，2007；SINgh 等，1999)进行比较，发现该亲本群体具有较高的遗传多样性，较宽的遗传基础。

5.8.2.2　杉木育种园亲本群体的杂种优势群体的划分

根据 ISSR 实验的结果，选择 11 条 UBC 引物的 35 个多态位点，进行显性基因判读，在 Excel 中采集分子数据，组成 0/1 矩阵，利用 DPS 软件对育种园亲本群体中的 40 个亲本进行聚类分析，结果见图 5-20。

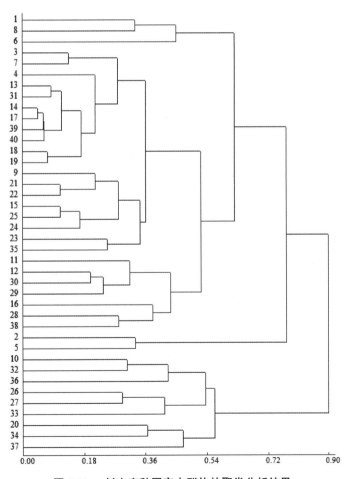

图 5-20　杉木育种园亲本群体的聚类分析结果

由于参试亲本是经过单亲子代测定或双亲子代测试验评选而来的材料，在此基础上，使用分子信息进行聚类分析，是划分杂种优势群最可靠的方法。观察图5-20，并结合育种经验，当分子遗传距离为0.60左右，育种群体的40个亲本可以划分为4个类群体，即划分为4个杂种优势群体，其组成列于表5-47。

由表5-47可，Ⅰ类杂种优势群有3个亲本，它们是龙15，1228，丽16。Ⅱ类杂种优势群有26个亲本，它们是1419，靖342，1068……1239，1244，1220等。Ⅲ类杂种优势群有2个亲本，它们是1339，1073。Ⅳ类杂种优势群有9个亲本，它们是龙28，丽55，云17，…，靖70，1278，靖398等。

表5-47 杉木育种园杂种优势群的划分结果

杂种优势群	杂种优势群的亲本组成
Ⅰ	1，6，8共3个亲本：龙15；1228；丽16
Ⅱ	3，7，…，38共26个亲本：1419；靖342；1068；闽33；龙8；丽8；1218；1276；1260；高37；1391；1258；龙5；丽14；丽13；阳11；阳15；1366；苍2，柳337；丽15；龙4；丽4；1239；1244；1220.
Ⅲ	2，5共2个亲本：1339和1073
Ⅳ	10，32，…，37共9个亲本：龙28；丽55；云17；1269；1236；龙13；靖70；1278；靖398

5.8.2.3 拟优良杂交组合的组配

杂种优势群的划分，选择优势群间的亲本杂交，是为了获得有突出表现的杂交组合。由于在杉木中母本细胞质对杂种表现有极其显著的影响，因此杉木杂交育种中亲本选配就不能不考虑细胞质基因的影响，根据前期研究结果（第5.7节）：有龙8、1244、1269、1366、1419、1278、龙15、丽8、丽4、1218和1276等12个亲本净光合速率较高，适合做杂交的母本；有：1339，丽55，靖70，1278，云17，龙4，苍2和1218，共有8个亲本，这8个亲本的呼吸速率较高，适合做杂交的父本。

由图5-21可见，Ⅰ类的母本龙15与Ⅱ、Ⅲ和Ⅳ类的父本有8个组配，Ⅲ类的父本1339与Ⅰ、Ⅱ和Ⅳ类的母本有10种组配，共有18种组配（杂交组合），其他的亲本间的组配与此类推，一共有60种组配（60种杂交组合）。

不同杂种优势群内优良母本与父本的组配情况见图5-21。

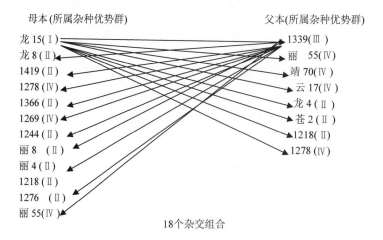

18个杂交组合

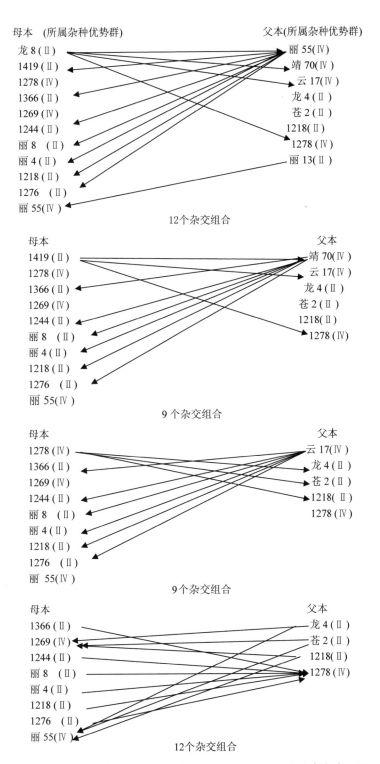

图 5-21   基于杂种优势群划分和杂交亲本筛选的基础上杂交组合的亲本选配图

注：上图中一个 ↘ 和 ↗ 表示一个杂交组合♀×♂，图左边的亲本表示母本，图 14-3 右边的亲本表示父本；GH 表示杂种优势群 heterotic groups 的简写。

根据本研究得出的杂种优势群划分的结果，结合叶绿体、线粒体功能的研究结果，遂昌县杉木育种园优良的父母本科学组配，有可能获得有突出表现的杂交组合，它们是图 5-21 所示中的 60 个杂交组合。

据王明泉等（袁力行等，2001；郑淑云等，2006；姜海鹰等，2005；荆绍凌等，2006；邓剑川，2008）报道：分子标记技术在划分杂种优势群上较其方法具有优越性。根据这一结论，本研究得出如下结果：不同类群间的优良母本与异类优良父本展开杂交：母本＊父本，有 60 个组合是富有希望获得突出的杂种优势（侯金珠，2009；Martins 等，2003）。

5.8.2.4　杉木育种园亲本无性系开花花程

就遂昌杉木育种园，我们曾在几个年度对遂昌双系育种园亲本无性系花程进行了观察，经比较发现，2016 年亲本无性系的开花次序与以前调查结果基本一致（陈益泰等，1980）：不同无性系在不同的年度间，开花先后秩序大体是一致的。但是温度、湿度等环境条件对杉木开花物候期的迟早以及持续时间长短有着不同程度的影响。这里我们仅在表 5-48 中列举 2016 年有关杉木多系育种园中 37 个无性系花程的观察结果加以佐证。

表 5-48　杉木多系育种园成对无性系的花程　　　　　　　　（日／月）

亲本无性系	雌花花程	雄花花程	亲本无性系	雌花花程	雄花花程
龙 15	6/3～15/3	4/3～13/3	龙 5	6/3～13/3	6/3～13/3
1339	4/3～12/3	7/3～14/3	丽 14	5/3～14/3	5/3～12/3
1419	3/3～12/3	6/3～12/3	1366	3/3～12/3	4/3～12/3
1216	6/3～15/3	6/3～13/3	阳 15	5/3～14/3	5/3～12/3
1073	—	—	阳 11	6/3～13/3	5/3～12/3
1228	6/3～12/3	5/3～12/3	1269	7/3～12/3	4/3～12/3
靖 1342	6/3～15/3	6/3～13/3	1236	3/3～12/3	3/3～12/3
云 5	6/3～12/3	5/3～12/3	1244	4/3～14/3	3/3～12/3
1258	5/3～15/3	5/3～13/3	龙 4	6/3～14/3	5/3～12/3
龙 28	5/3～12/3	5/3～12/3	丽 4	5/3～12/3	6/3～13/3
柳 337	5/3～13/3	5/3～12/3	丽 8	5/3～13/3	8/3～14/3
丽 15	6/3～13/3	7/3～14/3	丽 55	4/3～14/3	3/3～12/3
闽 33	7/3～15/3	7/3～14/3	靖 70	6/3～13/3	5/3～12/3
丽 8	—	—	1278	7/3～15/3	6/3～13/3
丽 13	4/3～12/3	5/3～12/3	苍 2	6/3～15/3	7/3～14/3
1239	6/3～13/3	5/3～13/3	云 17	6/3～13/3	7/3～14/3
1218	—	—	靖 398	7/3～15/3	6/3～13/3
高 37	4/3～14/3	5/3～13/3	1220	4/3～12/3	4/3～12/3
1391	4/3～14/3	5/3～12/3	1276	4/3～14/3	5/3～15/3
龙 13	4/3～12/3	7/3～14/3	1260	6/3～13/3	6/3～12/3

注："—"表示未观察；FP 表示"flowering process"的简写。

5.8.2.5　拟优良组合的花期同步性

2016 年春（2/3～16/3）对杉木育种园中的 37 个无性系的开花过程中，进行花程的观察记录，由于育种园采用截干式的经营管理方式，花量调查结果没有意义。

花期匹配与否决定了异系雌雄球花间能否交配（陈晓阳等，1993；齐明，2006；陈晓阳等，1995；陈益泰等，1980；陈晓阳等，1995；沈熙环，1990）。由表 5-48 可见：在多系育种园中，无性系的异系雌雄球花的花程都有不同程度重叠，所以异交的概率也很高，同时无性系内的雌雄花程也有不同程度重叠，所以难以避免自交。因而这一结果对于已建成的双系种子园，花期调控，改变性比、促进异系花期匹配的研究十分必要。基于表 5-48 的结果，我们进一步评价若干优良组合花期的同步性，见表 5-49，为今后重建双系种子园提供科学依据。

表 5-49 拟优良组合间雌雄球花开放的同步性

亲本及杂交组合	异系同步指数	亲本及杂交组合	异系同步指数
龙 15×1339	0.7963**	1366×1339	0.5309
龙 15×丽 55	0.9369**	1366×丽 55	0.6380
龙 15×靖 70	0.5023	1366×靖 70	0.4373
龙 15×云 17	0.4643	1366×云 17	0.3210
龙 15×龙 4	0.5662	1366×龙 4	0.3839
龙 15×苍 2	0.4339	1366×苍 2	0.2923
龙 15×1278	0.4167	1366×1278	0.2907
龙 8×1339	0.5083	1269×1339	0.3274
龙 8×丽 55	0.6529##	1269×丽 55	0.4444
龙 8×靖 70	0.6879##	1269×靖 70	0.6972**
龙 8×云 17	0.6526##	1269×云 17	0.9687**
龙 8×龙 4	0.3096	1269×龙 4	0.1156
龙 8×苍 2	0.6510##	1269×苍 2	0.8593**
龙 8×1278	0.6316	1269×1278	0.9375**
1419×1339	0.6719##	1244×1339	0.1216
1419×丽 55	0.8203**	1244×丽 55	0.1053
1419×靖 70	0.6667##	1244×靖 70	0.0874
1419×云 17	0.4844	1244×云 17	0.0862
1419×龙 4	0.4863	1244×龙 4	0.0865
1419×苍 2	0.4845	1244×苍 2	0.0948
1419×1278	0.4688	1244×1278	0.0809
1278×1339	0.3319	丽 55×1339	0.8349**
1278×丽 55	0.4487	丽 55×丽 55	0.8245**
1278×靖 70	0.6816##	丽 55×靖 70	0.5182
1278×云 17	0.9542**	丽 55×云 17	0.3306
1278×龙 4	0.1111	丽 55×龙 4	0.6049
1278×苍 2	0.8768**	丽 55×苍 2	0.3360
1278×1278	0.9237**	丽 55×1278	0.3145

（续）

亲本及杂交组合	异系同步指数	亲本及杂交组合	异系同步指数
丽 4×1339	0.5492	1276×1339	0.5128
丽 4×丽 55	0.6656##	1276×丽 55	0.7564**
丽 4×靖 70	0.6996##	1276×靖 70	0.6497
丽 4×云 17	0.3968	1276×云 17	0.7948**
丽 4×龙 4	0.3937	1276×龙 4	0.1296
丽 4×苍 2	0.4000	1276×苍 2	0.07911
丽 4×1278	0.3841	1276×1278	0.7692**

注：表 5-49 中，凡是异系同步性指数大于 0.7 的，加了"＊＊"标志；表明该杂交组合花程匹配程度高。凡是异系同步性指数大于 0.65 的，加了"##"标志。

在表 5-49 中，如果杂交组合以异系杂交的同步性大于 0.7000 时，作为考虑今后建立双系育种园的材料，那么像龙 15×1339，龙 15×丽 55，1419×丽 55，1278×云 17，1278×苍 2，1269×靖 70，1269×云 17，丽 55×1339，1276×丽 55，1276×云 17，1276×1278 等，共有 11 组杂交组合，可以优先作为双系育种园的建园材料，如果再将阈值放宽至 0.6500，花期匹配的拟优良组合数量还会增加，如：1419×1339，丽 4×丽 55，丽 4×靖 70 等等，以上 14 个组合，凡是在科研中展开过杂交试验，其子代都很优秀，例龙 15×1339，1419×1339，丽 55×丽 13。

5.8.3　结论与讨论

5.8.3.1　主要结论

借助 ISSR 分子标记技术，对遂昌县改良代的杉木育种园群体的遗传多样性进行了研究，采用国际上流行的软件（POpGEN32）进行数据处理，获得如下结果：

（1）群体有效基因数为 1.7853，群体多态性位点百分率为 42.7%；Nei's 基因多样性指数平均值为 0.4328；表型多样性 Shannon 指数为 0.6223，经比较分析确认杉木育种园育种群体具有较高的遗传多样性，具有较大的改良潜力。

（2）遂昌杉木 1.5 代种子园（兼作育种园）中的亲本，均是经单亲或双亲子代试验评选而来，在此基础上，利用分子信息，采用 DPS 软件计算了杉木育种群体内亲本间的分子遗传距离，利用聚类分析，将育种园群体划分为 4 个杂种优势群。

（3）每个杂种优势群中均有优良的母本或父本，不同杂种优势群中的优良母本和父本进行组配，遂昌县杉木育种园中获得有希望的优良杂交组合 60 个，在没有考虑 1218 无性系的基础上，有 11 对异系开花同步性指数高的杂交组合可以作为今后双系育种园的建园材料。

以上研究结果为杉木杂交育种和生产应用提供了科学依据。

5.8.3.2　问题讨论

利用分子标记的遗传距离，采用聚类分析法对育种群体中的亲本进行类群划分，由于聚类分析的方法很多，所以聚类分析的结果也很多。这时就要凭我们的杂交育种经验，选择一个比较合适的聚类分析结果作为杂种优势群划分的结果。我们根据育种经验，选择了最长距离聚类分析法的分析结果，将遂昌育种园（1.5 代种子园）中 40 个亲本划分为 4 个杂种优势群。

从图 5-21 及表 5-47 可见，类内亲本杂交很少获得有突出表现的杂交组合，例阳 11+阳 15（正交和反交）。不同类群间杂交，获得有突出表现的杂交组合比较常见：像龙 15×1339，1419×1339，丽 55×丽 13，甚至连龙 15×闽 33 这个生长表现中等以上的一代优良组合都是不同类群的亲本杂交产生的，具有杂种优势，并得到了育种实践已证实。但这并不等于说凡类间的优良父母本间杂交，就有生产价值：例 1366×1339 是不同杂种优势群间的优亲间展开的杂交，1366×1339 人工控制杂交试验结果是生长表现中等偏上，但双系育种园后代表现并不突出，这是因为两亲本的花期匹配性不高，在自然状态下，1366 子代多数不是 1339 的花粉授粉产的，这些伪杂种表现并不突出。本研究中涉及 1366 亲本的组合一个也没入选。因此类间组配还须考虑异系雌雄球花的匹配这一事实。

本研究中，在杂种优势群划分的基础上，使用经光合速率和呼吸速率为基础筛选出优良的杂交母本和杂交父本，进行杂交亲本选配，采用这样的技术路线来选育优良的杉木杂交组合是可行的。在划分杂种优势群体的基础上，我们又进行了花程观察和花期匹配性（齐明，2006）分析，得到了 11 对双系育种园的建园材料，有很大的可靠性肯定这入选的 11 个组合都是优良杂交组合，是杉木少数几个系的杂交种子园，尤其是双系种子园建园的材料 。

参考文献

安三平，欧阳芳群，马建伟，等，2018. 欧洲云杉无性系遗传变异及早期选择[J]. 西北林学院学报，33(6)：61-65.

陈福明，陈顺伟，1984. 混合液法测定叶绿素含量的研究[J]. 浙江林业科技，1：19-23.

陈如凯，林彦铨，薛其清，等，1995. 配合力分析在甘蔗育种上的应用[J]. 福建农业大学学报，24(1)：1-8.

陈晓阳，黄智慧，李悦，1993. 针叶树育种园开花物候重叠指数及其应用[J]. 林业科技通讯，(6)：12-14.

陈晓阳，黄智慧，1995. 杉木无性系开花物候对育种园种子遗传组成影响的数量分析[J]. 北京林业大学学报，17(3)：1-9.

陈晓阳，沈熙环，杨萍，等，1995. 杉木育种园开花物候特点的研究[J]. 北京林业大学学报，17(1)：10-18.

陈益泰，兰玉，1980. 杉木嫁接育种园花期观察与分析[J]. 亚林科技，4：16-25.

陈益泰，吕本树，郑水明，等，1985. 杉木生长的遗传变异初步研究[J]. 亚林科技，2：1-7.

陈由强，叶冰莹，等，2001. 杉木地理种源遗传变异的 RAPD 分析[J]. 应用与生态环境学报，7(2)：130-133.

程保成，刘巧英，江宏，等，1985. 高粱叶绿素的遗传分析[J]. 遗传，7(3)：1-4.

崔艳波，张绍铃，吴华清，等，2011. 梨杂交后代童期和童程的研究[J]. 中国农学通报，27(2)：128-131.

邓宝忠，王素玲，李庆君，2003. 红松阔叶人工天然混交林主要树种胸径与冠幅的相关分析[J]. 防护林科技，4：19-20.

邓继光，黄庆文，刘凤君，等，1995. 一年生李杂种苗性状分离研究初报[J]. 沈阳农业大学学报，26（4）：363-368.

丁昌俊，张伟溪，高暝，等，2016. 不同生长势美洲黑杨转录组差异分析[J]. 林业科学，52（3）：47-58.

丁健，2016. 沙棘果肉和种子油脂合成积累及转录表达差异研究[D]. 哈尔滨：东北林业大学.

段永宏，2009. 长白山天然林水曲柳林木根系呼吸速率动态研究[D]. 北京：北京林业大学.

冯延芝，2016. 杜仲种仁转录组测序及 FAD3 基因鉴定与功能研究[D]. 北京：中国林业科学研究院.

高三基，陈如凯，张木清，等，1999. 甘蔗有性世代单叶净光合速率的遗传变异性[J]. 福建农林大学学报，28（1）：8-11.

何贵平，齐明，程亚平，等，2016. 杉木杂交育种中亲本选配方法的研究[J]. 江西农业大学学报，38（4）：646-653.

何贵平，齐明，2017. 杉木育种策略及应用[M]. 北京：中国林业出版.

何连顺，2012. 番茄杂种估势群的划分和杂杂优模式利用研究[J]. 北方园艺，（18）：25-27.

洪舟，2009. 杉木杂种优势的分子机理研究[D]. 南京：南京林业大学.

侯金珠，2009. 辣椒杂种优势预测及亲本选配研究[D]. 兰州：甘肃农业大学.

胡希远，2004. 数据非平衡性对试验分析结果的影响[J]. 西北农林科技大学学报，32（1）：103-112.

姜海鹰，陈绍江，高兰锋，等，2005. 高油玉米自交系的杂种优势划分和优势模式分析[J]. 作物学报，31（3）：361-367.

姜磊，杨秀艳，2005. 生理生化指标在林木遗传育种中的应用[J]. 河北林果研究，20（1）：76-79.

蒋桂雄，2014. 油桐种子转录组解析及油脂合成重要基因克隆[D]. 长沙：中南林业科技大学.

荆绍凌，孙志超，孙连双，等，2006. 黑龙江省玉米杂种优势群的划分及杂优模式的探讨[J]. 吉林农业科学，31（1）：47-49.

孔繁玲，2006. 植物数量遗传学[M]. 北京：中国农业大学出版社.

李保国，王永蕙，1991. 枣树叶片的净光合速率与叶绿素含量关系的研究[J]. 河北林学院学报，6（2）：79-84.

李火根，黄敏仁，1990. 杨树新无性系冠层特性与生长关系的研究[J]. 林业科学，35（5）：34-38.

李少昆，赵明，王树安，等，1998. 不同玉米基因型叶片呼吸速率的差异及与光合特性关系的研究[J]. 中国农业大学学报，3（3）：59-65.

李阳，2016. 亚硝酸盐对水稻胚性愈伤组织的诱导作用及机制[D]. 武汉：武汉大学.

林峰，梁帅强，周玲，等，2015. 玉米自交系的遗传多样性分析及杂种优势群划分[J]. 江苏农业科学，43（11）：107-109.

刘垂于，刘来福，1983. 多数量性状分析的数据结构[J]. 遗传，7（4）：12-14.

刘红梅，周新跃，刘建平，等，2014. 灿型杂交稻光合特性的配合力分析[J]. 植物遗传资源学报，15(4)：699-705.

刘双平，周青，2009. 种子萌发过程中呼吸代谢对环境变化的响应[J]. 中国生态农业学报，17(5)：1035-1038.

刘振威，2008. 南瓜叶片叶绿素与净光合速率的关系[J]. 河南科技学院学报，36(4)：27-29.

刘振业，刘贞琦，马达鹏，等，1983. 水稻叶绿素含量的遗传[J]. 贵州农学院学报，3(2)：1-7.

鹿金颖，毛永民，申连英，等，2003. 枣实生后代性状分离研究[J]. 河北农业大学学报，26(5)：53-58.

吕建林，1998. 甘蔗净光合速率、叶绿素和比叶重的季节变化及其关系[J]. 福建农业大学学报，5：295-290.

罗小金，贺浩华，会军如，等，2006. 利用 SSR 分子标记划分籼稻杂种优势群[J]. 杂交水稻，21(1)：61-64.

马常耕，黄小春，程长元，等，1990. 杉木初级育种园种用价值测定初步结果[J]. 林业科学研究，3(4)：375-380.

马育华，1982. 植物育种的数量遗传基础[M]. 南京：江苏科学技术出版社.

马智慧，2015. 铝胁迫下杉木幼苗的几种生理过程及转录组序列的研究[D]. 福州：福建农林大学.

欧建德，吴志庄，康永武，2018. 峦大杉树冠特征与生长形质通径分析[J]. 东北林业大学学报，46(11)：8-11，40.

欧建德，吴志庄，康永武，2019. 乳源木莲树冠形态与生长形质通径分析[J]. 西南林业大学学报(自然科期学)，39(1)：36-42.

潘华平，刘君昂，周国英，2011. 油茶树体结构与产量关系的研究[J]. 江西农业大学学报，33(1)：58-62.

齐明，何贵平，李恭学，等，2011. 杉木不同水平试验林的遗传参数估算和高世代育种的亲本评选[J]. 东北林业大学学报，39(5)：4-11.

齐明，何贵平，2014. 林木遗传育种中平衡不平衡规则不规则试验数据处理技巧[M]. 北京：中国林业出版社.

齐明，何贵平，2016. 运用模拟方法评价林木转化分析法[J]. 生物数学学报，31(2)：263-271.

齐明，王海蓉，彭九生，2018. 杉木育种园的遗传多样性和杂种优势群的划分[J]. 南方林业科学，46(6)：17-21.

齐明，1996. 杉木育种中 GCA 与 SCA 的相对重要性[J]. 林业科学研究，9(5)：498-503.

齐明，1998. 杉木主要经济性状的遗传变异[J]. 林业科学研究，11(2)：203-207.

齐明，2008. 杉木远交亲本群体遗传多样性研究[J]. 植物研究，28(3)：299-303.

齐明. 何贵平，周建革，等，2018. 杉木无性系光合特性和呼吸速率的遗传变异性及杂交亲本筛选[J]. 江西农业大学学报，40(2)：182-189.

齐明，2005. 浙南地区杉木杂交组合再选择研究[J]. 林业科学研究，18(6)：722-725.

齐明，2006. 杉木双系育种园无性系开花习性与异交率及其间的关系研究[J]. 湖北林业科技，(4)：5-9.

齐明, 2009. 林木遗传育种中试验统计法新进展[M]. 北京: 中国林业出版社.

饶胜土, 1989. 杨树株高性状的配合力效应和遗传力的研究[J]. 浙江师范大学学报, 12 (1): 129-134.

沈熙环, 1990. 种子园技术[M]. 北京: 北京科学技术出版社.

施季森, 叶志宏, 1991. 林木遗传改良实用统计应用软件包(SPQG)系统简介[J]. 林业科技通讯, 11: 30-3.

陶忠玲, 2009. 2 类种子发芽时呼吸作用对酸雨胁迫的响应[D]. 无锡: 江南大学.

童春发, 施季森, 2014. 林木遗传模型统计分析及 R 语言实现[M]. 北京: 科学出版社.

王丹, 肖慈木, 李秀, 等, 2001. 柚杂交一年生苗期性状分离初步研究[J]. 中国南方果树, 31(1): 3-7.

王冬梅, 伊凯, 2004. 苹果杂种叶片与果实的相关性研究[J]. 北方果树, (3): 12-14.

王国胜, 陈举林, 侯玮, 等, 2011. 玉米杂种优势类群划分与杂种优势模式研究进展[J]. 现代农业科技, 3: 87-89.

王家源, 郭杰, 喻方圆, 2013. 不同种源苦楝种子生物学特性差异[J]. 南京林业大学学报, 37(1): 49-54.

王明泉, 2009. 玉米自交系杂种优势群划分方法的研究[J]. 黑龙江农业科学, (5): 41-44.

王明庥, 2001. 林木遗传育种原理[M]. 北京: 中国林业出版社.

王胜华, 刘贞琦, 1992. 不同海拔水稻品种的光合特性及呼吸作用[J]. 贵州农学院学报, 11(2): 1-5.

王章奎, 倪中福, 孟凡荣, 等, 2003. 小麦杂交种及其亲本拔节期根系差基因异表达与杂种优势关系的初步研究[J]. 中国农业科学, 36(5): 473-479.

魏君, 毕业奎, 2010. 林木树干呼吸的研究[J]. 黑龙江科技信息, 30: 240-241.

魏书銮, 刘克礼, 盛晋华, 1998. 春玉米叶片叶绿素含量与净光合速率的研究[J]. 内蒙古农牧学院学报, 6: 48-51.

魏书銮, 于继洲, 宣有林, 1994. 核桃叶片的叶绿素含量与净光合速率关系的研究[J]. 北京农业科学, 12(5): 31-33.

邬荣领, 王明庥, 黄敏仁. 等, 1988. 黑杨派新无性系研究 Ⅳ. 树冠结构与生长的关系 [J]. 南京林业大学学报, 2: 1-12.

吴金凤, 宋伟, 王蕊, 等, 2014. 利用 SNP 标记对 51 份玉米自交系进行类群划分[J]. 玉米科学, 22(5): 29-34.

吴敏, 刘永杰, 李世强, 等, 2011. 库尔勒香梨杂种实生苗性状分离初步研究[J]. 新疆农业科学, 48(5): 826-831.

邢俊杰, 成志伟, 杨剑, 等, 2005. 利用基因芯片技术分析水稻杂种优势的分子机理[J]. 杂交水稻, 20(4): 59-61.

徐进, 李帅, 李火根, 等, 2008. 鹅掌楸属植物生长旺盛期叶芽基因差异表达与杂种优势关系的分析[J]. 分子植物育种, 6(6): 1111-1116.

徐莉莉, 2013. 杉木转录组特征及 R2R3-MYB 基因的克隆和表达分析[D]. 临安: 浙江农林大学.

徐清乾, 许忠坤, 程政红, 等, 2004. 杉木杂交组配与两系育种园建立技术研究[J]. 湖南林业科技，31(6)：18-20.

许晨璐，孙晓梅，张守攻，2013. 差异基因表达和杂种优势形成机制[J]. 遗传，35(6)：714-726.

杨博，2010. 香椿种子萌发初始阶段生理生化特性研究[D]. 南京：南京林业大学.

杨纪珂，1979. 数量遗传基础知识[M]. 北京：科学出版社.

杨文钰，关华，2002. 种子萌发生理研究进展[J]. 种子，5：31-32.

姚俊修，2013. 鹅掌楸杂种优势分子机理[D]. 南京：南京林业大学.

叶培忠，陈岳武，1964. 杉木自然类型的研究[J]. 林业科学，9(4)：297-310.

叶培忠，陈岳武，刘大林，等，1981. 配合力分析在杉木数量遗传学中的应用[J]. 南京林产工业学院学报，(3)：1-21.

叶志宏，施季森，翁玉榛，等，1991. 杉木十一个亲本双列交配遗传分析[J]. 林业科学研究，4(4)：380-385.

俞新妥，2000. 中国杉木 90 年代研究进展：I. 杉木研究的特点及有关基础研究的综述[J]. 福建林学院学报，20(1)：86-95.

袁力行，傅骏骅，张世煌，等，2001. 利用 RFLP 和 SSR 标记划分玉米自交系杂种优势群的研究[J]. 作物学报，27(2)：149-156.

翟荣荣，2013. 超级稻协优 9308 根系杂种优势的转录组分析[D]. 北京：中国农业科学院.

张景峰，2009. 六种野生蔷薇植物种子发芽及休眠的研究[D]. 北京：北京林业大学.

张君，闫冬生，王丕武，等，2010. 大豆杂交种及其亲本籽粒基因差异表达与杂种优势关系[J]. 中国油料作物学报，32(3)：354-361.

张伟玮，王汉宁，李永生，等，2012. 利用 SSR 划分 56 份玉米自交系的杂种优势群[J]. 甘肃农业大学学报，47(6)：44-48.

张小猜，赵政阳，樊红科，等，2009. 苹果杂种 F1 代叶片性状分离及早期选择研究[J]. 西北农业学报，18(5)：228-231.

张小蒙，肖宁，张洪熙，等，2012. 水稻基因差异表达与杂种优势的关系分析[J]. 中国农业科学，45(7)：1235-1245.

张一，储德裕，金国庆，等，2009. 马尾松 1 代育种群体遗传多样性的 ISSR 分析[J]. 林业科学研究，22(6)：772-778.

张一，储德裕，金国庆，等，2010. 马尾松亲本遗传距离与子代生长性状相关分析[J]. 林业科学研究，23(2)：215-220.

赵丹宁，熊耀国，宋露露，1995. 泡桐树冠结构与生长性状遗传相关[J]. 西北林学院学报，10(4)：11-16.

赵吉恭，1990. 杨树各性状与干材遗传相关之间的通径分析[J]. 林业科技，3：10-11.

赵梅霞，闫师杰，肖丽霞，等，2005. 红外 CO_2 分析器测定果实呼吸强度参数初探[J]. 现代仪器，2：30-32.

赵旭，方永丰，王汉宁，2013. 玉米 SSR 标记杂优类群划分及群体结构分析[J]. 核农学报，27(12)：1828-1838.

郑淑云，王守才，刘东占，2006. 利用 SSR 标记划分玉米自交系杂种优势群的研究[J]. 玉米科学，14(5)：26-29.

郑勇平, 孙鸿有, 董汝湘, 等, 2007. 杉木不同世代不同类型育种园遗传改良增益研究 [J]. 林业科学, 43(3): 20-27.

周华, 2015. 基于转录组比较的牡丹开花时间基因发掘[D]. 北京: 中国林业科学研究院.

周艳敏, 2007. 玉米光合特性的遗传分析[D]. 济南: 山东农业大学.

朱军, 1997. 遗传模型分析方法[M]. 北京: 中国农业出版社, 29-40, 98-104.

庄杰云, 樊叶杨, 2001. 超显性效应对水稻杂种优势的重要作用[J]. 中国科学: C辑, 31 (2): 106-113.

Araujo J A, Sousa R, Lemos L, 1996. Estimates of Genetic parameters and prediction of breeding values for growth in *Eucalyptus gobulus* combining clonal and full-sib progeny information [J]. Silvae Genet. , 45(4): 233-236.

Birchler J A, 2003. In search of molecular basis of heterosis [J]. Plant Cell, 15 (10): 2236-2239.

Birchler J A, 2010. Reflections on studies of gene expression in aneuploids[J]. Biochemical Journal, 426 (2) : 119-123.

Bruce A B, 1910. The Mendelian theory of heredity and the augmentation of vigor[J]. Science, 32(827): 627-628.

Cai Xiaoang, Cui Jinteng, Jia Yuehui, et al. , 2014. Studies on the transcriptome sequencing of Lilium's mature unpollinated Pistils [J]. Chinese Agricultural Science Bulletin, 30(22): 148-154.

Ceulemans R, Stettlerr F, Hinckley T M, et al. , 1990. Crown architecture of *Populus* clones as determined by branch orientation and branch characteristics [J]. Tree Physiol. , 7: 157-167.

Clerc V L, Bazante F, Baril C, et al. , 2005. Assessing temporal changes in genetic diversity of maize varieties using microsatellite markers[J]. Theor. Appl. Genet. , 110(2): 294-302.

Cockerham C C, Weir B S, 1977. Quadratic analysis of reciprocal crosses[J]. Biomatrics, 33 (1): 187-203.

Coelho A C, Limb M B, Neves D, 2006. Genetic Diversity of two Evergreen oaks and *Quercus ilex* subsp. *rotundifolia* in Portugal using AFLP markers [J]. Silvae Genet. , 55 (3): 105-118.

DelValle P R M, Huber D A, Martin T A, 2012. Relative contributions of crown and phenological traits to growth of a pseudo-backcross pine family ((slash×loblolly)×slash) and its pure species progenitors[J]. Tree Genetics & Genomes, 8: 1281-1292.

Ding Changjun, Zhang Weixi, GAO Ming, et al. , 2016. Analysis of transcriptome differences among *Populus deltoids* with different growth potentials[J]. Sclenta Silvae Sinicae, 52(3): 47-58.

Dr V P Kulshrestha, S Tsunoda, 1981. The role of 'Norin 10' dwarfing genes in photosynthetic and respiratory activity of wheat leaves[J]. Theor. Appl. Genet. , 60(2): 81-84.

Garretsen F, Keuls M, 1978. A general method for the analysis of genetic variation in complete and incomplete diallels and North Carolina. Part ‖ : procedure and general formulas for the fixed model[J]. Euphytica, 27(1): 49-68.

Griffing B, 1956. A generalized treatment of the use of diallel crosses in quantitative inheritance [J]. Heredity, 10(1): 31-50.

Hansen L D, Hopkin M S, Rank D R, et al., 1994. The relation between plant growth and respiration: A thermodynamic model[J]. Planta, 194(1): 77-85.

Hayman B I, 1954. The analysis of variance of diallel table[J]. Biometrics, 12(27): 789-809.

Hoecker N, Keller B, Muthreich N, et al., 2008. Comparison of maize (*Zea mays* L.) F_1-hybrid and parental inbred line primary root transcriptomes suggests organ-specific patterns of non-additive gene expression and conserved expression trends[J]. Genetics, 179(3): 1275-1283.

Hong Y P, Kwon H Y, Kim I S, 2007. ISSR markers revealed inconsistent phylogeographic patterns among populations of japanese red pines in korea [J]. Silvae Genet., 56(1): 22-26.

Huang H H, Xu L L, Tong Z K, et al., 2012. De novo characterization of the Chinese fir (*Cunninghamia lanceolata*) transcriptome and analysis of candidate genes involved in cellulose and lignin biosynthesis[J]. BMC Genomics, 13(1): 648-658.

Hui Ju yang, Hua Chun guo, 2017. Digital gene expression profiling analysis of potato under low temperature stress[J]. Acta Agronomic Sinica, 43(3): 454-463.

Hung T D, Brawner J T, Meder R, et al., 2015. Estimates of genetic parameters for growth and wood properties in *Eucalyptus pellita* F. Muell. to support tree breeding in Vietnam[J]. Ann. Forest Sci., 72(2): 205-217.

Isik F, Li B, Frampton J, 2003. Estimates of additive, dominance and epistatic genetic variances from a replicated test of loblolly pine[J]. Forest Sci., 49(1): 77-88(12).

Jeffrey S APD, 1989. Respiration and crop productivity[M]. Springer.

Jinks J L, 1954. The analysis of continuous variation in a diallel crosses of *Nicotiana rustica* varieties[J]. Genetics, 39(6): 767-787.

Kempthorne O, 1955. The theory of the diallel cross[J]. Genetics, 41(4): 451-459.

Keuls M, Garretsen F, 1977. A general method for the analysis of genetic variation in complete and incomplete diallels and North Carolina. Part I: procedure and general formulas for the random model[J]. Euphytica, 26(3): 537-551.

LI Wanfeng, Yang Wenhua, Zhang Shougong, et al., 2017. Transcriptome analysis provides insights into wood formation during larch tree aging[J]. Tree Genetics & Genomes, 13(1): 13-19.

Li Z Y, Zhang T F, Wang S C, 2012. Transcriptomic analysis of the highly heterotic maize hybrid Zhengdan 958 and its parents during spikelet and floscule differentiation[J]. J. Integr. Agr., 11(11): 1783-1793.

Li Zhiyong, Zhang Tifa, Wang Shoucai, 2012. Transcriptomic analysis of highly heterotic maize hybrid zhengdan 958 and its parents during spikelet and floscule differentiation [J]. J. Integr. Agr., 11(11): 1783-1793.

Liu HongBo, Liu Xinlong, Su Huosheng, et al., 2017. Transcriptome difference analysis of *Saccharum spontaneum* roots in response to Drought stress[J]. Scientia Agricultural Sinica,

50(6): 1167-1178.

Lu Q, Shao F, Macmillan C, et al. , 2018. Genomewide analysis of the lateral organ boundaries domain gene family in *Eucalyptus grandis* reveals members that differentially impact secondarygrowth[J]. Plant Biotechnol. J. , 16(1): 124-136.

Martins M, Tenreieo R, Oliveira M M, 2003. Genetic relatedness of Portuguese almond cultivars assessed by RAPD and ISSR markers[J]. Plant Cell Rep. , 22(1): 71-78.

Meyer S, Pospisil H, Scholten S, 2007. Heterosis associated gene expression in maize embryos 6 days after fertilization exhibits additive, dominant and overdominant pattern[J]. Plant Mol. Biol. , 63(3): 381-391.

Ohsawa Y, Saito Y, 2006. Genetic diversity and flow of quercus crispula in a semi-fragmented forest together with neighboring forests[J]. Silvae Genet. , 55(4): 160-165.

Qi Wenqing, Yang Junhui, Xue Yongbiao, et al. , 1999. Inheritance of chloroplast and mitochondrial DNA in Chinese fir[J]. Acta Botanica Sinica, 41(7): 695-699.

Qiu Z, Wan L, Chen T, et al. , 2013. The regulation of activtity in Chinese fir(*Cunninghamia lanceolata*) involves extensive transcriptome remodeling [J]. New Phytol. , 199 (3): 708-719.

Reif J C, Xia X C, Melchinger A E, et al. , 2004. Genetic diversity determined within and among Cimmyt Maize Populations of Tropical, Subtropical, and Temperate Germplasm by SSR Markers[J]. Crop Science, 44(1): 326.

Shull G H, 1914. Duplicate genes for capsule-form in Bursa bursapastories[J]. Molecular & General Genetics, 12(1): 97-14.

Singh A M S, Negi J, Rajagopal S, et al. , 1999. Assessment of genetic diversity in Azadirachta indica using AFLP markers[J]. Theor. Appl. Genet. , 99(2): 272-279.

Srivastava H K, 1983. Heterosis and intergenomic complementation: mitochondria, chloroplast and nuclear[M]. Springer Berlin Heidelberg, 260-286.

Tiit Parnik, Hiie Ivanova, Olav Keeberg, et al. , 2014. Tree age-dependent changes in photosynthetic and respiratory CO_2 exchange in leaves of micropropagated diploid, triploid and hybrid aspen[J]. Tree Physiol. , 34(6): 585-594.

Tsumura Y, Ohba K, Strauss S H, 1996. Diversity and inheritance of inter-simple sequence repeat polymorphism in Douglas-fir(*Pseudotsuga menziesii*) and sugi (*Cryptomeria japonical*). Theor. Appl. Genet. , 92(1): 40-45.

Wang Z J, Chen J H, Liu W D, et al. , 2013. Transcriptome characteristics and six alternative expressed genes positively correlated with the phase transition of annual cambial activities in Chinese fir (*Cunninghamia lanceolata* (Lamb.) Hook)[J]. Plos One, 8(8): 1-14.

Wilson D, Jines J G, 1981. Effect of selection of dark respiration rate of mature leaves on crop yields of *Lilium perenne* cv. S23[J]. Ann. Bot. , 49(3): 313-320.

Xiao J H, Li J M, Yuan L P, et al. , 1995. Dominance is the major genetic basis in rice as revealed by QTL analysis using molecular markers[J]. Genetics, 140(2): 745-754.

Yates F, 1947. The analysisof data from all possible Reciprocal crosses between a set of parental lines[J]. Heredity, 1(3): 287-301.

Yu S B, Li J X, Xu C G, et al. , 1997. Importance of epistasis as the genetic basis of heterosis in an elite rice hybrid[J]. PNAS, 94(17): 9226-9231.

Zhang Y, Han X, Sang J, et al. , 2016. Transcriptome analysis of immature xylem in the Chinese fir at different developmental phases[J]. Peer J, 4(17): e2097.

Zhanjun Wang , Jinhui Chen , Weidong Liu, et al. , 2013. Transcriptome characteristics and six alternative expressed genes positively correlated with the phase transition of annual cambial activities in chinese fir(*Cunninghamia lanceolata* (Lamb.) Hook)[J]. Plos one, 8(8): 1-14.

Zhu Jun, Bruce Weir, 1996. Mixed model approaches for diallel analysis based on a bio-model [J]. Genetic Research, 68(3): 233-240.

Chapter 6
第6章

杉木多性状高世代改良

6.1 针叶树高世代育种原理及一般程序

6.1.1 针叶树高世代育种的几个前提假设

6.1.1.1 针叶树生物习性假说

(1)高世代针叶树的改良是雌雄同株的，而不是雌雄异体的；

(2)是风媒传粉的，而不是昆虫授粉；

(3)改良的树种树 cod-tree 可以无性繁殖(至少嫁接可以生存)；

(4)幼年阶段的4~5年，也就是说，嫁接4~5年后，可以控制授粉后代测试；

(5)通过控制授粉物种可以迅速传播；

(6)从树上或交配，生产有足够的活力种子。

6.1.1.2 遗传假设

(1)研究树种的分布区较大，改良性状遗传变异大；

(2)改良性状以加性遗传变异为主；

(3)研究某一物种可能具有该特性的基因，或通过种间杂交转移有利基因；

(4)改良后的树种性状之间存在非负相关遗传关系。

从不同的角度，理论研究考察了繁殖种群的适当规模问题，这些研究中经常使用的假设是：①附加的基因作用(无显性或上位)；②表型质量选择(无家族和/或索引选择)；③影响某一性状的一个基因座或许多不相关、等价或非相关的基因座相互作用位点(无上位)；④平衡交配制度(随机交配)繁殖种群的成员意味着不强调更好的材料；⑤关闭种群(任何世代以后都不注入新物质)；⑥相同的交配为所有世代设计和选择标准；⑦对单一性状的选择。

6.1.2　针叶树高世代育种的基本概念

多世代树种的遗传改良与单代树木的遗传改良之间最重要的区别，就是相互隔离的群体的发展和保存，其中包括：

6.1.2.1　基因库

基因库是树种的所有基因型，是林木育种的物质基础。

6.1.2.2　基本群体

通过育种保留的树木总数，供下一代育种选择。每一个特定的繁殖一代的基本种群是不同的。在杉木和马尾松等第一代树种改良中，基本种群由天然林树木组成，在下一代中，基本种群通常是一个遗传测试，由上一代选择的后代组成。高世代的基本种群一般包括数千个基因型（Zobel，1984）；Palmberg（1988）认为应该包括 100 万棵树（500 ~ 1000hm^2）。

6.1.2.3　育种群体

从一个改良特性良好的基本群体中选育出的优良树种，是下一代选育的亲本。育种群体通常是通过中等强度选择形成的。高世代育种群体应包括 300 ~ 500 个优良个体。这样测试的工作太多，而不是使育种群体的遗传基础太狭窄。

6.1.2.4　生产群体

为造林提供最佳种子或无性繁殖材料的群体。它是由从"最好的"育种群体中选出的最好的个体组成的。一般有 20 ~ 30 个基因型。这些个体代表了育种群体中最好的个体。这在任何一代都是最佳选择。目的是为人工造林获得最大的遗传收益。生产群体的遗传基础非常狭窄，原则上不适合重新选择种群，如果我们选择将很快导致近亲繁殖。

四种群体之间的一般关系见图 6-1。

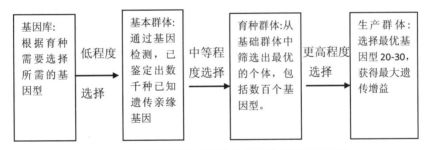

图 6-1　针叶树种群组成及与多世代改良的相互关系

6.1.3　我国针叶树高世代育种的目的、现状及存在的问题

与第一代改良相比，高世代改良的目的是获得更高的遗传增益，为林业生产提供高质量、高产和多抗性的种质材料。

树木育种一般采用"种源—林分—家系—个体—无性系"的各种不同层次的选择，它遵循"物种选择—试验—繁殖"的系统，较少考虑多世代育种系统。因此，优良种子的渗透率不高，滞后性明显，这严重影响了我国造林绿化的效益和进步。据国外报道，第一代基因改良能产生 10% ~ 15% 的遗传增益；第二代的改良产生了 15% ~ 25% 的遗传增益；第三代遗传改良有 25% ~ 40% 的遗传增益。可以看出，随着改进生成遗传增益的增加，提高的效益显著增加。因此，研究开发多世代林木是一项十分紧迫的任务。

20世纪40年代，北欧国家开始建造林木种子园。我国林木种子园建设始于20世纪70年代末，主要造林树种（针叶树）相继建成林木种子园。目前，大部分针叶树品种已完成第二代改良，它正在向高世代转进。马尾松等树种已经完成了对第三代亲本的选择，杉木已经完成了第三代高产种子园的建设。

王章荣（2012）认为，我国针叶树育种存在许多问题：我国已开始建设高世代种子园，但育种策略的制定、育种种群的建立等问题尚未得到认真研究和实施。在一些高世代种子园中，它们仍然是生产种群和繁殖种群的混合体，例如，一个种子园含有100个以上的无性系亲本；高世代种子园建设中使用的一些母树随意调用，忽略了无性系间开花周期的差异和亲缘关系，具有一定的盲目性；在育种材料的遗传测定试验中，仅限于种子园无性系的优树自由授粉和半同胞后代试验；对亲本后代的检测不多，对多父本杂交的测定还没有进行。今后在这方面的研究应得到加强。

6.1.4　高世代亲本树的选择及育种群体的建立

高世代育种是以第二代改良为基础的。通过对实验林、家系（种源）、个体育种值的调查分析。前向选择与良好的种源选择和良好的个体选择相结合；优良家系选择与优良个体选择的结合；Li Huogen等（2017）提出在配合选择的基础上，利用基本群体中大量的随机加性遗传变异，对整个实验林进行单株选择。

高世代育种群体的建园材料通常包括以下几个部分：这部分是由于上代优质无性系的逆向选择，具有较高的遗传价值；另一部分是通过前向选择获得优良家系中的优秀个体，另外还包括从自然林分或未改良林分中新选添加的一些新的优良树木。

建立高世代育种群体，要注意种群规模和种群结构的两个关键因素：一方面，要满足长期育种的灵活性，保持足够大的种群规模；另一方面，高世代育种群体也应满足在近期育种阶段获得最大收益的要求，考虑节约育种成本。因此，为了实现有效的管理和系统开发的杂交计划，在火炬松（*Pinus taeda*）、油松（*Pinus tabuliformis*）等树种中，规模大的育种群体往往被划分为若干个亚层。划分的方法有系谱法：同一亚系中的材料多来自同一实验林，这样可以控制亲缘关系，由于同一亚系的亲本花期相同，有利于开展子代试验；然而，分子标记也被用于利用遗传距离聚类方法对亚系进行划分（Li Huogen et al.，2017）。该方法的优点是有利于多父本杂交在同一亚系内的研发，在不同的亚系间进行多种杂交，获得优良的杂种优势。不足之处在于不同的亚系间的材料不平衡。

为了在子代试验人工林中采集优良个体的接穗，嫁接到育种群体中，将育种群体分为亚系，这就很容易控制近亲繁殖。一般来说，近亲关系是允许存在于亚系内的。不同的亚系之间没有亲缘关系。亚系的大小为20~40个个体，通常有10个亚系。国外的做法是先建立育种组。育种群体的大小由300~500个亲本组成。育种种群根据材料性质分为10个亚系，每个亚系的材料根据其优良程度分为Ⅰ、Ⅱ、Ⅲ三个亚层。通过安排有效的交配设计和重新选择途径，为生产群体提供更多的材料遗传增益，生产群体大小一般由20~30个精选的优秀克隆组成。在生产群体中没有亲缘关系。

6.1.5　针叶树世代遗传改良的目标和方向

许多针叶树是世界上重要的造林树种。随着天然针叶林的开发，人工林将成为针叶林木材的主要来源。提高遗传质量与森林管理措施相结合是高产、优质、高效的基础。多代遗传改良的主要目标是实现每单位时间的最大遗传增益。从理论上讲，新一代育种材料富集了所需的基因，提高了频率，表现出了理想的性能。为了实现这一目标，在育种工作的开始阶段就管理好改良群体，这是很重要的。期望在保持丰富遗传多样性的同时，每一代都能获益，确保长期改进计划的持续实施；其次，选择交配设计和繁殖方法，确定选择强度，有效控制近亲繁殖。具体目标主要包括：

(1)提供目前的转基因种子和其他材料；

(2)不断获得遗传增益，为未来提供合适的育种材料。

(3)为现在和将来提供充分的遗传信息；

(4)创造基本种群，提高遗传多样性；

许多针叶树被广泛使用，是重要的木材、纸张和能源树，同时松树是中国最重要的脂类树种。例如，马尾松被用来生产纸浆、建筑材料和能源材料。主要的需要是提高快速生长、高产优质的遗传质量。改良松节油含量时，单株松节油产量应提高。这是遗传改良的两个不同方向。因此，根据对针叶树提供产品的不同需求，本方案在对针叶树产品进行改进的同时，还灵活结合了对针叶树抗性、材料(红心材料)、花期等方面的改性。

6.1.6　高世代育种群体的种群结构和组成

在此基础上，我们先讨论高世代育种群体的选择与构建。本节重点讨论高世代育种群体的种群结构和组成。

树木育种工作者的主要目标是培育最好的繁殖种群，为种子园和采穗圃创造更好的基因型。

根据优树选择及其后代的子代测定的结果，选取 300~500 株优选单株作为主要种群。通过对遗传育种值大小的测量，将主要育种群体划分为 10 个亚系，每个亚系由 3 层组成，每层有 12 棵优势树，根据改良方向制定具体改进措施，同时每一代都要进行综合评价，通过基因检测选出最优秀的个体，扩大育种规模，建立育种园或采穗圃，通过遗传检测和多代逆向选择，获得最佳亲本，建立高产种子园。

6.1.6.1　高世代育种群体结构与组成

将育种群体分为主线群体和精英群体，首先是在动物育种中使用。Cotterill 等(1989)将其应用于树木育种。将育种群体分为主线群体和精英群体，有两个基本的优势：

(1)精英群体由主群体中最优基因型组成，优良基因频率快速增加，快速获得最大遗传增益；

(2)你可以把你的精力和资源集中在少数精英群体中，包括繁殖和测试；

(3)主要群体与精英群体之间的基因可以双向交换，即延缓精英群体内近亲繁殖的减少；此外，新的优良基因成分可以引入主体线体，有利于提高长期遗传增益。

该计划建议将主要群体分成 10 个亚系，每个亚系中的亲本根据繁殖价值进一步分成 3 个亚层。最优个体位于第一亚层，中度表达个体位于第二亚层，表现较差的个体位于第三亚层。亚层划分的目的和主线群体划分的目的一样，将精英种群和主要种群分开，也就是把更多的精力和资源集中在最好的遗传物质上。

随着树木的改良进入多世代阶段，近亲繁殖成为一个复杂的问题。在第一代育种中，优树之间的亲缘关系很少，但经过多代选择后，高代育种群体中的亲本关系必然存在。将

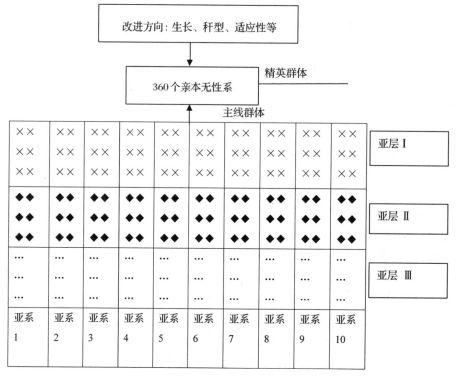

图 6-2　针叶树高世代育种群体的层次结构

育种种群划分为亚系，一方面达到了避免近亲繁殖的目的，另一方面达到了控制近亲繁殖的目的，达到了利用累积加性效应的目的，加快了选择的速度。通过严格控制育种群体中的近交，从不同的亚系中选择亲本无性系，建立高世代种子园，可以避免近亲繁殖。将亲缘植物安排在同一亚系中，不同的亚系间的植物没有亲缘关系，从而达到控制近亲繁殖的目的。在针叶树的高世代育种中，具有相同改良潜力的优良树种通常分布在同一亚系中。如具有其他优良特性的优秀个体，如抗性、高比重或开花果实大等，可安排在同一亚系的不同亚层内，以供后期改良之用(图 6-2)。

高世代育种群体的结构，世界上还有如下三种：

(1)精英群体和主线群体；

(2)多群体育种；

(3)育种组和亚系；

(a)主线群体中有 10%的个体(300 个中有 30 个)属于精英群体；(b)三个多重群体(MP1，MP2 和 MP3)的不同大小和形状，表明它们正在为不同的目的使用三组不同的选择标准(注意不同的选择数量在两三个群体中常见)；(c) 10 个育种群(BG1-BG10)，被称为亚系，每一个亚系包含 30 个选择，因此亲缘关系被完全包含在育种群体中。

由新西兰辐射松育种合作社经营，每个亚系由一个大于超过 100 个选择的主线组成，和几个他们称之为品种的精英种群的群体，针对不同的选择目标进行集中管理：采穗圃；抗药性；一般；生长和形态；高木材密度；长节间；结构木材。

6.1.7　研究内容

6.1.7.1　高世代育种群体中的亲本测试

高世代育种群体的管理包括建立基因库(育种园)、杂交和试验。目的是为了控制近亲繁殖，保持遗传多样性，选择最好的基因型，作为建立高世代种子园的亲本，在不久的将来获得较高的遗传增益，并达到持续改良的效果。

采用多父本杂交和逆向选择好亲本的方法，首次对高世代育种群体进行亲本试验，建立了高世代种子园；然后，杂交试验主要是基于亚系内的单一交叉测试和进行了不同等级的析因设计，为了获得杂种优势，选择材料提供给混合种子园，克隆繁殖和下一代的改进。

(1)研究种源/家系/个体三个层次主要性状的遗传变异；对亲本进行了研究，获得各家族遗传变异规律后，进行配合力测试。与育种值最高的亲本交配，选择特殊配合力最高的杂交组合，通过杂交产生大量的杂种，从中选出优良的组合作为未来生产群体的材料。

(2)采用析因设计或半双列杂交设计或单交交叉设计，然后进行田间试验，研究主要性状的遗传控制机制、行为和遗传参数估计，研究生长动力学、材料性能、脂质生成和时空抗性。

(3)研究个体的配合能力，通过有性和无性的手段，选择和培育良种，用于多世代改良；

(4)育种材料与生态环境时空优化效果研究。林木育种研究遵循寻找适宜树种的原则、适宜种树用地、适宜树种家系、适宜无性系地的原则和育种效果，重点研究了育种材料、环境条件和森林栽培技术的时空优化效果。

(5)建立和完善林木高效经营体系研究、培育、示范和推广。

6.1.7.2　建立高世代种子园

(1)高世代种子园选址选择　为了建设高代种子园，应选择种子园的园址。王章荣(2012)报告说，在中国南方建立高代种子园时，在选址时，我们应该吸取杉木第一代种子园和马尾松第一代种子园的教训。避免新一代种子园场地树种花期与梅雨期的重叠。如果你无法避免，你必须选择有开阔地形的阳坡。同时，还应注意先进种子园的隔离条件。特别是高世代种子园开花期间应避免种子园上方花粉污染，在主风向上，不能有相同的普通森林树种，以减少外来花粉污染，确保高世代种子园遗传收益。

(2)高世代种子园的设计　高世代种子园小区的无性系设计方法多种多样。Hodge 等(1993)根据亲本无性系数量、亲缘关系、育种价值等条件，根据系统匹配设计和随机匹配设计进行仿真，分析了各种设计方法的优缺点；Lstiburek 等(2011)提出了随机重复无性系交互排列和随机完全配置的设计方案；Lindgreen 等提出增加种子园高育种价值无性系的比例，进一步提高种子园的遗传增益。由此可以看出，为了提高种子园的遗传增益，种子园的亲本无性系可以不平衡，高育种值的亲本比例可以略高。种子园系统设计具有一定的优势。这是因为系统设计便于移植和管理，针叶树多为自交不育，对随机交配影响不大。

(3)高世代种子园组成材料　高世代种子园的质量首先取决于具有较高遗传价值(如：建筑材料)的选择。不同于第一代育种，高世代育种园内的材料是相互关联的。因此，在种子园建立的母本材料的选择中，考虑到了这方面的问题，如实施亲属关系控制、预防或减少近亲繁殖的发生等。

与第一代育种相比，高世代育种的亲本选择更全面、方法更科学。观察到的性状包括开花周期、果实和果实数量、生长量、抗性等，并以多性状选择指数或育种值进行评价。高世代种子园的父母本不能随意选择，也不能在不同生态条件的育种区随意调用。

6.1.8 针叶树的多世代改良

多代林木遗传改良计划必须遵循以下两个原则：

（1）在要求的产品单位时间内，最大限度地提高遗传增益和速度，为了达到这一目标，必须加强遗传原则在森林改良方案中的应用，因为它的目的是培育高产、优质、适应性强的品种；

（2）与长期育种需要有关，即保证遗传基础广泛，丰富多代育种种群的遗传多样性，这是持续改进多代育种所必需的。

多世代树木改良一般分为两个阶段：研究阶段和应用阶段。一般来说，研究阶段至少比生产阶段高出一半的育种期。这一阶段研究的主要目的是获得和维持广泛的遗传基础，控制亲缘关系，将所需的性状聚合在一个体中，并为生产群体提供最好的遗传物质。在应用阶段，应能迅速有效地获得改良种子。

树木多世代育种是一项长期的工作，一代又一代，是一个渐进的过程。为了有效地、循序渐进地获得各种树木品种，需要进行各种级别的修饰测试。在借鉴国外先进的多世代树木改良计划的基础上，制定了一套较为科学的针叶树遗传改良方案。

6.1.8.1 多世代改良的步骤

（1）以优质种源的优质个体选择为基础，协调家系之间和家系内部的选择，建立第二代试验人工林。树种资源丰富，栽培品种丰富，根据区域环境条件选择最佳种质，以提高林木基础种群生产水平；

（2）高级育种群体中优良个体的表型选择及子代检验；

（3）在育种群体中进行多杂交或开放授粉试验。通过同父异母后代检验，优等家系被逆向选择；

（4）通过组合选择的方式选择好家系中的好个体；

（5）进行多代周期选择，提高种群平均水平，保持种群遗传变异，促进改良多代材料的运行；

（6）对优良家系进行子代试验，对优良父母本进行逆向选择，建立高产种子园；优良个体的前瞻性选择，建立高代育种园，或建立可无性利用的采穗园；

（7）建立多代实生种子园，逐步提高林木的育种种群水平；

（8）已选育出好几个品种，大力进行推广应用，提高经济效益。

6.1.8.2 实施多世代改良方案的技术路线

王章荣总结了西方针叶树的多世代改良结果，表6-1列出了研究成果。这个结果基于以下假设：

表 6-1 针叶树选择和育种原理

阶　段	研究内容	习　性	目　标	年限限制
选　择	遗传优势，建立基因库	使用变异，保护变异	获得好的育种材料	2~4

（续）

阶 段	研究内容	习 性	目 标	年限限制
	交叉、测试、重新选择	基因型鉴定	通过逆向选择	
育 种	亲本选择与育种群体的建立	创造变异 材料管理	父母本的评价与选择	6~8
	成 熟		通过前向选择创造 下一代育种材料	10~12
	加速育种世代	亲缘关系的控制	构建群体/繁殖 群体	
	基因型与环境相互作用		实现多基因改进	
繁 殖	无性系采穗圃或 家系种子园营建	保护变异	种子生产	5~6
	种子园管理	复制变异	促进执行	7~8

（1）群体改良的方向为生长、树干和适应性；

（2）加性遗传变异是性状改良的主导因素；

（3）改良性状间无显著负相关。

针叶树经过了好几代的改良，我们的观点是始终坚持"有性生成、无性利用"和逐步完善的技术路线。在针叶树的多代改良中，渐进改良的方法是坚持短期、中期和长期相结合，为在短时间内取得显著成效，采取"短即急"的方针，适应当前林业生产发展的需要，特别是对快速增长和高产林业项目建设的需要，同时，可以不断推陈出新，选择好材料，适应中长期发展的战略需要，为针叶树改良的可持续发展奠定坚实的基础。

6.2 浙江省杉木多世代遗传改良研究进展

世界上许多树木育种项目都进入了第二代和第三代（循环），辐射松和火炬松的遗传改良进入了第四代（循环）。以科学最优的方式进一步推进这些项目有许多挑战。管理近交衰退和获得遗传增益，以及处理生长和木材品质性状之间的不利遗传相关性是两个主要的科学挑战。

国外吴夏明等已经进行了一些经验和模拟研究，以制定最优的育种策略来管理这些挑战。经验研究包括：①长期近交实验；②数量遗传学定期调查辐射松、苏格兰松、挪威云杉的生长与木材品质性状的关系。基因组建立了等位基因模型，以研究最优育种方法，以管理近亲繁殖和维持遗传增益，并应对不利的遗传相关性。

上一章，我们讲了针叶树多世代遗传改良的基本原理和一般程序。但是我们要讲的是它并不适合于浙江省杉木的多世代改良。理由如下：①随着改良世代的提高，杉木改良性状的遗传控制机制会发生变化，据齐明（1996）报道，杉木改良性状的遗传控制是由交配群体的遗传结构决定的，选择有利于杂合体，杉木高世代育种群体是高强度和多世代选择的产物，在生长性状上，其间杂合体肯定居多，这样改良性状的遗传控制会由加性遗传方差占主导地位，过渡到显性方差占主导地位。有鉴于此，在杉木遗传育种中，育种方法也要随着改变，从利用一般配合力，要转向利用特殊配合力(即利用杂种优势)，兼顾利用一般配合力；②杉木改良性状间的遗传相关研究也有明显的结果，杉木生长性状与材性和抗性间的遗传相关，由天然林(第0代)的不显著，到第二代或高世代良种间的明显显著(胸径与材性的负遗传相关为-0.5以上)，这与吴夏明在辐射松(*Pinus radiata*)、苏格兰松(*Pinus sylvestris*)、小干松(*Pinus contorta*)和挪威云杉(*Picea abies*)中的研究结果一致(负的遗传相关性从-0.3到-0.7)。

综合以上两点，浙江省杉木高世代改良，必须从实情出发，因地制宜来制定遗传改良方案，杂交育种是最合适的办法。而且单个育种群体在处理不利的遗传相关性方面比多育种群体(亚系)更有利。配合选择而来的单一育种群体和核心育种策略有利于长期育种平衡近交衰退和遗传增益。以下是浙江省的杉木高世代育种进展情况。

6.2.1　高世代育种群体的亲本选择及高世代育种群体的建立

从群体遗传学的角度看问题，淘汰不利的基因，不是一个世代可以完成的。而数量遗传学的研究表明：通过选择优良个体，采取人工杂交或随机交配来聚合有利基因，可以产生比第一代材料更大的遗传增益，因此林木的多世代改良势在必行。

建园亲本无性系来源主要有：全国杉木种源试验中优良种源的优树、杉木优良杂交组合子代试验林中的优株和杉木2代种子园(兼顾育之用)单亲子代试验林优良家系内的优株三个类型。

优良家系和优良家系内优良个体的联合选择，是高世代育种群体构建的重要策略。而亲缘关系的控制和高世代育种群体中近交避免，则是高世代育种优良个体评选时的重要原则。我国的杉木遗传改良工作已经历几十年，亚林所杉木多世改良早已步入了第三代，齐明等人(2011)将高世代育种群体的亲本选择这方面的研究撰写成文，介绍杉木高世代改良中优良个体选择的方法和高世代育种群体近交控制策略，以促进我国林木多世代育种事业的发展。

利用杉木种源试验、杉木二代半同胞子代自由授粉试验和杉木全同胞子代试验3类共6片试验林中材积、树高、胸径、枝下高、枝高比和木芯密度共6个性状的资料，采用转化分析原理，进行方差分析以获得各种参数，在此基础上采用主成分指数和基本指数公式，按较大的入选率进行逆向选择，以获得若干优良种源和优良家系(半同胞或全同胞)，然后采用优良家系(种源)和优良家系(种源)内优良个体联合选择的策略，通过控制入选率来避免高世代育种群体中的近交的方法，展开高世代亲本评选。基于杉木各经济性状间的遗传相关结果，选取材积和木芯密度(或枝高比)，作为杉木多性状改良的选择性状，按材积个体育种值经济权重0.60和木芯密度个体育种值(或枝高比)经济权重0.40的比率，构建单株个体的选择指数。最终从6片试验林，共10732子代中选择115株优良个体，成为杉木高世代育种群体中的待测亲本。

于春天(4月下旬到5月下旬)采集优良入选子代的穗条，嫁接到采穗圃(高世代育种园)中去，除萌抹芽扶正，及施肥管理，一直到接株开花结实。

6.2.2　以高世代育种群体为基础的杂交育种

为了获得更大的遗传增益，克服近亲交配和不利的负遗传相关，先进行了亲本评定：

于杉木速生期，从育种园中采集亲本无性系的当年生枝叶，测定总叶绿素含量，然后根据杉木中，总叶绿素含水量与光合速率间的关系，获得各亲本的光合速率，以较大光合速率的亲本作为杂交的母本；同时采集育种园中各亲本家系的自由授粉的种子，发芽测定呼吸速率，以呼吸速率大的亲本，作为杂交的父本。应用分子标记技术，对育种园中的亲本进行基因型分型，采用聚类分析，划分杂种优势群，不同的杂种优势群间展开杂交。遗传设计以单交为主，同时展开一些析因设计的杂交，以测定遗传参数和获得杂种优势。

6.2.3　高世代育种群体的亲本测定

　　经过大量的杂交制种，产生了大量的杂交组合。为了鉴别杂交组合的优劣，需要进行多点的田间试验。通常采用随机区组设计，或不完全区组的随机设计，测定材料多且试验地地形变化复杂时，可采用分组的随时机区组设计，进行杂交组合的测定。项目组先后进行了三批子代试验：第一批是第三代育种园（育种园和种子园不分开，育种园兼顾生产种子）中亲本家系，参试的自由授粉家系数目 57 个，分龙泉、遂昌和开化三个地点进行造林试验；第二批是杂交子代试验：两组析因设计（5×5 析因设计），外加 30 个单交设计，共 80 个杂交组合参与试验，其中一组析因设计试验的有 25 个组合外加 2 个对照，在龙泉、遂昌和长乐三地进行造林试验。第三批杂交子代试验是以析因为主，外加单交设计的杂交子代试验，其中 5×6 的析因设计试验是在龙泉、遂昌和长乐三地进行造林试验。三地目前试验林管理到位，生长正常。

6.2.4　第四代育种群体的亲本选择

　　当第三代的杂交子代试验林的试验进行到了 1/3 的轮伐期时，可以考虑初选（主要是生长鉴定），试验进行到 12 年生时，可以调查分析生长、材性和抗性（存活率），逆向选择亲本，建立高世代杂交种子园；前向选择优良单株，它们是第四代育种的亲本。

6.2.5　浙江省杉木高世代育种策略

　　杉木是我国特有用材树种，生长快，干形直，木材不挠不裂，是重要的建筑材和装饰材，我国政府十分重视杉木的遗传改良工作，尤其是浙江省不间断地资助杉木的遗传改良工作的研究经费。

　　杉木既能有性结实，以种子繁殖后代，又能无性繁殖，我们要针对杉木这一特性，采取有性育种和有性繁殖、与无性系选育和无性利用并举的方针；我们要根据杉木选择改良性状显性遗传方差占主导地位的事实，针对杉木遗传改良现状，我们采取如下策略，进行杉木的遗传改良。

6.2.5.1　采用多层次的选择与有性和无性利用

　　选择育种是杉木遗传育种的基本途径。杉木在我国南方 16 个省（自治区、直辖市）均有分布，在其分布区内由于复杂的气候影响，加上地理、生态的隔离，以及人类的生产实践活动的作用，杉木产生了极其丰富的遗传变异，形成了许许多多的种群和类型。因此在开展杉木遗传改良时，首先是进行种源试验，评选优良种源，供试验地区造林之用。进而在优良种源中选择优良林分及林分内的优良单株，对优良单株进行分系采种，展开种源/家系/个体的多水平试验，在理论上研究杉木多层次的遗传变异性，为制订杉木遗传改良方案服务；在实践中进行逆向选择，评选优良种源区，改造成母树林；评选优良家系建立初级种子园；在试验的基础上，从优良种源中和优良家系中，进行前向选择优良个体，建立高世代育种园。杉木具有无性繁殖的特性，因此可采其萌芽条扦插，繁殖成采穗圃，进行无性系选育与利用。

6.2.5.2 采用单亲和双亲相结合的子代测定策略

杉木优株选择是表型选择，必须对育种园中的亲本遗传型加以鉴定。子代测定是林木育种的中心环节，是亲本遗传优劣识别的重要手段。通过对育种园中的亲本进行分系采种育苗，进行单亲子代测定，逆向选择亲本，供生产上建立生产性种子园提供建园材料；理论上可获得杉木主要经济性状的遗传变异性信息，可为杉木主要经济性状的遗传改良，确定科学的、合理的改良目标；可为杉木主要经济性状的展开多世代遗传改良方案，提供科学依据；通过前向选择，对单亲试验林中的优株加以选择利用：或收集到高世代育种园中，或收集到无性系采穗圃中。在单亲子代测定的基础上，对入选的单亲家系进行区域化造林试验，为进一步推广利用优良品种服务。

在单亲子代测定的基础上，可选择优良亲本进行一系列的杂交制种，其中必须有一套包括自交在内的全双列杂交设计方案，这对测定杉木主要经济性状的遗传参数至关重要，以便获得经济性状的加性方差、显性方差、母本细胞质效应和上位性方差，这是单亲子代测定无法完成的。有了这些参数，不仅可以为制订杉木的育种方案提供依据，而且决定着杉木遗传改良成果的利用方式，是采用有性利用方式，建立多系（或少数几个系的杂交种子园）种子园来利用杉木育种成果；还是采用无性繁殖途径来利用杉木育种成果，因为多系种子园只能利用加性方差，几个系的杂交（包括双系）种子园则可以利用加性、显性方差、母本细胞质效应和上位性方差；而无性利用则能利用所有的遗传方差[当然，这是假定不存在"C"效应的前提下]。对于双亲子代试验林，也可进行前向选择优良单株，考虑到近交衰退，双系种子园中的全同胞子代，一般是不选择的。除非是进行无性繁殖和无性系选育，入选率可稍大些。

6.2.5.3 有性育种和无性育种并举

杉木能无性繁殖，对于经过有性育种鉴定的优良材料，可以建立无性系采穗圃，选育优良无性系，给生产上应用；或直接进入组织培养体系，进行无性利用。我所杉木的组织培养技术已较成熟，此时可对特别优良的单株，采集其萌芽条为材料，进行组织培养，这是杉木无性利用的一个方向。另外，我们要考虑到事物之间是相互影响的，因此在无性育种发现的优良无性系，又可以转入育种园，成为有性育种的亲本，只要控制好材料的亲缘关系，有性育种和无性育种并举的策略，定能取得最大的遗传增益。

6.2.5.4 杉木主要经济性状间的遗传相关与多性状改良

杉木遗传改良从种源试验开始到第二代遗传改良，基本上是一个生长改良，兼顾形质和适应性。但是随着杉木遗传改良的深入和杉木育种资料的积累，科学家发现：在杉木中，生长与材性、生长与抗性具有中度负的遗传相关。杉木木材的用途主要是作建筑材，杉木生长与材性间的负相关，这对建筑材是一个致命的弱点。另外，为了适应市场经济发展和生态文明建设的需求，育种目标要多样化，要根据不同用途的材种和培育目标，选育出适用的良种类型：用材林要求生长和材性兼优；纸浆材要求生长量和纤维兼优；病虫害流行地区要求生长和抗性兼备；低山地区造林要求耐贫瘠和速生性兼备等。杂交育种具有聚合不同亲本优良基因的特点，目前杉木的杂交育种应该是杉木改良的主要途径。

6.2.5.5 杉木的杂交育种与分子数量遗传学

杉木的杂交育种，不是什么材料拿来进行杂交，就可以取得好的成效。要获得卓有成效的杂交育种，有几点值得重视：其一是杉木资料收集；其二是亲本评价；其三是杂交亲本选配的研究等。所有这些都离不开分子数量遗传学（或分子生物学）的支撑。例如杉木（资源收集区）育种群体的遗传多样性研究；亲本评价方面，杉木亲本的指纹图谱的构建和特征谱带研究，多态标记与研究性状间的关联，杂种子代表现预测等，这可为早期选择和分子聚合育种提供依据；在杂交亲本选配方面，分子标记的作用更是功不可没，因为运用分子信息来划分出的杂种优势群体，是最科学、最精确、最合理的类群。不同类群间的杂交，才会有可能产生杂种优势。

6.2.5.6 综合运用多学科知识开展亲本选配研究和种子园高产稳产研究

杉木杂交的亲本选配已取得突破：先根据分子信息进行杂种优势群的划分，然后指定光合速率高的亲本作杂交的母本，呼吸速率高的亲本作杂交的父本，确定杂交模式。再观察入选杂交组合亲本的花程，评价亲本花期匹配情况，为建立双系（或少数几个系）种子园提供科学依据。这一过程中运用了林木细胞学、林木生理学、数量遗传、林木育种学、分子生物学、植物生殖学和多元统计等学科知识。

综合运用树木生殖生物学、林木栽培学、果树栽培学、气候学、土壤学、多元统计学等学科来研究种子园高产稳产的经营管理之道。

以上杉木育种策略是笔者的浅见，总结于图 6-3。

时代在前进，科技在发展，杉木遗传育种的策略也会不断进步，特别是生物技术的飞速发展，必将对常规的杉木遗传育种产生重大影响。

杉木高世代育种策略及育种程序见图 6-3。

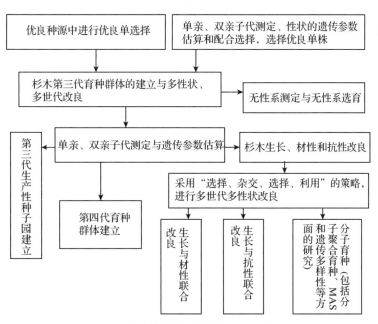

图 6-3 杉木高世代育种策略及育种程序

6.3　杉木 2 代试验林的遗传参数估算及高世代育种亲本选择

　　杉木是我国南方最主要的用材树种之一，经过几十年的遗传改良已进入到高世代改良阶段，杉木 3 代遗传改良工作取得了较大进展，林木生长量也已获得较大增长。

　　20 世纪 90 年代初浙江省从杉木 1 代种子园家系子代测定林、杂交试验林和种源试验林中，选择出优良材料营建了 2 代种子园(张建忠等，2005)，21 世纪初，对营建的 2 代种子园材料，进行子代测定，不仅了解到种子园的改良效果和主要经济性状遗传变异规律，也可为高世代种子园营建提供选择材料(何贵平等，2011；何贵平等，2015)。目前杉木高世代亲本选择工作作业已完成，杉木 3 代种子园已经投产，并展开了 3 代种子园的自由授粉和控制授粉家系的子代试验林测定工作。正在进行杉木 3 代种子园内单亲和双亲子代测定，以了解杉木 3 代育种园的遗传多样性，了解杉木 3 代家系主要经济性状遗传变异规律，并在高世代杂交试验的配合力效应研究等方面做了大量的工作(何贵平等，2015)，取得较多成果，为我国林木遗传改良作出了较大贡献。但是时至目前，杉木高世育种的亲本选择研究还无人报道，为了指导杉木的第四代轮回选择工作，为了印证杉木 3 代亲本选择的改良效果，为了展示转化分析法在处理平衡不平衡、规则不规则试验数据的效果，有必要将杉木高世代亲本选择研究结果发表出来。

　　本文的研究对象是浙江省杭州市余杭区长乐林场的一片杉木 2 代种子园子代林。通过研究要解决如下问题：①要解决杉木试验林 SG 抽样测量数据的处理办法；②了解杉木 2 代家系间的差异；③估计杉木主要经济性状的遗传参数；④在控制亲缘关系的基础上，评选高世代育种亲本若干。

6.3.1　研究方案和技术路线

　　研究方案和技术路线见图 6-4。

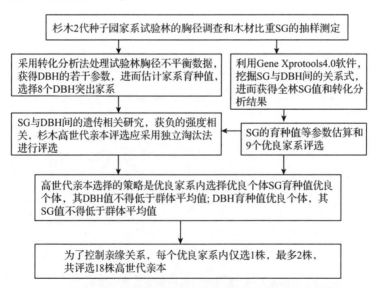

图 6-4　杉木 2 代试验林的遗传参数估算及高世代育种亲本选择

6.3.1.1 研究材料

从浙江余杭杉木2代初级种子园中，挑选37个自由授粉家系，于1998年在余杭长乐林场黄坑桥进行造林试验，除参试材料外，还包括两份对照：CK2（龙15混种）和CK4（浙江审定良种）。野外田间试验设计为完全随机区组，4株小区，重复10次。2009年秋对黄坑桥片试验林进行调查，由于黄坑桥这片杉木林1和2个区组人为破坏严重，全林测定了8个区组重复的胸径性状，同时每个家系在每个小区抽胸径最大的优株，于胸高处进行木芯取样，室内测定了木芯比重。

6.3.1.2 研究方法

根据田间试验的类型，可将4株小区转化为单株小区，进行统计分析，具体方法如下。

（1）转化后的线性模型

$$y_{ijk} = u + f_i + b_j + e_{ijk} \qquad (6-1)$$

这里：$i = 1 \to a$；$j = 1 \to b$；$k = 1$ 或 0

式中：u 是群体平均效应；f_i 是家系效应；b_j 是重复效应；e_{ijk} 是随机误差。

（2）转化分析法的简介

单因素随机区组不平衡数据的方差分析见表6-2。

表6-2 单因素随机区组不平衡数据的期望均方结构（齐明，2009；齐明等，2014）

变 因	自由度	均 方	期望均方结构
重复间	$\sum_{j}(1) - 1$	MSb	$\sigma_e^2 + k_1\sigma_f^2 + k_2\sigma_b^2$
种源间（或处理间）	$\sum_{i}(1) - 1$	MSf	$\sigma_e^2 + k_3\sigma_f^2 + k_4\sigma_b^2$
机 误	$N.. + 1 - \sum_{j}(1) - \sum_{i}(1)$	MSe	$\sigma_e^2 + k_5\sigma_f^2 + k_6\sigma_b^2$
总变异	$N.. - 1$		

上式中：

$$k_1 = \left[\sum_{j}(1) - (1/N..)\left(\sum_{i} n_{i.}^2 \right) \right] / \left[\sum_{j}(1) - 1 \right];$$

$$k_2 = \left[N.. - (1/N..)\left(\sum_{j} n_{.j}^2 \right) \right] / \left[\sum_{j}(1) - 1 \right];$$

$$k_3 = \left[N.. - (1/N..)\left(\sum_{i} n_{i.}^2 \right) \right] / \left[\sum_{i}(1) - 1 \right];$$

$$k_4 = \left[\sum_{i}(1) - (1/N..)\left(\sum_{j} n_{.j}^2 \right) \right] / \left[\sum_{i}(1) - 1 \right];$$

$$k_5 = \left[(1/N..)\left(\sum_{i} n_{i.}^2 \right) - \sum_{j}(1) \right] / \left[N.. + 1 - \sum_{j}(1) - \sum_{i}(1) \right];$$

$$k_6 = \left[(1/N..)\left(\sum_{j} n_{.j}^2 \right) - \sum_{i}(1) \right] / \left[N.. + 1 - \sum_{j}(1) - \sum_{i}(1) \right] \qquad (6-2)$$

（3）各因子效应方差分量的求解

建立联立线性方程组如下：

$$MSb = \sigma_e^2 + k_1\sigma_f^2 + k_2\sigma_b^2 \qquad (6-3)$$

$$MSp = \sigma_e^{\,2} + k_3\sigma_f^{\,2} + k_4\sigma_b^{\,2} \qquad (6-4)$$

$$MSe = \sigma_e^{\,2} + k_5\sigma_f^{\,2} + k_6\sigma_b^{\,2} \qquad (6-5)$$

解如上线性方程组，即得 $\sigma_e^{\,2}$，$\sigma_f^{\,2}$，$\sigma_b^{\,2}$。

(4)遗传参数的分析

$GCV = \sigma_f/$群体平均值；$PCV = \sigma_p/$群体平均值 $\qquad (6-6)$

家系遗传力：$h_f^2 = \sigma_f^{\,2}/[\sigma_f^{\,2} + (k_4/k_3)\sigma_b^{\,2} + (1/k_3)\sigma_e^{\,2}]$ $\qquad (6-7)$

单株遗传力：$h_i^2 = 3 * \sigma_f^{\,2}/[\sigma_f^{\,2} + \sigma_b^{\,2} + \sigma_e^{\,2}]$ $\qquad (6-8)$

6.3.1.3 育种值的估计及高世代亲本选择

(1)逆向选择亲本家系的育种值

$$\hat{A}_i = 2\sigma_f^{\,2} * [\sigma_f^{\,2} + (1/n_{i.})\sigma_b^{\,2} + (1/n_{i.})\sigma_e^{\,2}]^{-1} * (y_i - \mu) \qquad (6-9)$$

(2)前向选择高世代育种亲本时的育种值

个体育种值的通用公式为： $\hat{A} = C^{'} V^{-1}(y - \mu)$ $\qquad (6-10)$

在这里：$Y - \mu = [y_{ijk} - u; \bar{y}_{.j.} - E(\bar{y}_{.j.})]$；

$C = [4\sigma_f^{\,2}, \sigma_f^{\,2} + (3/n_{.j})\sigma_f^{\,2}]$；

$V = [\sigma_f^{\,2} + \sigma_b^{\,2} + \sigma_e^{\,2}, \sigma_f^{\,2} + (\sigma_b^{\,2} + \sigma_e^{\,2})/n_{.j}; \sigma_f^{\,2} + (\sigma_b^{\,2} + \sigma_e^{\,2})/n_{.j}, \sigma_f^{\,2} + (\sigma_b^{\,2} + \sigma_e^{\,2})/n_{.j}]$；

从(6-9)式到(6-10)式，具体计算请参见文献(齐明，2009；齐明等，2014)。

6.3.1.4 杉木木材比重全林数据的获得及遗传参数的估计

由于木材比重(SG)采用抽样测定方案，部分数据统计分析的误差很大，精确性也差，遗传参数的估计必须建立在全林数据的基础上。利用 GeneXprotools4.0 软件，挖掘木芯比重与胸径间的函数关系：

$$F(x) = [-\sin(70.334x^{3/2})] + [1/x - x + 47.24251] \qquad (6-11)$$

式中：x 为胸径(cm)；$F(x)$ 为木芯比重。

根据该函数获得全试验林的木芯比重值，并用实测值替换预测值，进而以此进行木材比重的统计分析，获得 SG 若干遗传参数。在此基础上，利用抽样数据，估算 SG 的个体育种值。

所有数据采集、处理都是采用我们自己开发的程序(齐明等，2014)，在 Excel 和 Matlab7.0 平台上进行。

6.3.2 结果与分析

6.3.2.1 挖掘函数的拟合

以抽样测定的数据为基础，应用基因表达式编程软件，进行木芯比重与胸径关系的挖掘与拟合。基本参数设置：训练样本 39；染色体数 30；头长 7；基因数 2；变异量 0.044；转置量 0.1；基因重组参数 0.1；基因连接运算符为加、减、乘和除。

采用 GeneXprotools4.0 软件获得的挖掘函数如下：

$$F(x) = F_1(x) + F_2(x) = [-\sin(70.3347\ x^{\wedge}1.5)] + [1/x - x + 47.24251] \qquad (6-12)$$

6.3.2.2 随机模型条件下杉木 2 代自由授粉子代试验林的胸径和木芯比重的差异分析

随机模型条件下杉木半同胞家系的胸径和木芯比重的差异分析见表 6-3。

表 6-3　随机模型条件下杉木半同胞家系的胸径和木芯比重的方差分析结果

变因	胸径			木材比重均方	期望均方结构
	平方和	自由度	均方		
重复	424.776	31	10.8917	11.1870	$\sigma_e^2 + 0.1182\sigma_f^2 + 34.0888\sigma_b^2$
家系	630.9685	38	33.2089	35.5330	$\sigma_e^2 + 27.9649\sigma_f^2 + 0.1251\sigma_b^2$
误差	6486.4	1021	6.2852	6.8509	$\sigma_e^2 - 0.0036\sigma_f^2 - 0.0047\sigma_b^2$

杉木高世代自由授粉家系胸径方差分析结果：

解联立线性方程组，可得：$\sigma_e^2 = 6.2893$；$\sigma_f^2 = 0.9620$；$\sigma_b^2 = 0.1317$

半同胞家系遗传力：$H_f^2 = 0.8101$；单株遗传力：$h_i^2 = 0.3909$

胸径遗传变异系数 GCV = 6.78%；表型变异系数 PCV = 18.79%；群体平均值 = 14.4581

杉木高世代自由授粉家系木芯比重方差分析结果是：

解联立线性方程组，可得各因子的方差分量：$\sigma_e^2 = 6.8551$；$\sigma_f^2 = 1.0249$；$\sigma_b^2 = 0.1235$

由此可计算出杉木家系木芯比重的遗传力 $H_f^2 = 0.8066$；前向选择时的单株遗传力 $h_i^2 = 0.3842$

木芯比重的遗传变异系数 GCV = 3.07%；其表型变异系数 PCV = 8.59%；群体平均值 = 31.56。

由此可见，木材比重全林数据参与分析的结果比较适宜。

6.3.2.3　杉木 2 代自由授粉家系木芯比重和胸径的育种值及优良家系选择

杉木各家系胸径和木芯比重的育种值及各家系的保存苗木数见表 6-4。

表 6-4　杉木高世代自由授粉家系木芯比重和胸径的育种值及成活子代数

家系编号	木芯比重×100BV	胸径(cm)BV	成活子代样本数	家系编号	木芯比重×100BV	胸径(cm)BV	成活子代样本数
A10	0.4707	-0.6386	24	B9	2.3205	-1.9684	28
A76	-0.8471	0.6051	31	B164	-0.5543	1.0603	29
A9	-0.2174	0.2123	31	B148	0.2959	0.0972	26
A78	0.6049	-0.6186	30	B101	-1.3272	1.361	30
A77	-1.4977	1.5573	30	B111	1.4949	-1.3701	27
A45	0.5841	-0.5786	31	B68	1.4939	-1.3447	29
A4	-0.8293	0.84	23	B2	-0.775	0.9105	27
A75	0.4223	0.0008	29	B105	-1.6671	1.4227	31
B42	-2.6159	2.4313	31	B46	-0.8538	0.6175	29
B65	0.4902	-0.6302	28	B163	-0.7729	1.0234	27

（续）

家系编号	木芯比重 ×100BV	胸径(cm) BV	成活子代 样本数	家系编号	木芯比重 ×100BV	胸径(cm) BV	成活子代 样本数
B155	−0.6383	0.0015	22	B121	−0.6008	0.5042	31
B11	−1.7331	1.6882	30	C23	3.2116	−3.1307	21
B149	1.1244	−0.8821	26	C32	2.0988	−2.565	18
B154	−0.7392	0.5522	28	C44	−0.1458	0.3745	32
B145	−0.2587	0.3214	28	C30	2.388	−2.5751	24
B122	1.0734	−1.0363	29	C28	−0.406	0.3874	31
B161	0.7133	−0.7494	24	CK4	0.8639	−0.4376	27
B49	0.0817	−0.2096	30	CK2	−0.2794	0.3397	31
B13	−1.4648	1.0656	28	J30	1.9008	−2.0006	29
B56	−1.1023	0.8918	31				

从表 6-4 可得，胸径育种值突出的家系有 8 个，它们是 B42、B11、A77、B105、B101、B13、B164 和 B163；而木芯比重突出的家系有 9 个，它们是 C23、C30、B9、C32、J30、B111、B68、B149 和 B122。

6.3.2.4 杉木研究性状的遗传相关及高世代亲本的选择策略

采用刘垂于等（1983）的研究结果来计算杉木木芯比重与胸径间的遗传相关系数。结果是木材比重与胸径间的遗传相关 $R = −0.9816$，这与表 6-4 中胸径育种值突出的家系与木材比重育种值突出的家系不同的结果相一致。

林木高世代亲本的选择策略，通常是行进行逆向选择，选择优良家系，然后再在优良家系内进行前向选择优良个体（即高世代的育种亲本）。由于本试验林中，木材比重与胸径高度负相关，我们制订了在逆向选择的基础上，在入选家系的抽样子代中，进行个体育种值的估算，然后，采用独立淘汰法，控制亲缘关系，选择优良个体。

优良家系内个体木芯比重的育种值：$BV_i = C \times inv(V) \times (Y − u)$ （6-13）

由于各家系的参试子代样本数不同，所以个体育种值须分家系求算；个体育种值公式见式（6-13）。

例：本试验中木芯比重突出的一个家系 C23，有子代样本数 32，求各子代木芯比重的育种值：

$E(y_{ijk}) = u = 31.56$；$E(\bar{y}._{j}.) = 31.69$；$\bar{y}._{1}.. = 35.0686$；$n._{j} = 23$；$y_{i1k} = [单株观察值]_{8×1}$；$\sigma_f^2 = 1.0249$；$\sigma_b^2 = 0.1235$；$\sigma_e^2 = 6.8551$

$C = [4 \times 1.0249, 1.0249 \times (1 + 3/23)]$；

$V = [1.0249 + 0.1235 + 6.8551, 1.0249 + (0.1235 + 6.8551)/23; \ldots$

$1.0249 + (0.1235 + 6.8551)/23, 1.0249 + (0.1235 + 6.8551)/23]$，

$BV_i = 0.4406 y_{i1k} − 12.7164$

C23 家系内的 8 个体育种值见表 6-5。

表 6-5　C23 家系内部 8 个区组重复中个体育种值

区组-株号	3-2	4-1	5-1	6-3	7-2	8-4	9-1	10-2
SG 育种值	0.7219	2.6253	-0.5999	0.5677	0.7571	0.8893	2.7795	0.9378

　　其他家系中的个体育种估算，仿上述过程进行，家系内个体的胸径性状的育种值，仿上述过程进行。

　　由于本试验中，杉木胸径与木材比重呈重度负相关，高世代亲本的多性状选择，不能采用构建选择指数的方式进行，而要采用独立淘汰法：SG 育种值突出的个体，其胸径必须大于群体平均值，同样胸径育种值突出的个体，其 SG 必须大于群体平均值；并控制亲缘关系：每个优良家系内只选一株，个别家系，最多两株，这样本试验最终评选出优良的高世代亲本 18 株，其株号及育种值见表 6-6。针对本试验结果，再次说明杉木高世代育种宜采用杂交育种的技术路线。

表 6-6　入选个体 SG 或 DBH 育种值及约束性状值大小

SG 性状的个体优株评选结果				胸径性状的个体优株评选结果			
家系号	区组株号	育种值	约束 DBH	家系号	区组株号	育种值	约束 SG
C23	4-1	2.6253	14.50	B42	6-1	1.7441	32.55
C30	3-3	3.1302	16.80	B11	5-4	4.5627	31.29
B9	3-2	3.9284	17.80	A77	4-2	1.5942	33.16
B9	10-4	2.9239	16.2	B105	9-2	2.9057	33.15
C32	3-3	3.3512	14.50	B101	9-1	2.8079	32.89
J30	3-3	2.1607	14.80	B13	3-3	2.6272	33.52
B111	3-4	3.5021	14.60	B164	3-4	3.5696	32.21
B68	5-1	4.1265	16.40	B163	10-3	2.1209	31.61
B149	4-2	1.6626	18.10				
B122	3-3	4.9451	17.10				

6.3.3　讨　论

　　林木中，木材比重与生长性状之间的关系十分复杂。

　　Zobel(1989)通过对挪威云杉研究，发现这个树种，幼龄材的比重和加权比重都有与生长速度(包括直径)存在着负相关，遗传相关通常最强，环境相关居中，而表型相关最弱。

　　与一般的文献作一比较，看起来它对一些种类是相当典型的，尽管它不是一个绝对的规律，生长与木材比重的负相关在赤桉(*Eucalyptus camaldulensis*)、毛果杨(*Populus trichoocarpa*)、美国悬铃木(*Platanus occidentalis*)、火炬松(*Pinus taeda*)、湿地松(*Pinus ellitottii*)、辐射松(*Pinus radiata*)、欧洲赤松(*Pinus sylvestris*)和北美黄杉(*Pseudotsuga menziesii*)中都有报道；生长与木材比重的负相关在火炬松、湿地松、海岸松(*Pinus pinaster*)和杨树(*Populus sp.*)杂种中曾发现有微弱的或中度的正相关；对比重与直径的负相关以及比重与树高的正相关的报道并不罕见。好的立地、施肥和适宜的气候等因子，会使树木生长加快，材性比重下降(Zobel，1989)。

　　杉木的遗传相关参数是制订杉木育种方案的基础和依据。随着杉木生长与材性改良的开始，生长与材性间的关系研究，日益受到人们的重视。与 Zobel(1989) 报道的结果相似，杉木种内生长(DBH、V)与木材密度的遗传相关也是复杂的：叶志宏等(1987)研究结果是 SG 与直径、材积之间存在着弱的负相关，与树高间存在弱的正相关；陈益泰等(1998)则发现杉木 SG 与直径、材积间存在中度负遗传相关，与树高呈弱的负相关；胡德活等(2011)也报道了杉木木芯比重与直径、材积间存在明显的负遗传相关的结果。本研究杉木 SG 与直径负的遗传相关达−0.9816，抽样数据的协方差分析结果，两者间的遗传相关系数超过−1.0。SG 与直径的负遗传相关系数−0.9816 这么高，应该属于个案，研究结果具体适用于本试验，不能代表杉木 SG 与生长性状间遗传相关的一般趋势，这一结果很可能是参加试验的材料特性、造林地的立地条件好和施肥等措施造成的。

6.4　杉木高世代育种群体和一代群体遗传基础的比较研究及早期评选

　　杉木是我国南方最主要的用材树种之一，杉木的遗传改良更备受政府的重视。目前浙江省的杉木育种已深入到第三代，并展开了后代测定工作。杉木高世代育种群体中的亲本是多性状与高强度选择的结果，其育种群体的遗传基础是否窄化是一个值得研究的问题。李梅采用 RAPD 分子标记，对杉木第一代，第二代和第三代育种群体的遗传多样性进行了系统研究，发现各个育种世代的育种群体，其遗传基础并没有窄化，而且其遗传多样性比天然群体的遗传多样性还高。但这是从群体遗传学的角度来研究育种群体的遗传多样性。我们从数量遗传学的角度，通过比较两个良种基地：长乐余杭的杉木第一代的子代试验林与浙江龙泉的第三代的子代试验林树高的遗传变异，来研究杉木第一代和第三代生长等性状为直接选择改良目标时，对育种群体的遗传变幅带来的影响。国内单独关于杉木第一代或第三代育种群体的子代遗传变异这方面的研究渐多，而就杉木第一代与第三代试验材料间的比较研究还不多见。笔者在这方面作了一些研究，其结果如下。

　　本研究以杉木一代自由授粉试验林为参照对象，研究杉木三代初级种子园中亲本自由授粉试验林生长性状的遗传变异性，通过比较，了解三代育种群体的遗传基础是否变窄，为高世代遗传改良提供科学依据；并根据三代试验分析结果，逆向选择了若干家系，同时还估计了前向选择的单株遗传力，为杉木第四代改良作准备。

6.4.1　研究材料、研究方法和技术路线

6.4.1.1　研究材料

　　从浙江龙泉杉木三代初级种子园中挑选若干亲本自由授粉家系，于 2015 年和 2016 年分别在龙泉、遂昌两个地点进行造林试验，本研究仅涉及遂昌县的杉木高世代子代试验结果，遂昌县有两批高世代自由授粉子代试验。其中一个试验点为东丈，参试材料为 31 份，包括 3 份对照：龙 15、闽 33 和杉木二代混合种子；另一个试验点为郑岗岭，参试材料为 29 份，包括龙混二代、福建三代杉木种子园的混合种子和龙 15 半同胞家系的种子 3 份对照。野外田间试验设计为完全随机区组，4 株小区，重复 10 次。2016 年春对东丈片试验林进行调查，测定了苗高等性状；2017 年对郑岗岭两年生的杉木试验林进行了调查，测定

了苗高和地径，因地径测量误差太大，故仅对幼林树高进行分析。

参照群体是余杭长乐林场杉木一代初级种子园的自由授粉子代试验林，出栽地江西分宜大岗山砚里林场，参试家系有 54 个，外加一个对照，随机区组设计，10 个区组重复，5 株纵行小区。调查分析时有胸径、树高、材积、枝下高和枝高比。由于高世代群体只有树高一个性状，故参比群体也只列举了树高一个性状的信息。

6.4.1.2 研究方法

根据田间试验的类型，可将 4 株小区(或 5 株小区)转化为单株小区，进行统计分析，具体方法如下。

(1)转化后的线性模型

$$y_{ijk} = u + f_i + b_j + e_{ijk}$$

式中：$i = 1 \rightarrow a$；$j = 1 \rightarrow b$；$k = 1$ 或 0；u 是群体平均效应；f_i 是家系效应；b_j 是重复效应；e_{ijk} 是随机误差。

(2)期望均方

单因素随机区组不平衡数据的期望均方结构见表6-7。

表 6-7 单因素随机区组不平衡数据的期望均方结构

变　因	自由度	均　方	期望均方结构
重复间	$\sum_j (1) - 1$	MSb	$\sigma_e^2 + k_1 \sigma_f^2 + k_2 \sigma_b^2$
种源间(或处理间)	$\sum_i (1) - 1$	MSf	$\sigma_e^2 + k_3 \sigma_f^2 + k_4 \sigma_b^2$
机　误	$N.. + 1 - \sum_j (1) - \sum_i (1)$	MSe	$\sigma_e^2 + k_5 \sigma_f^2 + k_6 \sigma_b^2$
总变异	$N.. - 1$		

上式中：

$k_1 = [\sum_j (1) - (1/N..)(\sum_i n_{i.}^2)] / [\sum_j (1) - 1]$；

$k_2 = [N.. - (1/N..)(\sum_j n_{.j}^2)] / [\sum_j (1) - 1]$；

$k_3 = [N.. - (1/N..)(\sum_i n_{i.}^2)] / [\sum_i (1) - 1]$；

$k_4 = [\sum_i (1) - (1/N..)(\sum_j n_{.j}^2)] / [\sum_i (1) - 1]$；

$k_5 = [(1/N..)(\sum_i n_{i.}^2) - \sum_i (1)] / [N.. + 1 - \sum_j (1) - \sum_i (1)]$；

$k_6 = [(1/N..)(\sum_j n_{.j}^2) - \sum_j (1)] / [N.. + 1 - \sum_j (1) - \sum_i (1)]$；

(3)各因子效应方差分量的求解

建立联立线性方程组如下：

$$MSb = \sigma_e^2 + k_1 \sigma_f^2 + k_2 \sigma_b^2 \tag{6-14}$$

$$MSp = \sigma_e^2 + k_3 \sigma_f^2 + k_4 \sigma_b^2 \tag{6-15}$$

$$MSe = \sigma_e^2 + k_5 \sigma_f^2 + k_6 \sigma_b^2 \tag{6-16}$$

解如上线性方程组，即得 σ_e^2，σ_f^2，σ_b^2。

（4）遗传参数的分析

$GCV = \sigma_f/$群体平均值；$PCV = \sigma_p/$群体平均值

家系遗传力：$H_f^2 = \sigma_f^2/[\sigma_f^2 + (k_4/k_3)\sigma_b^2 + (1/k_3)\sigma_e^2]$

单株遗传力：$H_i^2 = 3\sigma_f^2/[\sigma_f^2 + \sigma_b^2 + \sigma_e^2]$

所有的数据采集、处理都是采用我们自己开发的程序（齐明等，2014），在 Excel 和 Matlab7.0 平台上进行。

6.4.1.3　技术路线

本研究的技术路线图如下。

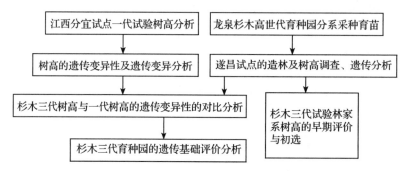

图 6-5　杉木高世代育种群体与杉木一代群体遗传基础的比较研究

6.4.2　结果与分析

6.4.2.1　随机模型条件下杉木三代和一代三片试验林的苗高（树高）差异分析

随机模型条件下杉木两片高世代试验林的苗高方差分析结果见表 6-8、表 6-9。

表 6-8　东丈试点杉木高世代自由授粉家系 1 年生苗高方差分析结果

变　因	平方和	自由度	均　方	期望均方结构
区　组	12348.00	31	316.6044	$\sigma_e^2 + 0.0960\sigma_f^2 + 28.8658\sigma_b^2$
家　系	44741.00	30	1597.90 **	$\sigma_e^2 + 27.9638\sigma_f^2 + 0.0959\sigma_b^2$
误　差	154810.00	833	187.1921	$\sigma_e^2 - 0.0036\sigma_f^2 - 0.0035\sigma_b^2$

解联立线性方程组，可得各因子的方差分量：$\sigma_e^2 = 187.3819$；$\sigma_f^2 = 48.8493$；$\sigma_b^2 = 4.4534$。

家系遗传力 $H_f^2 = 0.8825$；单株遗传力 $H_i^2 = 0.4567$。

苗高遗传变异系数 $GCV = 11.56\%$；表型变异系数 $PCV = 25.67\%$。

表 6-9　郑岗岭试点杉木高世代自由授粉家系两年生苗高方差分析结果

变　因	平方和	自由度	均　方	期望均方结构
区　组	51.7100	39	1.3259	$\sigma_e^2 + 0.0785\sigma_f^2 + 26.6725\sigma_b^2$
家　系	67.2052	28	2.4002 **	$\sigma_e^2 + 36.7879\sigma_f^2 + 0.0795\sigma_b^2$
误　差	434.3056	999	0.4347	$\sigma_e^2 - 0.0031\sigma_f^2 - 0.0022\sigma_b^2$

解联立线性方程组，可得：$\sigma_e^2 = 0.4350$；$\sigma_f^2 = 0.0533$；$\sigma_b^2 = 0.0332$。

半同胞家系遗传力：$H_f^2 = 0.8169$；单株遗传力：$H_i^2 = 0.3066$。

苗高遗传变异系数 $GCV = 9.08\%$；表型变异系数 $PCV = 28.39\%$。

江西分宜亚林中心，大岗山砚里的杉木一代自由授粉子代试验林，树高的方差分析结果见表6-10。

表 6-10 杉木一代自由授粉家系 8 年生树高方差分析结果

变因	平方和	自由度	均方	期望均方结构
区 组	239.5773	49	4.8893	$\sigma_e^2 + 0.1251\sigma_f^2 + 47.9902\sigma_b^2$
家 系	364.5877	54	6.7516**	$\sigma_e^2 + 43.6321\sigma_f^2 + 0.1208\sigma_b^2$
误 差	3020.60	2296	1.3156	$\sigma_e^2 - 0.0027\sigma_f^2 - 0.0028\sigma_b^2$

由表6-10可知，一代杉木自由授粉的家系在树高性状间存在极其显著的差异。根据表6-10的结果，可推算出表6-11的结果，比较表6-8、6-9和表6-11，可以得出：杉木三代育种群体遗传基础未窄化。

表 6-11 杉木一代自由授粉家系遗传变异

林木性状	GCV(%)	PCV(%)	σ_e^2	σ_b^2	σ_f^2	家系遗传力(%)	单株遗传力(%)
树 高	5.28	6.33	1.3160	0.0741	0.1244	80.37	24.63

8年生的杉木自由授粉家系后代测定林，就方差分析结果，可以进一步获得不同性状遗传变异信息。由表6-11知：杉木家系间树高有低度的遗传变异性 $GCV = 5.28\%$，但具有强度遗传力 $H_f^2 = 0.8037$；这意味着树高的改良要采连续多世代改良；同时杉木的单株遗传力：$H_i^2 = 0.2463$ 不低，前向选择会取得良好的效果，这也为杉木三代改良的试验所证实。

以上这一结果也与马尾松(*Pinus massoniana*)多世代改良研究结果(张一等，2009；朱亚艳等，2014)相一致。

6.4.2.2 三代杉木各家系苗高、成活率的平均表现及速生家系的早期评选

杉木各家系苗高、成活率的平均表现列于表6-12、表6-13。

表 6-12 杉木高世代自由授粉家系 1 年生苗高、成活率

家系编号	苗高(cm)	成活率(%)	家系编号	苗高(cm)	成活率(%)
遂16	66.5806	0.9688	k24	62.3462	0.8125
龙15×1339	52.6296	0.8438	c27-3	63.0968	0.9688
阳04×龙28	53.0741	0.8438	b03-3	61.9677	0.9688
a76-3	60.3226	0.9688	b42-3	68.9677**	0.9688
k天3	50.2963	0.8438	1339×1419	66.1000	0.9375
yw036	63.6667	0.8438	2代混	63.4828	0.9063
yw062	63.4444	0.8438	b56-3	42.4483	0.9063
b111-3	67.8065	0.9688	b09-3	51.1538	0.8125
1419×1339	65.2903	0.9688	遂12	56.2069	0.9063
龙28×阳24	51.5200	0.7813	ywc40	46.5000	0.8125

（续）

家系编号	苗高(cm)	成活率(%)	家系编号	苗高(cm)	成活率(%)
遂17	59.3704	0.8438	b109-3	59.0625	1.0000
b01-3	61.6333	0.9375	a77-3	65.8276	0.9063
b105-3	75.1071 **	0.8750	b13-3	63.8438	1.0000
yw179	64.1724	0.9063	闽33	62.2333	0.9375
c25-3	58.1200	0.7813	龙15-3	67.6452	0.9688
yw155	52.1333	0.9375	群体平均	60.4369	0.9022

1年生苗高超过群体平均值的共有 18 个家系，1 年生苗高超过群体半倍的标准差（68.1939）的家系有两个：b105-3；b42-3。成活率最高的家系亦有两个：B109-3，b13-3，其中 b13-3 的苗高超过 B109-3。

表6-13　杉木高世代两年生自由授粉家系两年生苗高、成活率

家系编号	苗高(cm)	成活率(%)	家系编号	苗高(cm)	成活率(%)
遂17	2.5795	0.9500	福建3代	2.4316	0.9500
b109-3	2.5816	0.9500	yw036	2.7944	0.9000
a09-3	2.8769	0.9750	yw161	2.5237	0.9500
遂13	2.4676	0.9250	yw040	2.7892	0.9250
龙15	2.3447	0.9500	c25-3	2.2972	0.9000
1419双	2.6895	0.9500	yw01	2.3892	0.9250
开24×那1-1	2.3424	0.8250	b145-3	2.8359	0.9750
yw69	2.5086	0.8750	c21-3	2.2579	0.9500
a03-3	2.3194	0.9000	b13-3	2.6342	0.9500
1339双	2.7487	0.9750	yw155	2.7568	0.9250
b01-3	2.1694	0.9000	c27-3	2.3032	0.7750
a77-3	2.0433	0.7500	b03-3	2.9128 **	0.9750
a76-3	2.1051	0.9750	b49-3	2.5083	0.9000
龙2代混	3.0525 **	1.0000	遂15	2.7441	0.8500
开天13	2.5297	0.9250	群体平均	2.5438	0.9198

2年生苗高超过群体平均值的共有 13 个家系，1 年生苗高超过群体半倍的标准差（2.9049cm）的家系有两个：龙 2 代混，b03-3；成活率最高的家系有龙 2 代混，a09-3，1339 双，a76-3，b145-3，b03-3 等 6 个家系。

6.4.3　结　论

（1）经过统计分析和比较分析，可以肯定：相对于一代育种群体，经多世代选择，树高性状在三代育种园的遗传基础没有窄化，高世代育种具有良好的前景。

（2）经统计分析，可以发现，遂昌杉木三代试验林的苗高性状，有较高的遗传变异性，家系遗传力在 0.8 以上，单株遗传力在 0.3 以上；苗高的变异性较窄；GCV 在 5.5% 左右变动，故杉木经济性状（杉木树高改良）要采取连续多世代改良策略。

（3）固定模型条件下，东丈试点的方差分析结果是，1 年生苗高超过群体平均值的共有 18 个家系，1 年生苗高超过群体半倍的标准差（68.1939）的家系有两个：b105-3；b42-3；郑岗岭试点的方差分析结果是两年生苗高超过群体平均值的共有 13 个家系，1 年生苗高超过群体半倍的标准差（2.9049cm）的家系有两个：龙 2 代混，b03-3。

（4）两个试点的杉木造林成活率较高，说明参试杉木对试验环境适应性较好。其中，东丈试点成活率最高的家系亦有两个：B109-3，b13-3；郑岗岭试点成活率最高的家系有龙 2 代混，a09-3，1339 双，a76-3，b145-3，b03-3 等 6 个家系。

6.5　杉木高世代经济性状的遗传控制及杂交组合的苗期初选

杉木为我国南方林区重要的速生用材树种，经过几十年的遗传改良已进入到高世代时期，遗传改良工作取得了较大进展，林木生长量也已获得较大增长。近年以来，浙江从杉木 2 代育种园家系子代测定林、杂交试验林和无性系试验林中选择出优良材料在龙泉杉木国家级良种基地上营建了浙江首个杉木三代种子园（兼育种园）。

前面已论述杉木改良性状的遗传控制方式，会随着选择进行，由加性方差占主导地位过渡到显性方差占主导地位。这对制订杉木高世代育种方案有决定性的影响。为此在新建的杉木三代育种园中开展杂交试验：一方面，创制育种新材料，为将来选育出生长更快、材质更优、适应性更强的优良杂交组合；另一方面，研究与验证杉木经多世代与高强度选择对改良性状的遗传控制方式的影响，以便制订与修正现阶段杉木育种工作计划。杉木育种在我国用材树种育种中处于领先地位，在杉木育种园营建技术、育种园丰产技术、家系子代林主要经济性状遗传变异规律、杂交试验林配合力效应、无性系选育、生长与材性相关、生长性状的早晚相关、育种园效益评价等方面已做了大量的研究（徐清乾等，2002；余荣卓等，2008；何贵平等，2002；支济伟等，1994；张建忠等，2005；洪舟等，2009；翁玉榛等，2008；郑勇平等，2007），取得较多成果，为我国林木遗传改良作出了较大贡献。

2013 年在浙江龙泉杉木三代育种园中开展了杂交试验，试验采用双因素交叉遗传设计（NCⅡ），2014 年在龙泉等地进行了育苗试验，本文为龙泉点杉木杂交试验的苗期结果，旨在了解杂交试验苗期主要性状遗传参数值、亲本的配合力效应、遗传方差分量以及杂交组合的苗期生长表现，为杉木遗传改良提供理论依据和优良材料。

6.5.1　试验点概况

育苗试验设在浙江省龙泉市林科院容器育苗基地中，地理位置为 119°06′E、28°03′N，海拔高 280m，年平均气温 17.6℃，极端最低气温 -8.5℃，7 月均气温 27.8℃，极端最高温 42.4℃，年平均降水量 1664.8mm，无霜期 263d，属中亚热带湿润季风气候。容器育苗基地设施为开放式连体大棚，大棚上只有遮阴网，并采用自动喷雾装置进行浇水。

6.5.2　材料与方法

6.5.2.1　试验材料

本试验材料为 5×5 双因素交叉遗传设计，亲本及杂交组合如表 6-14，共获 25 个杂交组合苗木。另加杉木 2 代育种园混种和龙 15(优良家系)作为试验对照。

表 6-14　杉木 5×5 双因素交叉遗传设计

母　本	父　本				
	YW155	YW179	A74-3	A77-3	C25-3
B09-3	3101	3102	3103	3104	3105
L15-3	3106	3107	3108	3109	3110
B46-3	3111	3112	3113	3114	3115
B49-3	3116	3117	3118	3119	3120
B03-3	3121	3122	3123	3124	3125

6.5.2.2　研究方法

2014 年 3 月初，试验采用分杂交组合大棚播种育苗，5 月待芽苗长至 3~4cm 时，再将芽苗移植于轻基质无纺布容器中，轻基质无纺布容器规格为 5cm×10cm，基质配比为 70%泥炭 + 30% 炭化谷壳(体积比) + 2.5kg 缓释肥/每立方米(缓释期半年，美国产，J. R. simplot company)，将 32 袋无纺布容器袋苗放入容器托盘中(长宽高 52cm×28.5cm×8cm，8×4 = 32 孔型)，即每杂交组合 32 株(袋)小区，容器托盘直接放在铺有黑色地膜上的苗床上，随机区组设计，并重复 4 次。2014 年 11 月底进行苗期性状调查，每重复按顺序调查苗木 20 株，调查因子为苗高、基径、分枝数，试验统计以各杂交组合平均值为计算单位，方差分析按双因素交叉遗传设计方法(NCⅡ)，采用混合模型进行分析(表 6-15)，估计亲本的方差分量、性状的遗传力。同时按固定模型估计亲本配合力效应值等。

表 6-15　双因素交叉式遗传设计的方差分析(混合模型)

变异来源	自由度	均　方	期望均方
重　复	$r-1$	—	
杂交组合间	$n-1$	M	$\sigma_e^2 + r\sigma_g^2$
母本间	$m-1$	M_1	$\sigma_e^2 + r\sigma_{mf}^2 + rf\sigma_m^2$
父本间	$f-1$	M_2	$\sigma_e^2 + r\sigma_{mf}^2 + rm\sigma_f^2$
母本×父本互作	$(m-1)(f-1)$	M_3	$\sigma_e^2 + r\sigma_{mf}^2$
试验误差	$(r-1)(mf-1)$	Me	σ_e^2

注：f=母本数，m=父本数，r=重复数，n=组合数。

由上表可以检验参试因子的作用大小，估计各因子方差分量和一系列的遗传参数：
杂交组合的广义遗传力 $H_B^2 = 1 - 1/F$(F 值为方差分析表中组合的 F 值)
父系半同胞遗传力：$H_m^2 = \sigma_m^2 / [\sigma_m^2 + (1/f)\sigma_{mf}^2 + (1/rf)\sigma_e^2]$
母系狭义遗传力 $H_f^2 = \sigma_f^2 / [\sigma_f^2 + (1/m)\sigma_{mf}^2 + (1/mr)\sigma_e^2]$
研究性状的加性与显性之比 $V_A : V_D = (2\sigma_m^2 + 2\sigma_f^2) : 4\sigma_{mf}^2 = (\sigma_m^2 + \sigma_f^2) : 2\sigma_{mf}^2$
研究性状的广义遗传力 $H_B^2 = (2\sigma_m^2 + 2\sigma_f^2 + 4\sigma_{mf}^2) / [\sigma_m^2 + \sigma_f^2 + \sigma_{mf}^2 + \sigma_e^2]$
试验数据均采用 DPS 软件计算(唐启义等，2007)，分枝数计算时进行了平方根转换。
由于苗高、基径和分枝数三性状间存在正相关，所以杂交组合苗期初选可采用杨纪珂提出的基本指数法。

三个性状的权重之比＝苗高：基径：分枝数＝2：2：1，基本指数公式为：

$$I = \sum_{i=1}^{n} W_i \cdot H_B^2 \cdot X_i / P_i = 0.4811A1 + 45.984A2 + 0.8395A3$$

式中：A1、A2、A3 分别代表苗高、基径和分枝数杂交组合的矩阵；W_i ＝为经济权重；H_B^2 为杂交组合某一性状的遗传力；X_i 为某一杂交组合某一性状的平均值；P_i 为杂交组合某一性状的标准差；I 为该组合的基本指数。

基本指数的计算在 Excel 和 Matlab7.0 平台上完成。

6.5.2.3　技术路线

本研究采用的技术路线见图 6-6。

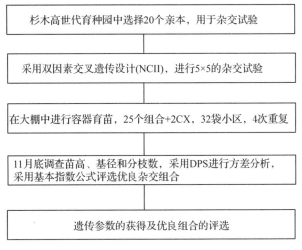

图 6-6　本研究的技术路线

6.5.3　结果与分析

6.5.3.1　杉木三代杂交组合苗期各性状的差异

杉木 3 代育种园中杂交组合的苗高、基径、分枝数 3 个苗期性状的生长差异和方差分析结果可知，各性状组合间均存在极显著差异，表明杉木 3 代种园中进行杂交试验的组合间有较大差异。同时从表 6-16 ~ 表 6-18 中还可看出，苗高和基径在组合内单株间有一定的变异（苗高的离差为 ±3.88 ~ ±6.67cm，基径的离差为 ±0.05 ~ ±0.09cm），但相对于苗高和基径而言不大，而分枝数在各组合内单株间的离差相对于分枝数则较大（±1.17 枝 ~ ±1.70 枝），且 3 个性状的离差在组合间也有一定的差异，即组合间苗木的整齐度也不尽相同，离差值越小，组合内苗木越整齐。杂交组合生长性状在组合内株间的变异，为今后造林试验中选择优良个体提供了可能。另外杂交组合各位性状平均值与两试验对照的苗高、基径和分枝数的平均值（CK1 为 2 代混种分别为 25.25cm、0.40cm、1.78 枝，CK2 为龙 15 分别为 26.85cm、0.41cm、2.12 枝）相比，组合苗高平均值明显大于 CK1 和 CK2（分别提高了 11.76% 和 5.10%），而组合的基径与对照则相差不大，表明杉木 3 代育种园在高生长量上的改良效果从苗期就有所表现。从表 6-19 还可看出，苗期 3 性状在母本×父本的交互作用均达极显著差异程度，表明父母本的交互作用明显，杉木高世代杂交会产生杂种优势。同时在苗高性状上母本效应差异达显著水平，表明母本对性状表达有明显差异，即杂交试验时采用不同父本对苗高生长量将产生较大影响，从表 6-16 可以看出，苗高中母本 YW155 和 YW179 有相对较高的母本平均值，它们均选自福建邵武的优良无性系材料。

表 6-16　杉木 5×5 双因素交叉设计各组合苗高平均值　（cm）

♀ ＼ ♂	YW155	YW179	A74-3	A77-3	C25-3	母本平均
B09-3	25.10±4.16	30.73±4.30	26.53±4.24	27.25±4.93	27.48±5.17	27.42
L15-3	30.03±5.04	27.10±3.88	26.23±5.17	25.43±5.13	29.20±4.77	27.60
B46-3	34.18±4.76	29.15±5.00	28.78±4.25	28.58±5.66	28.25±5.18	29.79
B49-3	32.65±5.15	32.98±6.67	26.38±4.66	26.95±5.37	29.00±5.67	29.59
B03-3	31.88±5.44	26.20±4.80	26.15±6.33	25.20±4.84	24.18±3.99	26.72
父本平均	30.77	29.23	26.81	26.68	27.62	28.22

表 6-17　杉木 5×5 双因素交叉设计各组合基径平均值　（cm）

♀ ＼ ♂	YW155	YW179	A74-3	A77-3	C25-3	母本平均
B09-3	0.38±0.08	0.42±0.08	0.39±0.08	0.37±0.07	0.41±0.07	0.39
L15-3	0.41±0.08	0.39±0.05	0.44±0.08	0.39±0.09	0.41±0.06	0.41
B46-3	0.50±0.07	0.41±0.07	0.40±0.08	0.41±0.06	0.39±0.07	0.42
B49-3	0.43±0.09	0.46±0.09	0.45±0.07	0.42±0.07	0.41±007	0.43
B03-3	0.43±0.08	0.39±0.05	0.40±0.06	0.37±0.06	0.36±0.06	0.39
父本平均	0.43	0.41	0.41	0.39	0.40	0.41

表 6-18　杉木 5×5 双因素交叉设计各组合分枝数平均值　（枝）

♀ ＼ ♂	YW155	YW179	A74-3	A77-3	C25-3	母本平均
B09-3	1.35±1.33	2.58±1.30	2.65±1.33	1.93±1.25	2.45±1.69	2.19
L15-3	1.43±1.48	1.28±1.36	3.18±1.43	2.13±1.42	2.00±1.45	2.00
B46-3	3.50±1.65	2.40±1.53	2.20±1.38	1.80±1.67	2.38±1.48	2.46
B49-3	1.78±1.62	2.63±1.70	4.13±1.52	1.95±1.45	2.48±1.63	2.59
B03-3	1.98±1.52	2.15±1.41	2.83±1.32	1.30±1.17	1.70±1.26	1.99
父本平均	2.01	2.21	3.00	1.82	2.20	2.25

表 6-19　杉木杂交组合苗高、基径、分枝数 3 个苗期性状方差分析结果

变异来源	自由度	苗　高		基　径		分枝数	
		均方	F 值	均方	F 值	均方	F 值
重　复	3	12.3044	2.36	0.0012	2.40	0.0700	0.16
组　合	24	28.2454	5.43**	0.0038	7.14**	1.8725	4.20**
父　本	4	38.0739	2.17	0.0077	2.97	1.4560	1.01
母　本	4	61.0841	3.48*	0.0048	1.85	4.0218	2.78
母本×父本	16	17.5785	3.38**	0.0026	4.86**	1.4393	3.23**
机　误	72	5.2062		0.0005		0.4455	

6.5.3.2　杉木三代杂交试验苗期各性状方差分量、遗传力估值

　　配合力方差分量能够有效地衡量性状的遗传控制方式。杉木杂交试验苗期各性状方差分量从表 6-20 可知，苗高的一般配合力方差分量与特殊配合力方差分量相近，根据加性方差与一般配合力间、显性方差与特殊配合力间的关系，可计算出加性方差与显性方差的比，分别为 1:1.93（苗高）、1:2.50（基径）、1:3.80（分枝数），即显性方差占主导地位。这 3 个性状的遗传方式由基因加性遗传效应和显性遗传效应共同起着作用，但显性遗传效应占主导地位。这一结果与我们以前的研究结果相同，并验证了我们以前推断：高世代杂交会产生杂种优势。杉木三代遗传改良方案应以利用显性遗传方差为主，以建立几个系的杂交种子园来利用杂交育种成果。

表 6-20　杉木杂交试验苗期各性状方差分量、遗传力估算[**]

性　状	方差分量				遗传力（%）		
	σ_m^2	σ_f^2	σ_{mf}^2	加性显性方差比 $V_A : V_D$	杂交组合广义 H_B^2	母系狭义遗传力（h_m^2）	父系狭义遗传力（h_f^2）
苗　高	1.0248	2.1753	3.0931	1:1.93	81.58	71.26	53.92
基　径	0.0003	0.0001	0.0005	1:2.50	85.99	45.95	66.33
分枝数	0.0008	0.1291	0.2484	1:3.80	76.19	64.03	—

　　注：分枝数的父系效应不显著，故不能估计遗传力。

　　杂交试验的目的就是希望获得突出表现的杂交组合，产生较大的杂种优势，为林业生产上应用。而性状遗传力指标的高低能反映该性状的遗传能力。由表 6-20 可知，杂交试验苗期 3 性状遗传力：以杂交组合的广义遗传力为高，均在 75% 以上，父系半同胞狭义遗传力从苗高的 53.92%，到苗高的 66.33% 变化，母系分枝数的遗传效应不显著，不能由此估计遗传力；母系半同胞狭义遗传力，从基径的 45.95% 到苗高的 71.26%。杂交组合的遗传力如此之高，提醒我们要把更多的精力放在杂交组合的选育上。

6.5.3.3　杉木杂交试验中各亲本及组合的苗高和基径 2 生长性状配合力效应值

　　亲本配合力效应值的高低能反映出亲本配合能力的大小，不同性状根据不同育种目标，所要求的配合力效应值也不尽相同。本试验中苗高和基径 2 个生长性状均要求正向的效应值，亲本的效应值越高，其配合能力越强。从表 6-21、表 6-22 可知，苗高中母本一

般配合力效应值最高的是 B46-3 亲本，其次是 B49-3 亲本，基径中母本一般配合力效应值最高的是 B49-3 亲本，其次 B46-3 是亲本，苗高中父本一般配合力效应值最高的是 YW155亲本，其次是 YW179 亲本，基径中父本一般配合力效应值最高的是 YW155 亲本，其次A74-3 和 YW179 是亲本，且均为正值，综合父母本，亲本 B46-3、B49-3、YW155、YW179 在苗高和基径中一般配合力效应值均为较高正值，表明将它们应用于育种园中，会生产出生长较快的自由授粉种子。从表 6-24、表 6-25 中同样可以看出，苗高中特殊配合力效应值较高的组合有 B46-3×YW155 、B49-3×YW179、B49-3 ×YW155、B03-3 ×YW155、B09-3×YW179 等组合，基径中特殊配合力效应值较高的组合有 B46-3×YW155、B49-3×YW179、B49-3 ×A74-3、B49-3×YW155、B03-3 ×YW155、B49-3×A7-3、B09-3×YW179 等，且它们的都为正值，综合苗高和基径，B46-3×YW155 、B49-3×YW179、B49-3×YW155、B03-3×YW155、B09-3×YW179 等 5 个杂交组合的特殊配合力效应值均为正值，有明显的杂交优势，是苗期生长量表现较突出的组合，可作为苗期初选速生型组合的依据。

表 6-21   各亲本一般配合力和各组合特殊配合力效应值 (苗高)

♀ \ ♂	YW155	YW179	A74-3	A77-3	C25-3	母本平均
B09-3	-11.0591	8.8728	-6.0097	-3.4407	-2.6434	-2.8560
L15-3	6.3924	-3.9722	-7.0728	-9.9075	3.4691	-2.2182
B46-3	21.0978	3.2919	1.9631	1.2544	0.1028	5.5420
B49-3	15.6940	16.8456	-6.5412	-4.5037	2.7604	4.8510
B03-3	12.9478	-7.1613	-7.3385	-10.7048	-14.3368	-5.3187
父本平均	9.0146	3.5754	-4.9998	-5.4605	-2.1296	

表 6-22   各亲本一般配合力和各组合特殊配合力效应值 (基径)

♀ \ ♂	YW155	YW179	A74-3	A77-3	C25-3	母本平均
B09-3	-7.4982	2.3034	-4.4352	-8.7234	-0.1470	-3.7001
L15-3	-0.1470	-4.4352	6.5915	-5.6604	-0.1470	-0.7596
B46-3	22.5190	-0.1470	-1.3722	-0.7596	-3.8226	3.2835
B49-3	5.9789	12.1049	9.6545	2.9160	1.0782	6.3465
B03-3	4.1411	-4.4352	-3.2100	-9.3359	-13.0115	-5.1703
父本平均	4.9988	1.0782	1.4457	-4.3127	-3.2100	

6.5.3.4   杉木三代杂交中速生型组合苗期初选

未来的杉木杂交组合的评选，是基于多性状的遗传变异性。基本选择指数综合考虑了杂交组合的遗传变异性和性状的经济权重，且苗高、基径和分枝数不存在负相关。本研究采用了杨纪珂的基本指数公式来评定杂交组合的优劣。杉木三代育种园 25 个杂交组合的基本指数值见表 6-23。

表 6-23 杉木 5×5 双因素交叉遗传设计各组合的指数值

母 本	父 本				
	YW155	YW179	A74-3	A77-3	C25-3
B09-3	30. 6829	36. 2634	32. 9220	31. 7443	34. 1308
L15-3	34. 5014	32. 0461	35. 5218	31. 9563	34. 5806
B46-3	42. 3742	34. 8923	34. 0866	34. 1144	33. 5228
B49-3	36. 9753	39. 2272	36. 8514	33. 9160	34. 8873
B03-3	36. 7728	32. 3435	33. 3501	30. 2291	29. 6144

以上交配群体的平均指数值为 34. 3003，有 14 个组合的指数值超过了群体平均数值，特别突出优秀的 6 个组合见表 6-24。

表 6-24 运用基本指数法评选出的优良和不良的杂交组合

优良组合	指数值	生长不良的组合	指数值
B46-3×YW155	42. 3742	L15-3×A77-3	31. 9563
B49-3×YW179	39. 2272	B09-3×A77-3	31. 7443
B49-3×YW155	36. 9753	B09-3×YW155	30. 6829
B49-3×A74-3	36. 8514	B03-3×A77-3	30. 2291
B03-3×YW155	36. 7728	B03-3×C25-3	29. 6144
B09-3×YW179	36. 2634		

入选组合的苗高、基径和分枝数平均值比试验对照 CK1（2 代育种园混种）分别提高了 28. 63 %、12. 50%和 39. 89%；比试验对照 CK2（龙 15）分别提高了 20. 97%、9. 76%和 17. 45%（表 6-25）。这些初选组合是苗期结果仅供参考，还需要在造林试验中进行检验。

表 6-25 5 个苗期速生型杉木杂交组合及对照苗期性状值

组 合	苗高（cm）	基径（cm）	分枝数（枝）
B46-3×YW155	34. 18	0. 50	3. 50
B49-3×YW179	32. 98	0. 46	2. 63
B49-3×YW155	32. 65	0. 43	1. 78
B03-3×YW155	31. 88	0. 43	1. 98
B09-3×YW179	30. 73	0. 42	2. 58
B49-3×A74-3	26. 38	0. 45	4. 13
入选组合平均值	32. 48	0. 45	2. 49
CK1（2 代混种）	25. 25	0. 40	1. 78
CK2（龙 15）	26. 85	0. 41	2. 12

6.5.4 结论与讨论

（1）在杉木三代育种园中开展了 5×5 双因素交叉遗传设计杂交试验，苗高、基径和分枝数 3 个苗期性状在组合间达极显著差异水平，表明杉木三代杂交组合间在苗期生长等性状上就有较大差异；同时 3 性状的母本×父本交互作用均达极显著差异程度，即特殊配合力方差达显著程度，以及在苗高性状上母本间也达显著差异程度，表明父母本的交互作用和母本效应明显，即本杂交试验中基因非加性遗传效应起着重要作用，可创造出杂交优势明显的杂交组合，同时为杂交试验中亲本的选择提出来了要求，从本试验结果看，苗高生长表现较好的杂交组合母本来自原浙江杂交组合中选出的优良杂交组合中的优良单株，父本来自福建优良无性系材料，表明没有亲缘关系的优良材料进行远缘杂交可产生明显的杂种优势，进一步表明在营建杉木高世代育种园时，应多选择来自不同产地、没有亲缘关系的优良材料建园。

（2）杉木杂交试验中，苗高和基径 2 个生长性状的一般配合力效应值以母本 B46-3 和 B49-3，父本 YW155 和 YW179 较高，且均为正值，是较好的亲本，从入选的 5 个杂交组合中也可看出，它们均与这 4 个亲本有关。

（3）苗高、基径、分枝数 3 个苗期性状均有较高的特殊配合力方差分量，表明这 3 个性状的遗传方式由基因加性效应和非加性效应共同起着作用，且非加性遗传效应起主导作用，杉木高世代亲本间杂交有较大的可能性产生杂种优势。3 个苗期性状有中等以上的广义遗传力，表明各性状组合间的差异主要为遗传控制，为今后优良杂交组合的选择提供了保障。

（4）参照杂交组合的特殊配合力效应值，以苗高生长量为主，初选出 6 个苗期速生型的杂交组合，入选组合的苗高、基径平均值比试验对照 CK1（2 代育种园混种）分别提高了 28.63% 和 12.50%，比对照 CK2（龙 15）也分别提高了 20.97% 和 9.76%。

参考文献

蔡邦平，梁一池，1998. 马尾松高世代遗传改良方案探讨[J]. 福建林业科技，25(1)：20-25.

陈孝丑，2013. 杉木耐瘠薄速生优树子代测定及早期选择[J]. 林业科技开发，27(4)：55-57.

陈益泰，支济伟，管宁，1998. 杉木材质和生长性状的遗传变异[A]//台湾省林业试验所. 两岸林木种源交流研讨会文集[C]. 台湾：台湾震大打字印刷有限公司出版社，95-103.

程政红，雷秀嫦，1996. 高世代杉木种子园建立技术研究[J]. 湖南林业科技，1：1-9.

冯源恒，李火根，杨章旗，等，2017. 广西马尾松第二代育种群体的组成[J]. 林业科学，53(1)：54-61.

何贵平，徐永勤，齐明，等，2011. 杉木 2 代种子园子代主要经济性状遗传变异及单株选择[J]. 林业科学研究，24(1)：123-126.

何贵平，陈益泰，张国武，2002. 杉木主要生长、材质性状遗传分析及家系选择[J]. 林业科学研究，15(5)：559-563.

何贵平，骆文坚，金其祥，等，2009. 杉木无性系主要生长、材质性状遗传差异及无性系选择[J]. 江西农业大学学报，31(1)：91-93，118.

何贵平，齐明，程亚平，等，2016. 杉木杂交育种亲本选配的方法研究[J]. 江西农业大学学报，38(4)：646-653.

何贵平，巫佳黎，刘荣松，等，2014. 龙泉杉木种子园主要丰产技术措施[J]. 江西农业大学学报，36 增刊，30-32.

何贵平，徐肇友，王帮顺，等，2015. 杉木杂交试验苗期主要性状遗传分析[J]. 江西农业大学学报，37(5)：836-842.

洪舟，吴建辉，杨立伟，等，2009. 杉木 8×8 双列杂交组合子代树高遗传分析及早期选择[J]. 林业科技开发，23(4)：20-24.

胡德活，郝玉宝，梁机，等，2011. 广东乐昌杉木种质资源库无性系生长与材质性状的变异分析[J]. 西南林业大学学报，31(6)：1-5.

胡彦师，2003. 福建省马尾松优良种源区内再选择的研究[D]. 福州：福建农林大学.

姜年春，何贵平，王帮顺，等，2019. 杉木杂交试验幼年主要生长性状遗传分析[J]. 浙江林业科技，39(1)：60-64.

李寿茂，施季森，陈孝丑，等，1999. 杉木第二代种子园自由授粉家系的评选[J]. 南京林业大学学报，23(4)：67-70.

廖世水，2011. 高世代杉木种源在不同立地条件下的生长适应性[J]. 亚热带植物科学，40(3)：60-63.

马育华，1982. 植物育种的数量遗传学基础[M]. 南京：江苏科学技术出版社.

齐明，何贵平，李恭学，等，2011. 杉木不同水平试验林的遗传参数估算和高世代育种的亲本评选[J]. 东北林业大学学报，39(5)：4-8.

齐明，1997. 参试子代样本数对数量性状遗传分析结果的影响 [J]. 林业科学研究，10(6)：629-633.

齐明，2009. 林木遗传育种中试验统计法新进展[M]. 北京：中国林业出版社.

齐明，何贵平，李恭学，等，2011. 林木材性遗传变异研究方案的进一步拓展[J]. 福建林学院学报，31(2)：181-184.

齐明，何贵平，2014. 林木遗传育种中平衡不平衡规则不规则试验数据处理技巧[M]. 北京：中国林业出版社.

齐明，王海蓉，2009. 木材材性遗传变异研究方案若干问题的探讨[J]. 浙江林业科技，29(1)：1-6.

施季森，叶志宏，张敬源，1987. 杉木木材材性的遗传和变异研究 Ⅱ：杉木种子园自由授粉子代间木材密度的遗传变异和性状之间的相关性 [J]. 南京林业大学学报(4)：15-25.

唐启义，冯明光，2007. DPS 数据处理系统[M]，北京：科学出版社.

王章荣，2012. 高世代种子园营建的一些技术问题[J]. 南京林业大学学报，36(1)：8-10.

王章荣，2012. 林木高世代种子园原理及其在我国的应用[J]. 林业科技开发，26(1)：1-5.

翁玉榛，2008. 杉木第二代种子园自由授粉子代遗传变异及优良家系选择[J]. 南京林业大学学报：自然科学版，32(1)：15-18.

徐清乾，许忠坤，程政红，等，2002. 第二代杉木种子园建立技术研究[J]. 湖南林业科技，29(2)：16-19.

叶培忠，陈岳武，阮益初，等，1981. 杉木早期选择的研究[J]. 南京林业大学学报，5

（1）：106-116.

余荣卓，2008. 杉木育种园子代优良无性系测定及选择[J]. 福建林业科技，35（1）：17-20, 25.

张建忠，徐永勤，沈凤强，等，2005. 杉木2代种子园单亲子代试验[J]. 林业科学研究，18（5）：632-635.

张一，储德裕，金国庆，2009. 马尾松1代育种群体遗传多样性的 ISSR 分析[J]. 林业科学研究，22（6）：772-778.

郑仁华，苏顺德，肖军，等，2014. 杉木优树多父本杂交子代测定及母本选择[J]. 林业科学，50（9）：44-50.

郑勇平，孙鸿有，董汝湘，等，2007. 杉木不同世代不同类型种子园遗传改良增益研究[J]. 林业科学，43（3）：20-27.

支济伟，陈益泰，1994. 杉木主要材质性状配合力研究[J]. 林业科学研究，7（5）：531~536.

朱亚艳，何花，秦雪，等，2014. 马尾松二代育种亲本遗传多样性分析[J]. 中南林业科技大学学报，34（9）：65-69.

Atwood R A, White T L, Huber D A, 2002. Genetic parameters and gains for growth and wood properties in Florida. source loblolly pine in southeastern United States [J]. Can. J. For. Res. , 32(6)：1025-1038.

David M O'Malley & Steven E McKeand, 1994. Marker assisted selection for breeding value in forest trees[J]. Forest Genetics, 1(4)：207-218.

Digital. library. okstate. edu/forestry/sf27p017. pdf.

Dr T White, 2001. Breeding strategies for forest trees：Concepts and challenges[J]. The Southern African Forestry Journal, 190：1, 31-42.

Harry Wu. advanced generation tree breeding：Chalenges and opportunites[R]. J. P. van Buijtenen. Advanced generation breeding. admin. rngr. net / rngr. net.

Hodge G R and White T L , 1993. Advanced-generation wind-pollinated seed orchard design [J]. New For. 7：213-236.

Zobel J B, Weir R J, Jett J B, 1972. Breeding Methods to produce progeny for advanced-generation Selection and Evaluate Parent trees[J]. Can. J. Forest Res. , 2(3)：339-345.

Klein E I, 1998. A plan for advanced-generation breeding of Jack pine [J]. Forest Genetics, 5 (2)：73-83.

Kung F H, 1979. Improved Estimators for provenance breeding values[J]. Silvae Genet. , 28 (2-3)：114-116.

Lambeth C, Lee B C, O'Malley, et al. , 2001. Polycross breeding with parental analysis of progeny：an alternative to full-sib breeding and testing[J]. Theor. Appl. Genet. , 103：930-943.

Li Bailian, 2005. Forest Genetics and Tree Breeding in the Age of Genomics[R]. the conference on "Forest Genetics and Tree Breeding in the Age of Genomics – Progress and Future" organized by Research Group 202 Conifer Breeding and Genetic Resources. Forest Genetics, 12(2)：141-143(http：//iufro-down. boku. ac. at/iufronet/d2/wu20200/ev20200. htm).

M LstibůRek , YA Elkassaby, D Lindgren, 2008. Advanced generation seed orchard designs [J]. Seed Orchards: from A Conference at Ume.

Van Buijtenen J P, Lowe W J, 1979. The use of breeding groups in advanced generation breeding[R]. Conf Miss State: Proc 15th South For tree Improvement.

White T L, Hodge G R and Powell G L, 1993. An advanced-generation tree improvement plan for slash pine in the southeastern United States[J]. Silvae Genet. , 42: 359-371.

Yark Y, Weng Y, Mansfield Sh D, 2012. Genetic effects on wood quality traits of plantation-grown white spruce(*Picea glauca*) and their relationships with growth[J]. tree genetics & Genome, 8(2): 303-311.

Zobel B J, Buijtenen J P V, 1989. The effect of silvicultural practices on wood properties[M]// Wood Variation.

Chapter 7
第7章
关联作图的原理、分析步骤及研究进展

7.1 连锁作图的局限性

7.1.1 林木连锁作图方法的局限性

21世纪以来，分子标记在林木遗传研究上的广泛应用，极大地推动了林木遗传学的发展。遗传连锁图谱构建和QTL定位为研究林木的基因组结构提供了一个有力的工具，并为加速林木育种过程提供了新的技术手段。时至今日，国内展开过连锁遗传图谱研究的信息达9940条之多，国际上展开此项目研究的更多，多达126000条(英语)。这反映了世界各国对遗传连锁图谱构建研究的重视。短短的几年时间内，就在杨树、桉树、马尾松、火炬松、辐射松、花旗松、美洲栗、糠松、湿地松、海岸松等几十个树种建立了遗传图谱。

传统的林木连锁遗传作图领域存在的主要问题是：①构图群体内个体有限，一般为80~100个个体；②作图采用的标记多为随机标记，导致建成的图谱以及利用图谱获得的数量性状基因位点(QTL)信息具有杂交组合特异性，造成了QTL的可信度和在林木遗传改良以及标记辅助选择中的实用性降低等现象；③图距较大，标记稀疏；④以此为基础的QTL检测主要依赖一个或几个亲本组合，并具有假阳性和假阴性；⑤以此进行MAS，不能有效利用更多的种质资源和更广泛的遗传多样性。

基因位点间连锁造成的连锁不平衡，其实质是连锁使基因在群体内的分布失去随机性，使不同基因的分布产生相关。借助于分子标记手段，利用基因在连锁情况下的相关现象进行基因与性状间的相关分析，进而形成了QTL分析的系统方法。

目前，QTL分析方法已找到了不少与重要育种性状有关的染色体片段。但是现有的QTL分析只是有关染色体片段的初步定位，对于寻找目标基因来说，尚存在较大的不足，在寻找基因的广度、深度和精确性等方面，尚不能充分满足人类遗传育种研究与利用的需求，有待进一步的改进。

7.1.2　人工作图群体的局限性

现有的 QTL 分析法需使用人工创造的作图群体。一般情况下，这类作图群体仅限于少数几个杂交组合，而这些杂交组合又源于少数几个亲本材料。遗传材料的局限性必然影响可供挖掘的优良基因的丰富程度，因此在效率和精度上较低。因为在实际育种中，育种专家不可能仅仅使用这些有限数量的含有优良相关基因的材料，而是利用广泛的种质资源。仅用少数人工作图群体：其一，是不能在广泛的遗传基础上揭示这些已知基因的表达模式是否相同，以及其等位形式究竟有多少，因为已知的相关基因在不同种质资源中肯定会存在不同的等位基因，而这些等位基因才有可能是造成目标性状遗传差异的真正原因；其二，是不能挖掘所用作图群体内不存在但很重要的优良目标基因。

7.1.3　目标基因定位效率的局限性

QTL 分析通常需要构建高密度的连锁图谱；需要配制作图群体；从初步定位到精细定位尚需较长的过程。因而 QTL 分析耗时长，花费大量的人力、物力，接近目的基因慢，效率低。而且人工作图群体中位点间连锁不平衡程度一般较大，即使是染色体上相距较远的位点也会表现出较强的连锁。因此会使 QTL 检测基因的精确度受到质疑。

总之，采用连锁作图及其 QTL 分析来挖掘优良基因，远远不能满足育种的实际需求，关联分析可以弥补连锁作图方法的不足，更为有效地挖掘优良基因。

关联分析最初普遍应用于人类疾病研究，直到 2001 年才开始运用于植物遗传学研究。

目前关联分析已在很多植物中成功运用，虽然关联分析在植物遗传学研究中起步较晚，但其发展迅速，特别是随着新的统计方法的推出、基因型测序技术的发展和关联分析方法的日益完善，其在植物遗传学中将得到更广泛的应用。

植物分子育种是未来的发展方向，关联分析是一种高效的 QTL 鉴定工具，对于重要目标基因的等位基因筛选，为优良基因的聚合奠定基础；其次，在 MAS 中，以连锁遗传图谱为基础的定位分析，得到的 QTL 与目标基因间遗传图距往往在 1cm 以上，且在 MAS 中易发生目标基因丢失或连锁累赘；而关联分析鉴定基因的精度是连锁分析的 5000 倍；在分子设计育种方面，关联作图可为基因功能分析、功能标记开发和反向遗传学研究提供有效信息。

关联作图拥有众多的优势，但其不足之处也引起重视。首先，关联分析以连锁不平衡为基础，LD 高低水平决定性状与标记之间的关系，较高的 LD 水平可能由紧密的连锁引起，但连锁水平的高低不完全由连锁决定，许多因素诸如群体混合和选择都可能会引起 LD 水平的提高(王荣焕等，2007)。其次，大多数植物经历漫长的进化史与育种史，与野生近缘种之间存在基因漂流，造成一定的群体结构，及稀有等位基因的剔除均会导致假阳性出现(Atwell et al.，2010)。因此吴静(2016)提出有必要设置验证群体，重新对发现群体(关联群体)内获得的关联结果进行验证，以便减少假阳性关联且可提高等位变异估测的精确度。

7.2　林木关联作图原理

7.2.1　林木关联分析的理论基础

近年来，植物基因组学研究呈现出由简单质量性状向复杂的数量性状转移的趋势，特别是大量 SSR 标记、单核苷酸多态标记（single nucleotide polymorphism，SNP）的开发以及生物信息学的迅猛发展，应用关联分析（association analysis）方法，发掘植物数量性状基因已成为目前国际植物基因组学研究的热点之一。关联分析是一种以连锁不平衡（linkage disequilibrium，LD）为基础，鉴定某一群体内目标性状与遗传标记或候选基因关系的分析方法。LD 指的是一个群体内不同座位上某两个等位基因出现在同一条染色体上的频率高于预计随机频率的现象。它统计的是实际观测位点间单倍型频率与期望单倍型频率之间的差异（D）。

假定两个紧密连锁的位点 1 和 2，其等位基因分别为 A、a 和 B、b，4 个等位基因的频率分别为 P_A、P_a、P_B、P_b，那么在同一条染色体上将有四种可能的单倍型组合方式：AB、Ab、aB、ab，其频率分别为 P_{AB}、P_{Ab}、P_{aB}、P_{ab}，假设位点 1 和 2 相互独立遗传，则期望单倍型 AB 的概率为 $P_A \times P_B$，实际观测得到 AB 出现的概率为 P_{AB}。计算这种不平衡的方法为：$D = P_{AB} - P_A \times P_B$。那么，如果不存在连锁不平衡，$D = 0$；如果存在连锁不平衡，则 $D \neq 0$。（Flint-Garcia，2003）。衡量两位点间 LD 水平最常用的统计方法是 r^2（squared allele-frequency correlations）和 D′（standardized disequilibrium coefficients）。其计算公式为：

$$r^2 = D^2 / P_A P_a P_B P_b ;\quad r = D / (P_A P_a P_B P_b)^{1/2} ;$$

$$D' = D^2 / \min(P_A P_b,\ P_a P_B)\ \text{当}\ D < 0\ \text{时} ;$$

$$D' = D^2 / \max(P_A P_B,\ P_a P_b)\ \text{当}\ D > 0\ \text{时}。$$

D' 和 r^2 取值范围都是从 0 到 1，即从连锁平衡到连锁不平衡。r^2 包括了重组史和突变史，而 D' 仅包括重组史，它能更准确地估测重组差异，缺陷是当样本较小时，低频率等位基因组合被发现的可能性大大减小，不适宜在小样本研究中应用。r^2 可以提供标记是否能与 QTL 相关的信息，在 LD 作图中通常采用 r^2 来表示群体的 LD 水平。

7.2.2　林木关联分析的优点

与连锁作图相比，关联作图有如下优点：利用已有的丰富的自然变异，理论上，无需构建作图群体，节约时间和成本；遗传基础广泛，可检测的信息量大，可以同时检测一基因座的多个等位基因；自然群体在长期的进化中积累了大量的重组信息，能够精确作图，实现 QTL 的精细定位，甚至有可能直接定位到基因本身。

虽然关联作图拥有众多优点，但其不足之处也应引起重视。首先，虽然紧密连锁可导致相对较高的连锁不平衡水平，但连锁不平衡水平并不完全由连锁引起，许多因素如群体混合和选择都可以引起连锁不平衡水平提高；而且长期进化和多代交配等因素，也会引起连锁，但并不代表存在显著的连锁不平衡。其次，大多数植物经历漫长的进化史与育种史，与其野生近缘种之间存在基因漂流，造成一定的群体结构，导致假阳性。

通常认为关联分析是以自然群体为研究材料；但对于林木而言，关联分析也需要有作图群体：选择关联作图群体时要注意研究材料的遗传基础、可比性和试验环境的一致性。因此林木的关联群体可以是同时同地建立的实生或扦插的种质资源收集群体，也可以是种源试验林、种源实生种子园、树种从全分布区抽取的半同胞家系试验林等，这些群体拥有广泛的遗传基础，关联分析作图与定位更为精确，可达到单基因水平。由于嫁接具有"C"效应，因此嫁接育种园或嫁接种子园等群体不适合关联作图。吴静（2016）从 2000 株同龄实生紫斑牡丹群体中，抽取 462 株具有代表性的实生单株，组成无亲缘关系的自然栽培群体，该群体个体表型变异多样，各性状表现稳定，栽培条件一致，关联分析的结果十分理想。

7.2.3　影响林木关联分析的因素

随机交配的群体中，在没有选择、突变或迁移等因素影响时，基因频率和基因型频率世代保持不变，基因座位上的多态性位点处于连锁平衡状态（Falconer and Mackay，1995），反之，选择、突变和群体混合则会导致群体 LD 水平的增加。遗传因素和非遗传因素综合作用影响 LD 大小水平，其中遗传因素是指突变产生的多态性变异导致连锁不平衡，而重组的发生则会削弱连锁不平衡程度，甚至使连锁不平衡消失，LD 与重组率成反比（王荣焕，2007）。因此，重组和突变是连锁不平衡的重要影响因素（Nachman，2002）。此外群体特征、杂交类型、染色体的位置、选择驯化、遗传漂变等其客观存在因素也会影响 LD 水平和分布情况。

7.2.3.1　杂交类型

植物间 LD 水平随杂交类型的不同差异很大。绝大多数自交植物为纯合子，重组虽然仍然发生，但其有效的重组率差异较低，对 LD 影响较小，最终造成自交植物 LD 程度高，如拟南芥（Nordborg et al.，2002）、大麦（Caldwell et al.，2006）、水稻（Garris et al.，2003）。与自交物种相比，异交物种基因有效重组率高，从而削弱染色体内部的 LD，导致连锁不平衡迅速衰减，如玉米（Jung et al.，2004）、杨树（Du et al.，2013）、火炬松（Gonzalez-Martinez et al.，2007）。

7.2.3.2　群体特征

基因组间的连锁不平衡会因物种的不同或者是相同物种的不同群体而异，表明连锁不平衡具有明显的群体依赖性。含有众多不同遗传信息的个体组成的群体，其群体多样性水平高，LD 水平则比较低；相反，当所用群体包括的个体数量有限时，其 LD 水平比较高。如玉米不同的群体来源，LD 衰退水平不同，骨干自交系在 100000bp 范围内存在 LD 衰减；不同育种自交系在 2000bp 范围内存在衰减；地方品种在 600bp 范围内存在 LD 衰减。

7.2.3.3　染色体位置

染色体位置也会影响 LD 水平，同一条染色体不同位置 LD 水平也不同。一般位于着丝粒附近的不活跃区域基因重组率较低，LD 水平高；而位于染色体臂上的区域活跃，重组率相对较高，LD 水平则较低（杨小红，2007）。例如，Remington 等发现玉米 4 号染色体着丝粒附近的 su1 基因的 LD 衰减距离已经超过 10kb（Remington et al.，2001）。Shirasawa 等使用 1284 个分子标记对 663 份栽培番茄 LD 水平进行分析，发现在异染色体区域 LD 衰减距离达 13.8Mb，而常染色体区域 LD 的衰减距离仅为 58kb（Shirasawa et al.，2013）。

7.2.3.4　选择驯化和遗传漂变

人类的驯化和定向选择会增加物种 LD 水平，对某个位点的基因进行强烈选择，会限制该位点的遗传变异发生，导致所选择基因附近区域 LD 水平显著增加（Przeworski，2002）。玉米基因组中 YI 座位的选择就是一个较为典型的例子，玉米胚乳具有白色和黄色两种，由于黄色胚乳中类胡萝卜素含量较高，受到了研究者的强烈选择，导致了黄色等位基因 YI 的多样性低白色品种 19 倍。遗传漂变也是影响 LD 的因素之一，一般认为在小且稳定的群体中遗传漂变会增长率加 LD 水平。

7.2.4　影响关联分析的假阳性消除方法

与以连锁图谱为 QTL 定位，存在假阳性和假阴性一样，关联分析中，群体中的 LD 将受到遗传漂变、群体分层和自然选择和人工选择的影响等诸多因素的影响，一些非等位基因亦可与 QTL 形成 LD，从而造成假阳性和假阴性。消除假阳性的常用办法：Yu 等（2006）和 Zhao 等（2007）对这些方法进行模拟数据和实际数据的比较验证，结果表明：Q+K 混合模型和（PCA）+K（kinship）混合模型均能较好地消除假阳性。

7.2.5　显著关联位点在连锁群体中的验证

基于杂交分离群体能够人为的通过控制杂交群体的大小，来利用稀有等位基因。因此，吴静（2016）主要将关联群体内获取的关联结果，在牡丹"凤丹白"×"红乔"的 195 株子代的杂交作图群体内进行验证，从而确定与重要性状显著关联且稳定遗传的 SSR 标记，并进一步挖掘控制优良性状的优势等位变异。显著关联位点在连锁群体中的验证结果：在花部性状中，利用 GLM 模型对于 36 个单标记关联进行检测（56 SSR×6 个性状），在 P<0.001 的显著条件下，检测到 19 个显著关联，FDR 检测后（Q<0.001），显著关联数减少到 14 个。然而，只有 2 个显著关联标记在验证群体中得到印证，这两个显著关联标记是 PS134 和 PS309，解释表型变异比率分别是 11.76% 和 30.91%。与连锁作图一样，关联作图在挖掘基因方面，同样存在假阳性和假阴性。造成原因表型评价误差过大；其次，关联分析的统计法落后等。但这些问题已经得到了解决（Saravanan et al.，2014）。

关联作图是利用群体连锁不平衡信息来作图，与连锁遗传图谱构建是一个矛盾事物的两个方面。对于同一物种（高度异交的针叶树种）可以同时展开关联作图和构建遗传连锁图谱，进行 QTL 定位，并用软件将两种 QTL 定位的结果整合到一起，或将分析结果相互比较。

连锁作图和关联作图在挖掘数量性状基因方面都具有重要作用，它们在 QTL 定位的精度和广度，提供的信息量、统计分析方法等方面具有明显的互补性，连锁作图可以初步定位控制目标性状基因的位置，而关联作图则可以快速对目标基因进行验证和精细定位，并针对特定的候选基因提供大量的信息，验证候选基因的功能。

目前，我们要结合连锁作图和关联作图的优点，分别从纵向和横向对数量性状进行剖分，这将加速数量性状基因的鉴定和克隆。

7.3　林木关联分析作图的步骤

目前关联分析主要有两种方法：全基因组关联作图和候选基因关联作图。

全基因组分析的步骤主要涉及选择作图群体、分析群体结构、选择与鉴定目标性状，最后对表型性状与分子标记进行关联。基本过程可以图 7-1 表示。

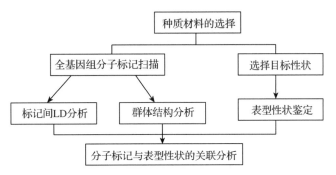

图 7-1 基于全基因组扫描的关联分析技术路线

7.3.1 选择作图群体

群体选择是关联分析的第一步，至关重要，直接决定了关联分析的可靠性和精确性。为了检测更多的等位变异，所收集的材料应可能包含该物种全部的遗传变异，这样可提高关联作图的分辨率，更易进行目的性状的精细定位。核心种质、人工合成群体、优秀的育种材料是育种工作中经常用到的关联群体。理论上，增加基因组重组信息和扩大有效群体可以降低群体的 LD 水平，提高作图精度（Rafalski and Morgante，2004）。Long 和 Langley（1999）研究发现，使用一个拥有 500 个样本的群体进行连锁不平衡分析，能够检测到 5% 的 QTLs，模拟结果表明：增加 SNPS 标记不及增加群体个体的数量，更能提高关联作图的检测效力。

7.3.2 分析群体结构

实际研究中，由于种种原因不可能存在没有群体结构的群体，因此，关联作图时首先要分析群体结构。群体结构的存在会导致染色体间 LD 水平增加，从而造成"伪关联"，即造成目的性状与不相关位点产生关联。为了避免关联分析中假阳性出现，通常使用全基因组范围内的独立的遗传标记 AFLP、SSR、SNPS 进行检测并校正群体结构。目前 STRUCTURE 是常用的群体遗传结构分析软件（Pritchard et al.，2000）。

7.3.3 选择和鉴定目标性状

性状评价的准确度、重要性、数据采集的方便性和可重复性是选取目标性状时应该考虑的。为充分挖掘优异的等位位点，应该对所研究群体材料进行多年多点且在每个环境下对表型性状进行多个重复的测定。

7.3.4 关联分析

不同类型的关联群体，一般利用不同的统计方法来解决群体结构等问题，包括 Genomic control（GC），Structured association（SA），General linear model（GLM），Mixed linear model（MLM）和主成分分析法（PCA）等。目前，发展出一种基于混合模型的方法 MLM，这种方法考虑多重水平的谱系关系，使用随机选择的分子标记来计算 Q 型矩阵和谱系 K 矩阵，K 和 Q 两个参数对关联结果进行校正（Yu et al.，2006）。GLM 和 MLM 两种方法可以通过 TASSEL 软件中的 GLM 模型和 MLM 模型得以实现（Bradbury et al.，2007）。其中

MLM 方法既考虑了群体结构，又考虑了系谱关系，能更有效地减少伪关联。主成分分析法(PCA)常用于植物表型数据的主成分分析，目前也被用于群体结构分析，以对群体结构进行校正。

7.4 林木关联分析作图在林木中的应用

林木关联分析存在的问题：其一，是作图群体的失误：林木关联分析，虽然对作图群体没有特别的要求(农作物中自然群体或种质资源都行)，但对作图群体的大小，还是有要求的，通常要求群体在 150~400 个个体，而且要求它们种植在相同的环境中，表型评比具有可比性，MAS 标记辅助选择须估计育种值。建议读者采用实生种子园，或种源试验林，或全分布区而来的家系试验林等。嫁接种子园或优树收集区不行，因为嫁接会使接株接受砧木的基因影响，砧木与接穗间有基因交流，嫁接又叫做无性杂交。这都会影响表型值评价的准确性。笔者认为这一结果也与作图群体有关，一般来讲，嫁接材料不适合关联分析。

其二问题是作图标记的多少：很多统计学家建议不同的标记采用不同的标记数目，对于 SNP 标记，数目 1000 以上，对于 SSR 标记，至少也要 100 个标记，而且是 100 个多态位点。

如果所选种质材料来源有限，AFLP 标记则是理想选择，用于关联作图的 AFLP 多态标记须达 400 个位点。

在林木的关联作图研究中，Thumma 等(2005)首次利用关联分析对亮果桉(*Eucalyptus niten*)CCR 基因进行了分析，在其自然群体中从 CCR 基因中开发出 25 个 SNPS 标记，检测到了微纤丝角与 SNPS 标记构成的单倍型显著相关；Gonzalez-Martinez 等(2007)利用该方法将火炬松的 58 个 SNPS 位点与木材材性进行关联分析，检测到多个 SNPS 位点与木材材性显著关联；在木本植物希腊甜樱桃中，研究者对 19 个品种的群体结构和遗传多样性进行了分析，在此基础上，使用 15 个 SSR 标记和 10 个 ISSR 对 17 个表型性状进行关联分析研究，检测到 6 个 SSR 标记和 7 个 ISSR 标记与表型关联(Ganopoulos et al.，2011)；在毛白杨中，Du 等(2013a)利用来自 PtoCesA 基因的 36 个 SSR 标记，研究分子标记与生长和木材品质性状间的关联，采用单标记和单倍体 LD 分析方法，最终获得 15 个单标记关联和 9 个单倍型关联；在柠檬桉(*Corymbia citriodora*)中，Dillon 等(2012)利用 SNPS 标记对含有 833 个个体的群体的木材生长和纤维纸浆产量进行关联分析，检测到 9 个显著关联的 SNPS 位点。张圣(2013)利用杉木种源种子园(11 个种源共 150 个亲本无性系)为研究材料，调查的性状有胸径、树高、材积、木芯基本密度和心边材比率等，利用 EST-SSR 标记，进行基因挖掘，思路非常好，但研究结果非常出人意料：只筛选出一个 EST-SSR 位点与木材基本密度相关相连。

江锡兵等人在板栗的 SSR 分子标记与表型性状的关联分析中，由于采用的作图群体是嫁接基因库，关联分析结果也不理想：他采用 17 对 SSR 引物 44 个等位位点对山东等 10 个省份 95 个板栗地方品种，18 个农艺性进行关联分析，利用 GLM 和 MLM 模型进行关联分析，后经假阳性检测，确定只有叶柄长度和淀粉含量分别与 CsCAT5 和 CsCAT22 显著相关，大部分研究性状没有发现相关标记。

7.4.1　林木关联分析的最新进展

近年来，随着新的统计方法的发展，研究方案的思路创新，基因型的分型技术的进步，使得关联分析将在减少假阳性和假阴性的同时，提高了分析功效，使得关联分析日趋完善。伴随着基因型分析技术的发展，特别是高通量测序技术的发展，关联分析将在植物遗传学的研究中发挥更重要的作用。Saravanan Thavamanikumar 等（2014）进行了蓝树 SNPS 标记与木材品质和生长性状间的关联作图。该研究利用桉树种源——子代试验林为发现群体，以桉树第二代育种群体为验证群体，从遗传学的角度，这两个群体是独立的研究材料，进行基因挖掘，思路非常好。但独立分析时仍有一定的假阳性。针对这一现状，作者采取了一系列新举措：其一是采用严谨的研究方案，在设立发现群体的同时，又设立了验证群体，发现群体是一片种源—子代试验林，从中抽取 385 样树，验证群体是第二代杂交试验林，抽取实生样树 296 株，发现群体和验证群体相互独立；其二，采用 TheIpleX Gold assay 的先进技术（质谱仪法），进行基因型分型，研究结果可靠；其三表型性状的评价，或对表型平均值进行调整，或采用育种值，进行关联分析，极大地缩小了性状的误差；其四，桉树中的数量遗传和分子遗传研究表明：该树种的小种和群体间存在中度的遗传结构。为了考虑这种结构，拟合群体结构和家系亲缘关系的混合线性模型 MLM（使用 TASSEL2.0）进行关联分析，使用 TASSEL 软件中的混合模型，获得了所有性状 SNPS 效应的最佳线性无偏估计值（BLUE）。引进综合分析法（Stouffer et al.，1949），将发现群体和验证群体的资料整合到一起，研究结果非常理想：7 个性状上，有 9 个稳定的关联。关联分析结果很理想，研究方法决定了研究的结果。

7.4.2　我国的杉木关联分析

①关联作图不仅要求个体多，而且要求样树最好分布整个分布区，满足作图要求。

②杉木是我国南方一个十分重要用材造林树种，其多性状、多世代改良业已展开，但为了缩短童期，实现生长与材性的联合改良，展开杂交聚合育种，MAS 早出成果，杉木分子数量遗传方面的研究应该引起同行们的重视。张圣（2013）以浙江开化的嫁接种源种子园为研究材料，采用关联分析，以挖掘优良基因，结果不理想，其主要原因是采用了嫁接材料，"C"效应干扰了性状值的评价。建议当前杉木的关联分析采用种源试验林、或种源/家系两水平试验林或实生种子园等具有完整试验设计的材料为作图群体，以利于估计单株育种值，进而研究育种与分子标记决的关系，进行关联分析。

自 2008 年以来，文自翔等人对农作物的经济、产量和抗逆性状，杨树（Ingvarsson et al.，2008）、桉树（Thumma et al.，2009）和松树（Gonzalez-Martinez et al.，2007，2008；Eckert et al.，）等林木的材性和适应性的关联分析也开始陆续报道。多个研究证实，关联分析在发掘等位基因或位点、寻找相应的优良变异类型及作图精确性方面有明显的优势，是今后数量性状位点研究的必然发展趋势。

7.4.3　杉木全基因组扫描研究的技术路线图

今后杉木的关联分析，可采用如下技术路线图 7-2。

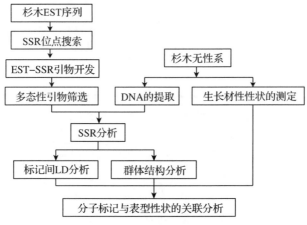

图7-2 杉木关联分析的技术路线

参考文献

陈晓杰，2012. 中国冬小麦抗旱指标评价、种质筛选及重要性状与 SSR 标记的关联分析 [D]. 杨陵：西北农林科技大学.

陈永忠，谭晓风，2002. 林木分子标记辅助选择育种[J]. 湖南林业科技，29(3)：17-21.

何祯祥，施季森，等，2000. 杉木生长性状相关联遗传标记的检测[J]. 浙江林学院学报，17(4)：350-354.

何祯祥，施季森，王明麻，等，2000. 杉木杂种群体分子框架遗传连锁图初报[J]. 南京林业大学学报，24(6)：22-26.

黄发新，2000. 杉木采样时间及 DNA 提取方法的研究[J]. 湖北林业科技，增刊：4-6.

黄少伟，2006. 松树分子标记辅助育种研究进展[J]. 林业科学研究，19(6)：799-806.

姜笑梅，张立非，张绮纹，等，1994. 36 个美洲黑杨无性系基本材性遗传变异的研究[J]. 林业科学研究，7(3)：253-257.

李梅，施季森，何祯祥，等，2001. 杉木优树分子遗传变异的研究[J]. 林业科学，37(4)：137-141.

李伟，STEFAN J，陈晓阳，2010. 欧洲山杨叶片衰老与光周期候选基因 SNPs 的关联分析 [J]. 林业科学，46(12)：42-48.

李小白，2011. 水稻若干性状的关联作图和连锁作图分析[D]. 杭州：浙江大学.

施季森，童春发，2004. 利用改进的复合区间作图法和 F1 代群体进行杉木 QTL 作图[J]. 分子植物育种，2(1)：1-6.

孙建昌，2012. 云南水稻地方品种保护机制及粳稻种质主要农艺性状的关联作图研究[D]. 杨陵：西北农林科技大学.

覃瑞，宋发军，宋运淳，2004. 植物基因组比较作图研究进展[J]. 细胞生物学杂志，26(2)：157-161.

谭贤杰，吴子恺，程伟东，等，2011 关联分析及其在植物遗传学研究中的应用[J]. 植物学报，46(1)：107-118.

王西成，姜淑苓，上官凌飞，等．2010. 梨 EST-SSR 标记的开发及其在梨品种遗传多样性分析中的应用评价[J]. 中国农业科学，43(24)：5079-5087.

王晓梅，宋文芹，刘松，2001. 与银杏性别相关的 RAPD 标记[J]. 南开大学学报，34 (3)：116-117.

王晓梅，宋文芹，2001. 利用 AFLP 技术筛选与银杏性别相关的分子标记[J]. 南开大学学报，34(1)：5-9.

王莹，2014. 利用 RAD-测序构建美洲黑杨小叶杨高密度遗传连锁图谱[D]. 南京：南京林业大学.

魏志刚，杨传平，潘华，2006. 利用多元回归分析鉴定与白桦纤维长度性状相关的分子标记[J]. 分子植物育种，4(6)：835-840.

文阳平，贺浩华，王建革，等，2009. 关联分析及其在玉米中的研究进展[J]. 安徽农业科学，37(19)：8947-8956.

杨小红，严建兵，郑艳萍，等，2007. 植物数量性状关联分析研究进展[J]. 作物学报，33 (4)：523-530.

杨玉玲，马祥庆，张木清，2009. 不同地理种源杉木的分子多态性分析[J]. 热带亚热带植物学报，17(2)：183-189.

姚明哲，乔婷婷，马春雷，等，2010. EST-SSR 标记与茶树表型性状关联的初步分析[J]. 茶叶科学，30(1)：45-51.

曾志光，余江保，2001. 陈山红心杉材性变异及其基因资源利用的研究[J]. 江西林业科技，NO.3：1-6.

张圣，2013. 杉木 EST-SSR 标记的开发与应用[D]. 临安：浙江农林大学.

张维强，唐秀芝，1993. 同工酶与植物遗传育种[M]. 北京：北京农业大学出版社.

张振东，2016. 枣树高密度遗传图谱优化及重要性状的 QTL[D]. 北京：北京林业大学.

Bundock P C, Potts B M, Vaillancourt R E, 2008. Detection and stability of quantitative trait loci (QTL) in *Eucalyptus globulus*[J]. Tree Genetics & Gonomes, 4：85-95.

Conner P J, Brow S K, Weeden N F, 1998. Molecular-marker analysis of quantitative traits for growth and delevopmentin juvenile apple trees[J]. Theor. Appl. Genet., 96：1027-1035.

Devey M E, Carson S D, Nolan M F, et al., 2004. QTL associations for density and diameter in *Pinus radiata* and the potential for marker-aided selection[J]. Theor. Appl. Genet., 108：516-524.

Emebiri L C, Devey M E, Matheson A C, et al., 1998. Age-related changes in the expression of QTLs for growth in radiate pine seedling[J]. Theor. Appl. Genet., 97(7)：1053 -1061.

Gilchrist E J, Haughn G W, Ying C C, et al., 2006. Use of Ecotilling as an efficient SNPS discovery tool to survey genetic variation in wild populations of *Populus trichocarpa*[J]. Mol. Ecol., 15(5)：1367-1377.

Gimelfarb A, Lande R, 1995. Marker-assisted selection and marker-QTL association in hybrid populations[J]. Theor. Appl. Genet., 91(3)：522-528.

Grover A, Devey M, Fidder T, et al., 1994. Identification of quantitative trait loci influencing wood specific gravity in an outbred pedigree of loblolly pine[J]. Genetics, 138(4)：1293-1300.

Hu W J, Harding S A, Lung J, et al., 1999. Repression of lignin biosynthesis promotes cellulose accumulation and growth in transgeneic trees[J]. Nat. Biotechnol., 17: 808-812.

Huang X, Zhao Y, Wei X, et al., 2011. Genome-wide association study of flowering time and grain yield traits in a worldwide collection of rice germplasm[J]. Nature Genetic, 44(1): 32-9.

Jewell E, Robinson A, Savage D, et al., 2006. SSR primer and SSR taxonomy tree: biome SSR Discovery[J]. Nucleic Acids Res., 34: 656-659.

Kahler A L, Wehrhahn C F, 1986. Association between quantitative traits and enzyme loci in the F2 population of a maize hybrid[J]. Theor. Appl. Genet., 72: 15-26.

Kashi Y, King D, Soller M, 1997. Simple sequence repeats as a source of quantitative genetic variation[J]. Trends Genet., 13(2): 74-77.

Kristin A Schneider, Mary E Brothers, 1997. Marker-Assisted selection to improve drought resistance in common bean[J]. Crop Science, 37(1): 51-59.

Ledig F TH, Guries R P, Boneffld B A, 1983. The relation of growth to heterozygosity in pitch pine[J]. Evolution, 37(6): 1227-1238.

LI Y C, Korol A B, Beiles A, et al., 2002. Microsatellites: genomic distribution, putative functions and mutational mechanisms: a review[J]. Mol. Ecol., 11(12): 2453-2465.

Lowe W J, van Buijtenen J P, 1989. The incorporation of early testing procedures into an operational tree improvement program[J]. Silvae Genet., 38: 181-184.

Markussen T, Fladung M, Achere V, et al., 2003. Identification of QTLs controlling growth, chemical and Physical wood property traits in *Pinus pinaster* [J]. Silvae Genet., 52(1): 7-15.

Markussen T, Tusch A, Stephan B R, and Fladung M, 2005. Identification of molecular markers for Selected wood properties of Norway spruce (*Picea abies*)L. II. extractives content [J]. Silvae Genet., 54(4/5): 145-151.

Marsig-lugicJ, David P, 2003. relationship between multiple-locus heterozygosity and growth rate in *Ostrea edulis* populations[J]. J. Moll. Stud., 69: 319-323.

Naoki Tani, Tomokazu Takahashi, 2003. A consensus linkage map for sugi from two pedigrees, based on microsatellites and expressed sequence tags[J]. Genetics, 165: 1551-1568.

Prasanta K K, Poem P S, ArvindK A, et al., 2008. Genetic variability and association of ISSR markers with some biochemical traits in mulberry genetic resources available in India[J]. Tree Genetics & Genome, 4: 75-83 .

Qiu D, Wilson I W, Gan S, Washusen R, 2008. Gene expression in eucalyptus branch wood with marked variation in cellulose microfibril orientation and lacking G-layers[J]. New Phytol., 179: 94-103.

Rodrigo B R, Everaldo G B, Cosme D C, 2007. Mapping of QTLs related with wood quality and developmental characteristics in hybrids(*Eucalyptus grandis ×Eucalyptus urophylla*)[J]. R Árvore Viçosa-MG, 31(1): 13-24.

Sahu J, Sarmah R, Dehury B, et al., 2012. Mining for SSRs and FDMs from expressed sequence tags of Camellia sinensis[J]. Bioinformation, 8(6): 260-266.

Salvi S, Tuberosa R, 2005. To clone or not to clone plant QTLs: present and future challenges [J]. Trends Plant Sci. , 10(6): 297-304.

Saravanan T H, Luke J McManus, Peter K Ades, et al. , 2014. Association mapping for wood quality and growth traits in *Eucalyptus globulus* ssp. *globules* Labill identifies nine stable marker-trait associations for seven traits[J]. Tree Genetics & Genomes , 10: 1661-1678.

Smalley E B, 1995. Identification of RAPD markers linked to a black leaf spot resistance Gene in Chinese elm[J]. Theor . Appl. Genet. , 90: 1067-1073.

Tautz D, Trick M, Dover G A, 1986. Cryptic simplicity in DNA is a major source of genetic variation[J]. Nature, 322(6080): 652-656.

Thavamanikumar S, Southerton S, Thumma B, 2014. RNA−Seq using two populations reveals genes and alleles controlling wood traits and growth in *Eucalyptus nitens*[J]. Plos One 9: EL101104. DOI: 10. 1371/Journal. pone. 0101104.

Ueno S, Moriguchi Y, Uchiyama K, et al. , 2012. A second generation framework for the analysis of microsatellites in expressed sequence tags and the development of EST-SSR markers for a conifer, *Cryptomeria japonica*[J]. BMC Genomics, 13: 136.

Ukrainetz N K, Ritland K, Mansfield S H D, 2008. Identification of quantitative trait loci for wood quality and growth across eight full-sib coastal Douglas-fir families[J]. Tree Genetics & Genomes, 4: 159-170.

Yamini K N, Ramesh K, Naresh V, et al. , 2013. Development of EST−SSR markers and their utility in revealing cryptic diversity in safflower *Carthamus tinctorius* L. [J]. J. Plant Biochem. Biotechnol. , 22(1): 90-102.

Zane L, Bargelloni L, Patarnello T, 2002. Strategies for microsatellite isolation: a review[J]. Mol. Ecol. , 11(1): 1-16.

ppendix
附 录
林木遗传育种中若干常见
试验类型的 M 语言程序

这里列举了林木遗传育种中一些常见试验类型的 M 语言程序，模型的原理参见《林木遗传育种中试验统计法新进展》，各模型的数据采集格式参见《林木遗传育种中平衡不平衡、规则不规则试验数据处理技巧》。

1 单因素完全随机试验不平衡资料的分析方法

1.1 单因素类内观察值不等的方差分析线性模型

$$y_{ij} = u + f_i + e_{ij}$$

%这里：f_i 为第 i 个参试品种，i = 1→a；第 i 个品种有 $n_{i.}$ 个子代参试；y_{ij} 为第 i 个品种的第 j 个观察值，j = min(j)→max(j)。

1.2 不平衡数据处理程序

%将试验数据采集到 Excel 中，用零将各处理数据补平衡；

%下面是程序

A = [data];%从 Excel 中复制到 Matlab 7.0 中来；

a = [numbers of strains to be tested];

C = sparse(A)；D = spones(C)；

A1 = sum(A, 2)；A2 = sum(A1)；N1 = sum(D, 2)，m = A1. /N1，N = sum(N1)，

m1 = A2/N，CT = A2^2/N，Sp = sum(A1. ^2. /N1)−CT，

A3 = A. ^2；AA = sum(sum(A3))；ST = AA−CT，SSe = ST−Sp，

MSp = Sp/(a−1)，MSe = SSe/(N−a)，

%下面求方差分量；

N2 = sum(N1.^2)，K = (N * N−N2)/(N * (a−1))，

Ve = MSe，

Vp＝（MSp－MSe）/K,%计算结果可以复制到 Word 中来，存盘打印。

品种（家系）的遗传力：

$h_f^2 = 1 - (1/F) = \sigma_f^2 / [\sigma_f^2 + (1/K) * \sigma_e^2]$

混合选择时的单株遗传力：

$h_i^2 = 4 * \sigma_f^2 / [\sigma_f^2 + \sigma_e^2]$

%参试因子的显著性检验与教科书中介绍的方法相同，故略。

2　单因素随机区组试验数据的转化分析法

2.1　单因素随机区组试验数据的统计分析线性模型

%Model：1

$y_{ijk} = u + b_i + f_j + e_{ijk}$

%试验设计为：20 full－sib families；40repeats, single individuals in plot;

%程序开始

A＝［data］;%从 A 为数据矩阵，从 Excel 中复制到 Matlab 7.0 中来

A1＝sum（A，1）；A2＝sum（A，2）;

C＝sparse（A）；D＝spones（C）;

D1＝sum（D，1）；D2＝sum（D，2）;

AA1＝（A1.^2）./D1；AA2＝（A2.^2）./D2;

AA3＝A.^2;

AA4＝sum（sum（AA3））;

AA5＝sum（sum（A））;

N＝sum（D1）;

Sb＝sum（AA1）－AA5^2/N,

St＝sum（AA2）－AA5^2/N,

ST＝AA4－AA5^2/N

Se＝ST－St－Sb

2.2　求方差分量

%Model：

$y_{ijk} = u + b_i + f_j + e_{ijk}$

%20 个处理，40 个重复，单株小区

format long

A＝［data ］;%从 Excel 中复制过来

a1＝sparse（A）；a2＝spones（a1）;

b1＝sum（a1，1）；N1＝sum（a2，1）;

s1＝sum（（b1.＊b1）./N1）;

b2＝sum（a1，2）；N2＝sum（a2，2）；s2＝sum（（b2.＊b2）./N2）;

Tb3＝sum（b1），N＝sum（N1）

```
CT = Tb3 * Tb3/N;
s3 = sum( sum( a1. ^2) ) ;
Sb = s1-CT,  Sf = s2-CT,
St = s3-CT,  Se = St-Sb-Sf,
dfB = 40-1;  dfF = 20-1;  dfT = N-1;  dfE = N-20-40+1;
Msb = Sb/dfB,  Msf = Sf/dfF,  Mse = Se/dfE,
N11 = sum( N1. ^2) ;  N22 = sum( N2. ^2) ;  N = sum( N1) ;
k1 = (40- N22/N)/(40-1) ;  k2 = ( N- N11/N)/(40-1) ;
k3 = ( N- N22/N)/(20-1) ;  k4 = (20- N11/N)/(20-1) ;
k5 = ( N22/N -40)/(N-20-40+1) ;
k6 = ( N11/N -20)/(N-20-40+1) ;
k = [ 1, k1, k2; 1, k3, k4; 1, k5, k6] ;
m = [ Msb, Msf, Mse] ';
w = inv( k) * m
```

%w 为参试因子的方差分量

全同胞家系的遗传力

$h_{fs}^2 = \sigma_{fs}^2/[\sigma_{fs}^2+(k_4/k_3) * \sigma_b^2+(1/ k_3) * \sigma_e^2]$

若参试材料多为单交，则全同胞家系内的单株遗传力可由下式求出：

$h_{fs}^2 = [1+0.5 * (NBS-1)] * h_i^2/[1+0.5(NBS-1) * h_i^2]$

如果参试的材料是半同胞家系，则家系的遗传力为：

$h_f^2 = \sigma_f^2/[\sigma_f^2+(k_4/k_3) * \sigma_b^2+(1/ k_3) * \sigma_e^2]$

由于在半同胞家系试验中，$\sigma_f^2 = (1/4)V_A$，并在随机模型下进行试验，故家系内的单株遗传力为：$h_i^2 = 4 * \sigma_f^2/[\sigma_f^2+\sigma_b^2+\sigma_e^2]$

2.3 对处理因子进行 F 检验

```
%Model: 4
y_ijk = u+ b_i+f_j+ e_ijk
%程序接上一段
a = [
                1        0. 2029        15. 0420
                1        31. 6619        0. 2021
                1        -0. 0145        -0. 0067
];
syms Msb    Msf    Mse
```

a1 = [

Msb	0. 2029	15. 0420
Msf	31. 6619	0. 2021
Mse	−0. 0145	−0. 0067

] ;

a2 = [

1	Msb	15. 042
1	Msf	0. 2021
1	Mse	−0. 0067

] ;

a3 = [

1	0. 2029	Msb
1	31. 6619	Msf
1	−0. 0145	Mse

] ;

det(a) ; det(a1) ; det(a2) ; det(a3) ;

b1 = det(a1)/det(a) ; b2 = det(a2)/det(a) ; b3 = det(a3)/det(a) ;

c1 = vpa(b1, 5), c2 = vpa(b2, 5), c3 = vpa(b3, 5)

c1 = 0. 43891e−3 * Msb+0. 45474e−3 * Msf+0. 99911 * Mse

c2 = 0. 31572e−1 * Msf−0. 31134e−1 * Mse−0. 43806e−3 * Msb

c3 = −0. 66001e−1 * Mse−0. 45611e−3 * Msf+0. 66457e−1 * Msb

Mx = collect(c3+0. 2021 * c1) ;

vpa(Mx, 5)

ans = 0. 13592 * Mse−0. 36421e−3 * Msf+0. 66546e−1 * Msb

Mx1 = 0. 1076+0. 2021 * . 8596 = 0. 2813 ;

Sx = { [0. 13592 * 0. 8577]^2/544+[0. 0003642 * 3. 3941]^2/18+

[0. 066546 * 2. 4936]^2/39}

Sx = [7. 3952e−004]

Dfx = 0. 2813^2/Sx

Dfx = 0. 2813 * 0. 2813/0. 00073111

= 108. 23

F = Msf/Mx1

F = 3. 3941/0. 2813

= 12. 0658

$F_{1\%}$(19, 108) = 2. 12<<F = 12. 0658　　%故全同胞家系间差异显著

（附注：Mse = 0. 8577；Msf = 3. 3941；Msb = 2. 4936）

3 两因素有众多重复次数且不平衡的方差分析程序

3.1 统计模型

$y_{ijk} = u + p_i + s_j + (ps)_{ij} + e_{ijk}$

%本模型的重点是求交互作用离差平方和；

%下面是 40 treatments，RCB design，6 Blocks，30 individuals in plot 资料的 M 程序；

format long；

A＝[data]；%数据从 Excel 中复制到 Matlab7.0 中来

SS＝sum(sum(A.^2))；

C＝sparse(A)；D＝spones(C)；

b1＝sum(C, 2)；N1＝sum(D, 2)；

sp＝sum((b1.*b1)./N1)；

Tb3＝sum(b1)，N＝sum(N1)；

CT＝Tb3*Tb3/N，SSp＝sp-CT，SSt＝SS-CT

A1＝A(:, 1:30)；A2＝A(:, 31:60)；A3＝A(:, 61:90)；A4＝A(:, 91:120)；

A5＝A(:, 121:150)；A6＝A(:, 151:180)；

B1＝sum(A1, 2)；B2＝sum(A2, 2)；B3＝sum(A3, 2)；B4＝sum(A4, 2)；

B5＝sum(A5, 2)；B6＝sum(A6, 2)；

B＝[B1 B2 B3 B4 B5 B6]；

BB＝sum(B, 1)；CB＝(BB.*BB)；

TB＝B.^2＝[B1 B2 B3 B4 B5 B6].^2；

C＝sparse(A)；D＝spones(C)；

D1＝D(:, 1:30)；D2＝D(:, 31:60)；D3＝D(:, 61:90)；

D4＝D(:, 91:120)；D5＝D(:, 121:150)；D6＝D(:, 151:180)；

E1＝sum(D1, 2)；E2＝sum(D2, 2)；E3＝sum(D3, 2)；E4＝sum(D4, 2)；

E5＝sum(D5, 2)；E6＝sum(D6, 2)；

E＝[E1 E2 E3 E4 E5 E6]；

ps＝TB./E；EE＝sum(E, 1)；SSs＝sum(CB./EE)-CT

PB＝sum(sum(ps))

GE＝PB-sp- sum(CB./EE) +CT；dfg＝240-40-6+1；Msg＝GE/dfg

dfp＝39；Msp＝SSp/39，dfs＝5；Mss＝SSs/5，

SSt＝sum(sum(A.^2))-CT，dft＝N-1；Mst＝SSt/dft，

SSe＝SSt-SS1-SS2-GE，dfe＝N-240；Mse＝SSe/dfe

E＝[E1, E2, E3, E4, E5, E6]；

F1＝sum(E, 1)；F2＝sum(E, 2)；

FE＝E.^2；

FF1＝sum(FE, 1)；FF2＝sum(FE, 2)；FFn＝sum(FF1)；

3.2　求方差分量

%接以上程序，继续分析

K1=［sum(FF2./F2)−FFn/N］/39，

K2=［sum(FF1./F1)−sum(F2.^2)/N］/39

K3=［N−(1/N)∗sum(F2.^2)］/39，

K4=［sum(FF1./F1)−FFn/N］/9，

K5=［N−(1/N)∗sum(F1.^2)］/9，

K6=［sum(FF2./F2)−(1/N)∗sum(F1.^2)］/9，

%For SST

K7=［N−FFn/N］/(N−1)，

K8=［N−(1/N)∗sum(F2.^2)］/(N−1)，

K9=［N−(1/N)∗sum(F1.^2)］/(N−1)，

K=［1,K1,K2,K3；1,K4,K5,K6；1,K7,K8,K9；1,0,0,0］；

X=［Msp,Mss,Mst,Mse］′；

W=［σ_e^2, σ_{ps}^2, σ_s^2, σ_p^2］=inv(K)∗X,%所求结果为参试因子的方差分量

假定参试材料为品种或种源，则

$h_p^2=\sigma_p^2/[\sigma_p^2+(K2/K3)*\sigma_s^2+(K1/K3)*\sigma_{pb}^2+(1/K3)*\sigma_e^2]$

种源内混合选择时的单株遗传力

$h_i^2=\sigma_p^2/[\sigma_p^2+\sigma_s^2+\sigma_{ps}^2+\sigma_e^2]$

3.3　主效因子的显著性 F 检验

%对参试品种的差异性进行 F 检验

%程序接上面

a=［

1	K1	K2	K3
1	K4	K5	K6
1	K7	K8	K9
1	0	0	0

］；

syms Msp　Mss　Mst　Mse

a1=［

Msp	K1	K2	K3
Mss	K4	K5	K6
Mst	K7	K8	K9
Mse	0	0	0

］；

a2 = [

1	Msp	K2	K3
1	Mss	K5	K6
1	Mst	K8	K9
1	Mse	0	0

];

a3 = [

1	K1	Msp	K3
1	K4	Mss	K6
1	K7	Mst	K9
1	0	Mse	0

];

a4 = [

1	K1	K2	Msp
1	K4	K5	Mss
1	K7	K8	Mst
1	0	0	Mse

];

det(a); det(a1); det(a2); det(a3); det(a4);

b1 = det(a1)/det(a); b2 = det(a2)/det(a); b3 = det(a3)/det(a); b4 = det(a4)/det(a);

c1 = vpa(b1, 5), c2 = vpa(b2, 5), c3 = vpa(b3, 5), c4 = vpa(b4, 5),

$c1 = \beta_1 * Msp + \beta_2 * Mss + \beta_3 * Mst + \beta_4 * Mse$

$c2 = \beta_5 * Msp + \beta_6 * Mss + \beta_7 * Mst + \beta_8 * Mse$

$c3 = \beta_9 * Msp + \beta_{10} * Mss + \beta_{11} * Mst + \beta_{12} * Mse$

$c4 = \beta_{13} * Msp + \beta_{14} * Mss + \beta_{15} * Mst + \beta_{16} * Mse$

$Msx = c1 + K_1 * c2 + K_2 * c3$, % 参比均方

$Msx = collect(c1 + K_1 * c2 + K_2 * c3) =$

$\alpha_1 * Msp + \alpha_2 * Mss + \alpha_3 * Mst + \alpha_4 * Mse$

%这里：MS_x / N_x 遵从 $X^2(N_x)$ 的分布，于是有：

$$N_x = [Msx]^2 / \{ [\alpha_1 * Msp]^2 / [\sum_i (1) - 1] + [\alpha_2 * Mss]^2 / [\sum_j (1) - 1] + \cdots$$

$$[\alpha_3 * Mst]^2 / [N-1] + [\alpha_4 * Mse]^2 / [N.. - \sum_{ij} (1)] \}$$

$F = MSp/Ms_x$

% 在 F 表中查 $F(\sum_i (1) - 1, Nx)$ 值，进而与 $F = MSp/MS_x$

进行比较大小，从而对假设前提作出判断。

其他因子的 F 检验可依此进行，为了节约篇幅，此处从略。

参试因子效应值的多重对比

林木遗传育种中参试因子效应值的多重对比，用得比较少，为了节约篇幅从略。有此兴趣的读者可参见《林木遗传育种中试验统计法新进展》一书的相关章节。

附注：

单因素随机区组试验未转化的统计模型与上述模型相同，但在试验设计上与此不同，在此以此模型为例，演示 Matlab 模型的扩张性与易拉伸性，读者好好琢磨。

其一，是 40 treatments；10 blocks，4 individuals in plot 资料的 M 程序；

%统计模型

$y_{ijk} = u + P_i + B_j + (PB)_{ij} + e_{ijk}$

% y_{ijk} 是第 i 个品种在第 j 区组中的第 k 个观察值；P_i 是第 i 个品种的效应；B_j 是第 j 个区组重复的效应；$(PB)_{ij}$ 是品种 i 与区组重复 j 的交互作用；e_{ijk} 是随机误差。

```
format long;
A=[data]; %从 Excel 中复制到 Matlab7.0 中来
SS=sum(sum(A.^2));
C=sparse(A); D=spones(C);
b1=sum(C, 2); N1=sum(D, 2);
s1=sum((b1.*b1)./N1);
Tb3=sum(b1), N=sum(N1);
CT=Tb3*Tb3/N, SS1=s1-CT, SSt=SS-CT
A1=A(:, 1: 4); A2=A(:, 5: 8); A3=A(:, 9: 12); A4=A(:, 13: 16);
A5=A(:, 17: 20); A6=A(:, 21: 24); A7=A(:, 25: 28); A8=A(:, 29: 32);
A9=A(:, 33: 36); A10=A(:, 37: 40);
B1=sum(A1, 2); B2=sum(A2, 2); B3=sum(A3, 2); B4=sum(A4, 2);
B5=sum(A5, 2); B6=sum(A6, 2); B7=sum(A7, 2); B8=sum(A8, 2);
B9=sum(A9, 2); B10=sum(A10, 2);
B=[B1, B2, B3, B4, B5, B6, B7, B8, B9, B10];
BB=sum(B, 1); CB=(BB.*BB);
TB=[B1, B2, B3, B4, B5, B6, B7, B8, B9, B10].^2;
C=sparse(A); D=spones(C);
D1=D(:, 1: 4); D2=D(:, 5: 8); D3=D(:, 9: 12); D4=D(:, 13: 16);
D5=D(:, 17: 20); D6=D(:, 21: 24); D7=D(:, 25: 28); D8=D(:, 29: 32);
D9=D(:, 33: 36); D10=D(:, 37: 40);
E1=sum(D1, 2); E2=sum(D2, 2); E3=sum(D3, 2); E4=sum(D4, 2);
E5=sum(D5, 2); E6=sum(D6, 2); E7=sum(D7, 2); E8=sum(D8, 2);
E9=sum(D9, 2); E10=sum(D10, 2);
E=[E1 E2 E3 E4 E5 E6 E7 E8 E9 E10];
pb=TB./E; EE=sum(E, 1); SS2=sum(CB./EE)-CT
PB=sum(sum(pb))
GE=PB-s1- sum(CB./EE)+CT; dfg=400-40-10+1; msge=GE/dfg
```

df1 = 39；df2 = 9；Ms2 = SS2/9，Ms1 = SS1/39

SSt = sum(sum(A. ^2)) −CT，dft = N−1；Mst = SSt/dft，

SSe = SSt−SS1−SS2−GE，dfe = N−400；Mse = SSe/dfe

E = [E1，E2，E3，E4，E5，E6，E7，E8，E9，E10]；E(E = = 0) = 1，E，

F1 = sum(E，1) ；F2 = sum(E，2) ；

FE = E. ^2；

FF1 = sum(FE，1) ；FF2 = sum(FE，2) ；FFn = sum(FF1) ；

K1 = [sum(FF2. /F2) −FFn/N]/39，

K2 = [sum(FF1. /F1) −sum(F2. ^2)/N]/39，

K3 = [N−(1/N) * sum(F2. ^2)]/39，

K4 = [sum(FF1. /F1) − FFn/N]/9，

K5 = [N−(1/N) * sum(F1. ^2)]/9，

K6 = [sum(FF2. /F2) − (1/N) * sum(F1. ^2)]/9，

%　For SST

K7 = [N−−FFn/N]/(N−1) ，

K8 = [N−(1/N) * sum(F2. ^2)]/(N−1) ，

K9 = [N−(1/N) * sum(F1. ^2)]/(N−1) ，

K = [1，K1，K2，K3；1，K4，K5，K6；1，K7，K8，K9；1，0，0，0]；

X = [Ms1，Ms2，Mst，Mse]′；

$W = [\sigma_e^2, \sigma_{fs}^2, \sigma_b^2, \sigma_f^2] = inv(K) * X$

$h_f^2 = \sigma_f^2/[\sigma_f^2+(K2/K3) * \sigma_b^2+(K1/K3) * \sigma_{fb}^2+(1/K3) * \sigma_e^2]$

$h_i^2 = 4\sigma_f^2/[\sigma_f^2+\sigma_b^2+\sigma_{fb}^2+ \sigma_e^2]$

其二，40 treatments；8 blocks，5 individuals in plot 分析程序

Model

$y_{ijk} = u +p_i+b_j+(pb)_{ij}+e_{ijk}$

format long；

A = [data] ；%数据从 Excel 中复制到 Matlab7. 0 中来

SS = sum(sum(A. ^2)) ；

C = sparse(A) ；D = spones(C) ；

b1 = sum(C，2) ；N1 = sum(D，2) ；

s1 = sum((b1. * b1). /N1) ；

Tb3 = sum(b1) ，N = sum(N1) ；

CT = Tb3 * Tb3/N，SS1 = s1−CT，SSt = SS−CT

A1 = A(:，1: 5) ；A2 = A(:，6: 10) ；A3 = A(:，11: 15) ；A4 = A(:，16: 20) ；

A5 = A(:，21: 25) ；A6 = A(:，26: 30) ；

A7 = A(:，31: 35) ；A8 = A(:，36: 40) ；

B1 = sum(A1，2) ；B2 = sum(A2，2) ；B3 = sum(A3，2) ；B4 = sum(A4，2) ；

B5 = sum(A5，2) ；B6 = sum(A6，2) ；

B7 = sum(A7，2) ；B8 = sum(A8，2) ；

B = [B1，B2，B3，B4，B5，B6，B7，B8] ；

```
BB = sum(B, 1); CB = (BB. * BB);
TB = B. ^2;
C = sparse(A); D = spones(C);
D1 = D(:, 1: 5); D2 = D(:, 6: 10); D3 = D(:, 11: 15); D4 = D(:, 16: 20);
D5 = D(:, 21: 25); D6 = D(:, 26: 30);
D7 = D(:, 31: 35); D8 = D(:, 36: 40);
E1 = sum(D1, 2); E2 = sum(D2, 2); E3 = sum(D3, 2); E4 = sum(D4, 2);
E5 = sum(D5, 2); E6 = sum(D6, 2); E7 = sum(D7, 2); E8 = sum(D8, 2);
E = [E1, E2, E3, E4, E5, E6, E7, E8]; TB = B. ^2;
pb = TB. /E; EE = sum(E, 1); SS2 = sum(CB. /EE) - CT
PB = sum(sum(pb))
GE = PB - s1 - sum(CB. /EE) + CT; dfg = 320 - 40 - 8 + 1; Msge = GE/dfg;
df1 = 39; df2 = 7; Ms2 = SS2/7, Ms1 = SS1/39
SSt = sum(sum(A. ^2)) - CT, dft = N - 1; Mst = SSt/dft,
SSe = SSt - SS1 - SS2 - GE, dfe = N - 320; Mse = SSe/dfe;
E = [E1, E2, E3, E4, E5, E6, E7, E8]; E(E == 0) = 1, E,
F1 = sum(E, 1); F2 = sum(E, 2);
FE = E. ^2;
FF1 = sum(FE, 1); FF2 = sum(FE, 2); FFn = sum(FF1);
K1 = [sum(FF2. /F2) - FFn/N]/39,
K2 = [sum(FF1. /F1) - sum(F2. ^2)/N]/39,
K3 = [N - (1/N) * sum(F2. ^2)]/39,
K4 = [sum(FF1. /F1) - FFn/N]/7,
K5 = [N - (1/N) * sum(F1. ^2)]/7,
K6 = [sum(FF2. /F2) - (1/N) * sum(F1. ^2)]/7,
%    For SST
K7 = [N - FFn/N]/(N - 1),
K8 = [N - (1/N) * sum(F2. ^2)]/(N - 1),
K9 = [N - (1/N) * sum(F1. ^2)]/(N - 1),
K = [1, K1, K2, K3; 1, K4, K5, K6; 1, K7, K8, K9; 1, 0, 0, 0];
X = [Ms1, Ms2, Mst, Mse]';
W = [σe², σfs², σb², σf²] = inv(K) * X
```

$$h_f^2 = \sigma_f^2 / [\sigma_f^2 + (K2/K3) * \sigma_b^2 + (K1/K3) * \sigma_{fb}^2 + (1/K3) * \sigma_e^2]$$

$$h_i^2 = 4 * \sigma_f^2 / [\sigma_f^2 + \sigma_b^2 + \sigma_{fb}^2 + \sigma_e^2]$$

其三, 40 treatments; 8 blocks, 6 individuals in plot 分析程序

Model:

$$y_{ijk} = u + p_i + b_j + (pb)_{ij} + e_{ijk}$$

%求交互作用离差平方和;

```
format long;
A = [data]; %数据从 Excel 中复制到 Matlab7. 0 中来;
```

```
SS = sum( sum( A. ^2) ) ;
C = sparse( A) ;  D = spones( C) ;
b1 = sum( C,  2) ;  N1 = sum( D,  2) ;
s1 = sum( ( b1. * b1). /N1) ;
Tb3 = sum( b1) ,  N = sum( N1)
CT = Tb3 * Tb3/N,  SS1 = s1-CT,  SSt = SS-CT
A1 = A( : ,  1: 6) ;  A2 = A( : ,  7: 12) ;  A3 = A( : ,  13: 18) ;  A4 = A( : ,  19: 24) ;
A5 = A( : ,  25: 30) ;  A6 = A( : ,  31: 36) ;
A7 = A( : ,  37: 42) ;  A8 = A( : ,  43: 48) ;
B1 = sum( A1,  2) ;  B2 = sum( A2,  2) ;  B3 = sum( A3,  2) ;  B4 = sum( A4,  2) ;
B5 = sum( A5,  2) ;  B6 = sum( A6,  2) ;
B7 = sum( A7,  2) ;  B8 = sum( A8,  2) ;
B = [ B1,  B2,  B3,  B4,  B5,  B6,  B7,  B8] ;
BB = sum( B,  1) ;  CB = ( BB. * BB) ;
TB = B. ^2;
C = sparse( A) ;  D = spones( C) ;
D1 = D( : ,  1: 6) ;  D2 = D( : ,  7: 12) ;  D3 = D( : ,  13: 18) ;  D4 = D( : ,  19: 24) ;
D5 = D( : ,  25: 30) ;  D6 = D( : ,  31: 36) ;
D7 = D( : ,  37: 42) ;  D8 = D( : ,  43: 48) ;
E1 = sum( D1,  2) ;  E2 = sum( D2,  2) ;  E3 = sum( D3,  2) ;  E4 = sum( D4,  2) ;
E5 = sum( D5,  2) ;  E6 = sum( D6,  2) ;  E7 = sum( D7,  2) ;  E8 = sum( D8,  2) ;
E = [ E1,  E2,  E3,  E4,  E5,  E6,  E7,  E8] ;  E( E==0) = 1,  E,
TB = B. ^2;
Pb = TB. /E;  EE = sum( E,  1) ;  SS2 = sum( CB. /EE) -CT
PB = sum( sum( pb) )
GE = PB-s1- sum( CB. /EE) +CT;  dfg = 320-40-8+1;  Msge = GE/dfg
df1 = 39;  df2 = 7;  Ms2 = SS2/7,  Ms1 = SS1/39
SSt = sum( sum( A. ^2) ) -CT,  dft = N-1;  Mst = SSt/dft,
SSe = SSt-SS1-SS2-GE,  dfe = N-320;  Mse = SSe/dfe
E = [ E1,  E2,  E3 ,  E4,  E5,  E6 ,  E7 ,  E8] ;
F1 = sum( E,  1) ;  F2 = sum( E,  2) ;
FE = E. ^2;
FF1 = sum( FE,  1) ;  FF2 = sum( FE,  2) ;  FFn = sum( FF1) ;
K1 = [ sum( FF2. /F2) -FFn/N] /39 ,
K2 = [ sum( FF1. /F1) -sum( F2. ^2) /N] /39
K3 = [ N-( 1/N) * sum( F2. ^2) ] /39,
K4 = [ sum( FF1. /F1) - FFn/N] /7,
K5 = [ N-( 1/N) * sum( F1. ^2) ] /7 ,
K6 = [  sum( FF2. /F2) - ( 1/N) * sum( F1. ^2) ] /7,
%   For SST
```

$K7 = [N - FFn/N]/(N-1)$，

$K8 = [N - (1/N) * sum(F2.\hat{}2)]/(N-1)$，

$K9 = [N - (1/N) * sum(F1.\hat{}2)]/(N-1)$，

$K = [1, K1, K2, K3; 1, K4, K5, K6; 1, K7, K8, K9; 1, 0, 0, 0]$;

$X = [Ms1, Ms2, Mst, Mse]'$;

$W = [\sigma_e^2, \sigma_{fs}^2, \sigma_b^2, \sigma_f^2] = inv(K) * X$

$h_f^2 = \sigma_f^2 / [\sigma_f^2 + (K2/K3) * \sigma_b^2 + (K1/K3) * \sigma_{fb}^2 + (1/K3) * \sigma_e^2]$

$h_i^2 = 4 * \sigma_f^2 / [\sigma_f^2 + \sigma_b^2 + \sigma_{fb}^2 + \sigma_e^2]$

其四，40 treatments；6 blocks，8 individuals in plot 分析程序

Model：

$y_{ijk} = u + p_i + b_j + (pb)_{ij} + e_{ijk}$

%求交互作用离差平方和；

%40 treatments；6 blocks，8 individuals in plot；

A = [data]；%数据从 Excel 中复制到 Matlab7.0 中来；

format long；

SS = sum(sum(A.\hat{}2))；

C = sparse(A)；D = spones(C)；

b1 = sum(C, 2)；N1 = sum(D, 2)；

s1 = sum((b1.*b1)./N1)；

Tb3 = sum(b1)，N = sum(N1)

CT = Tb3 * Tb3/N，SS1 = s1 - CT；SSt = SS - CT；

A1 = A(:, 1: 8)；A2 = A(:, 9: 16)；A3 = A(:, 17: 24)；A4 = A(:, 25: 32)；

A5 = A(:, 33: 40)；A6 = A(:, 41: 48)；

B1 = sum(A1, 2)；B2 = sum(A2, 2)；B3 = sum(A3, 2)；B4 = sum(A4, 2)；

B5 = sum(A5, 2)；B6 = sum(A6, 2)；

B = [B1, B2, B3, B4, B5, B6]；

BB = sum(B, 1)；CB = (BB.*BB)；

TB = B.\hat{}2；

C = sparse(A)；D = spones(C)；

D1 = D(:, 1: 8)；D2 = D(:, 9: 16)；D3 = D(:, 17: 24)；D4 = D(:, 25: 32)；

D5 = D(:, 33: 40)；D6 = D(:, 41: 48)；

E1 = sum(D1, 2)；E2 = sum(D2, 2)；E3 = sum(D3, 2)；E4 = sum(D4, 2)；

E5 = sum(D5, 2)；E6 = sum(D6, 2)；

E = [E1, E2, E3, E4, E5, E6]；E(E == 0) = 1，

TB = B.\hat{}2；

pb = TB./E；EE = sum(E, 1)；SS2 = sum(CB./EE) - CT；

PB = sum(sum(pb))；

GE = PB - s1 - sum(CB./EE) + CT；   %互作离差平方和

dfg = 240 - 40 - 6 + 1；msge = GE/dfg；

df1 = 39；df2 = 5；Ms2 = SS2/5，Ms1 = SS1/39

```
SSt = sum(sum(A. ^2)) -CT, dft = N-1; Mst = SSt/dft,
SSe = SSt-SS1-SS2-GE, dfe = N-240; Mse = SSe/dfe
E = [E1, E2, E3, E4, E5, E6];
F1 = sum(E, 1); F2 = sum(E, 2);
FE = E. ^2;
FF1 = sum(FE, 1); FF2 = sum(FE, 2); FFn = sum(FF1);
K1 = [sum(FF2. /F2) -FFn/N]/39,
K2 = [sum(FF1. /F1) -sum(F2. ^2)/N]/39,
K3 = [N-(1/N) * sum(F2. ^2)]/39,
K4 = [sum(FF1. /F1) - FFn/N]/5,
K5 = [N-(1/N) * sum(F1. ^2)]/5,
K6 = [sum(FF2. /F2) - (1/N) * sum(F1. ^2)]/5,
%   For SST
K7 = [N- FFn/N]/(N-1),
K8 = [N-(1/N) * sum(F2. ^2)]/(N-1),
K9 = [N-(1/N) * sum(F1. ^2)]/(N-1),
K = [1, K1, K2, K3; 1, K4, K5, K6; 1, K7, K8, K9; 1, 0, 0, 0];
X = [Ms1, Ms2, Mst, Mse]';
W = inv(K) * X
```

$$h_f^2 = \sigma_f^2/[\sigma_f^2+(K2/K3) * \sigma_b^2+(K1/K3) * \sigma_{fb}^2+(1/K3) * \sigma_e^2]$$

$$VP = [\sigma_e^2 + \sigma_{fs}^2+\sigma_b^2+\sigma_f^2]$$

$$h_i^2 = 4 * \sigma_f^2/[\sigma_f^2+\sigma_b^2+\sigma_{fb}^2+ \sigma_e^2] = 4 * \sigma_f^2/VP$$

其五, 40 treatments; 4 blocks, 10 individuals in plot 分析程序

Model:

$$y_{ijk} = u +p_i+b_j+(pb)_{ij}+e_{ijk}$$

%求交互作用离差平方和;

%下面是 40 treatments; 4 blocks, 10 individuals in plot 资料的 M 程序;

```
format long;
A = [data]; %数据从 Excel 中复制到 Matlab7.0 中来
SS = sum(sum(A. ^2));
C = sparse(A); D = spones(C);
b1 = sum(C, 2); N1 = sum(D, 2);
s1 = sum((b1. * b1). /N1);
Tb3 = sum(b1), N = sum(N1);
CT = Tb3 * Tb3/N, SS1 = s1-CT, SSt = SS-CT
A1 = A(:, 1: 10); A2 = A(:, 11: 20); A3 = A(:, 21: 30); A4 = A(:, 31: 40);
B1 = sum(A1, 2); B2 = sum(A2, 2); B3 = sum(A3, 2); B4 = sum(A4, 2);
B = [B1 B2 B3 B4];
BB = sum(B, 1); CB = (BB. * BB);
TB = [B1, B2, B3, B4]. ^2;
```

C = sparse(A)；D = spones(C)；

D1 = D(:，1：10)；D2 = D(:，11：20)；D3 = D(:，21：30)；D4 = D(:，31：40)；

E1 = sum(D1，2)；E2 = sum(D2，2)；E3 = sum(D3，2)；E4 = sum(D4，2)；

E = [E1，E2，E3，E4]；

pb = TB. /E；EE = sum(E，1)；SS2 = sum(CB. /EE) −CT；

PB = sum(sum(pb))

GE = PB−s1− sum(CB. /EE) +CT；dfg = 160−40−4+1；Msge = GE/dfg；

df1 = 39；df2 = 3；Ms2 = SS2/3；Ms1 = SS1/39

SSt = sum(sum(A. ^2)) −CT，dft = N−1，Mst = SSt/dft，

SSe = SSt−SS1−SS2−GE，dfe = N−160；Mse = SSe/dfe

E = [E1，E2，E3，E4]；

F1 = sum(E，1)；F2 = sum(E，2)；

FE = E. ^2；

FF1 = sum(FE，1)；FF2 = sum(FE，2)；FFn = sum(FF1)；

K1 = [sum(FF2. /F2) −FFn/N]/39，

K2 = [sum(FF1. /F1) −sum(F2. ^2)/N]/39，

K3 = [N−(1/N) ∗ sum(F2. ^2)]/39，

K4 = [sum(FF1. /F1) − FFn/N]/3，

K5 = [N−(1/N) ∗ sum(F1. ^2)]/3，

K6 = [sum(FF2. /F2) − (1/N) ∗ sum(F1. ^2)]/3，

%　For SST

K7 = [N−−FFn/N]/(N−1)，

K8 = [N−(1/N) ∗ sum(F2. ^2)]/(N−1)，

K9 = [N−(1/N) ∗ sum(F1. ^2)]/(N−1)，

K = [1，K1，K2，K3；1，K4，K5，K6；1，K7，K8，K9；1，0，0，0]；

X = [Ms1，Ms2，Mst，Mse]′；

W = [σ_e^2，σ_{fs}^2，σ_b^2，σ_f^2] = inv(K) ∗ X

$h_f^2 = \sigma_f^2 / [\sigma_f^2 + (K2/K3) ∗ \sigma_b^2 + (K1/K3) ∗ \sigma_{fb}^2 + (1/K3) ∗ \sigma_e^2]$

$h_i^2 = 4\sigma_f^2 / [\sigma_f^2 + \sigma_b^2 + \sigma_{fb}^2 + \sigma_e^2]$

4　三阶巢式设计非平衡试验数据的处理程序

4.1　统计分析的线性模型

$y_{ijkl} = u + b_i + p_j + (pb)_{ij} + f_{k/j} + e_{ijkl}$

%这里：i = 1→a；j = 1→p；k = 1→f；l = 1 或 0

%本研究以 8 个种源，每个种源 6 个家系，40 个重复，单株小区的不平衡试验资料为例，来编写其运算程序；若是非规则的试验数据，可在子矩阵剖分时通过控制提取参数来实现。

4.2 方差分析程序

```
A=[data]jk*I;%数据从 Excel 中复制过来
%程序第一段开始
T=sum(sum(A)),%群体总和
TA=A.^2;TT=sum(sum(TA)),%群体总平方和
A1=A(1：6,:);A2=A(7：12,:);A3=A(13：18,:);A4=A(19：24,:);
A5=A(25：30,:);A6=A(31：36,:);
A7=A(37：42,:);A8=A(43：48,:);
%矩阵(种源)的剖分，不规则试验数据通过控制括号中的参数来实现；
B1=sum(A1,1);B2=sum(A2,1);B3=sum(A3,1);B4=sum(A4,1);
B5=sum(A5,1);B6=sum(A6,1);
B7=sum(A7,1);B8=sum(A8,1);
B=[B1;B2;B3;B4;B5;B6;B7;B8];
TB=B.^2;    %求种源与重复间的交互作用
C=sparse(A);D=spones(C);
DDi=sum(D,1);%各重复子代样本数；
DDjk=sum(D,2);%第 j 个种源内第 k 个家系的参试子代样本数；
NT=sum(DDi);%NT 为群体子代样本总数；
D1=D(1：6,:);D2=D(7：12,:);D3=D(13：18,:);D4=D(19：24,:);
D5=D(25：30,:);D6=D(31：36,:);D7=D(37：42,:);D8=D(43：48,:);
E1=sum(D1,1);E2=sum(D2,1);E3=sum(D3,1);E4=sum(D4,1);
E5=sum(D5,1);E6=sum(D6,1);E7=sum(D7,1);E8=sum(D8,1);
%样本矩阵的剖分与数据矩阵剖分对应；
E=[E1;E2;E3;E4;E5;E6;E7;E8],E(E==0)=1,E,
PB=TB./E;TPB=sum(sum(PB)),%求种源与重复间的互作平方和；
TT1=TT-T^2/NT,%总离差平方和；
P1=sum(B,2),NP=sum(E,2);P11=(P1.^2)./NP;P22=sum(P11);
CT=T*T/NT;
PP=P22-CT,%种源离差平方和；
Ti=sum(A,1);TR=(Ti.^2)./DDi;DL=sum(TR);TRI=0;
TRI=DL - T^2/NT,%重复离差平方和；
TTPB=TPB - DL- P22 + T^2/NT,%种源与重复间的互作离差平方和；
Tjk=sum(A,2);TF1=(Tjk.^2)./DDjk；
TF=sum(TF1)- sum(P11),%种源内家系离差平方和；
SSe=TT1-TRI-PP-TTPB-TF,%机误平方和
```

4.3 各因子自由度及均方计算

```
MSb=TRI/39，MSp=PP/7，MSf=TF/40，
MSpb=TTPB/273，
```

MMe＝SSe／（NT－360），
MSt＝TT1／（NT－1），

4.4　求期望均方系数

DDi＝sum（D，1）；DDjk＝sum（D，2）；NT＝sum（DDi），

E＝［E1；E2；E3；E4；E5；E6；E7；E8］%求种源与重复 P ∗ R 间的互作系数矩阵

DD＝DDi.∗DDi；DD1＝sum（DD）；

Dti＝DD1／NT，

DD2＝DDjk.∗DDjk；DD3＝sum（DD2）；

Djk＝DD3／NT，

NP＝sum（E，2）；NP1＝NP.∗NP；NP2＝sum（NP1）；　　NPP＝（NP2）／NT，

W1＝sum（E，2）；W2＝sum（E，1）；

WW＝E.^2；WW1＝sum（WW，2）；WW2＝sum（WW，1）；

LL1＝sum（WW1./W1），LL2＝sum（WW2./W2），LW＝sum（sum（WW，1））；

LW1＝LW／NT，

DDjk＝sum（D，2），TDD＝DDjk.∗DDjk，TD1＝sum（TDD（1：6））；

TD2＝sum（TDD（7：12））；TD3＝sum（TDD（13：18））；

TD4＝sum（TDD（19：24））；

TD5＝sum（TDD（25：30））；TD6＝sum（TDD（31：36））；TD7＝sum（TDD（37：42））；

TD8＝sum（TDD（43：48））；

NP＝sum（E，2）；

TD10＝［TD1；TD2；TD3；TD4；TD5；TD6；TD7；TD8］；

TDL＝ TD10./NP，TTL＝sum（TDL），

%以上所求数据代码列于附录表1；

K1＝（40－Djk）／39，K2＝（LL2－LW1）／39，%求因子的方差系数

K3＝（LL2－NPP）／39，

K4＝（NT－Dti）／39，%重复间因子系数

K5＝（TTL－Djk）／7，

K6＝（LL1－LW1）／7，

K7＝（NT－NPP）／7，K8＝（LL1－Dti）／7，%种源间因子系数

K9＝（320－40－TTL＋Djk）／（320－47），K10＝（NT－LL1－LL2＋LW1）／（320－47），

K11＝（NPP－LL2）／（320－47），K12＝（Dti－LL1）／（320－47），%种源与重复间的互作因子系数

K13＝（NT－TTL）／40，

K14＝（48－LL1）／40，

K15＝（48－LL1）／40，%种源内家系因子系数

K16＝（TTL－320）／1241，

K17＝（LL1－48）／ 1241，

K18＝（LL1－48）／ 1241，%误差项的因子系数

G＝［1，K1，K2，K3，K4；1，K5，K6，K7，K8；1，K9，K10，K11，K12；…

1，K13，K14，0，K15；1，K16，K17，0，K18］；

G0 = full（G），

G0 =

1.0000	0.1530	5.2365	0.1703	40.4134
1.0000	33.9003	5.2709	202.0186	0.1862
1.0000	0.1564	5.0205	−0.0243	−0.0048
1.0000	33.6416	0.1455	0	0.1455
1.0000	−0.0392	−0.0047	0	−0.0047

%输出结果，复制到 Word 中存盘并打印出来。

4.5 求各因子的方差分量程序

%第二段程序开始

Ms = ［4.6592，21.6712，1.8876，2.3917，0.7978］′，

X = inv（G0）* Ms，%X 为方差分量向量 X = ［xe，xf，xpb，xp，xb］

X =

0.8009

0.0461

0.2155

0.0899

0.0670

xe = 0.8009；xf = 0.0461；xpb = 0.2155；xp = 0.0899；xb = 0.0670；

%到此可求出种源、种源内家系、家系内单株的遗传力

种源遗传力：

$h_p^2 = \sigma_p^2 / [(1/K_7) * \sigma_e^2 + (K_5/K_7) * \sigma_{f/k}^2 + (K_6/K_7) * \sigma_{pb}^2 + \sigma_p^2 + (K_8/K_7) * \sigma_b^2]$ = 0.8380

种源内的家系遗传力：

$h_{f/p}^2 = \sigma_{f/k}^2 / [\sigma_{f/k}^2 + (1/K_{13}) * \sigma_e^2 + (K_{14}/K_{13}) * \sigma_{pb}^2 + (K_{15}/K_{13}) * \sigma_b^2] = 0.6484$

家系内的单株遗传力：

$h_i^2 = 4 * \sigma_{f/k}^2 / [\sigma_{f/k}^2 + \sigma_b^2 + \sigma_e^2] = 0.2018$ 或 $3 * \sigma_{f/k}^2 / [\sigma_{f/k}^2 + \sigma_b^2 + \sigma_e^2]$

4.6 各参试因子的 F 检验

##1 种源因子的 F 检验

%对种源进行 F 检验的程序，第三段程序开始

F = MSp/Mx1；

MSp = xe + K5 * xf + K6 * xpb + K7 * xp + K8 * xb；

Mx1 = xe + K5 * xf + K6 * xpb + K8 * xb；　%Mx1 为参比均方；

%上式既算出具体的值，又展成如下表达式

Mx1 = α1 * MSb + α2 * MSp + α3 * MSpb + α4 * MSf/p + α5 * MMe

% Mx1 的自由度 Nx1

Nx1 = [Mx1]^2/{[(α1 * MSb)^2]/39+[(α2 * MSp)^2]/7+…

[(α3 * MSpb)^2/273]+[(α4 * MSf/p)^2/40]+[(α5 * MMe)^2/1241]}

%查 F 表，$F_{1\%}(7, Nx1)$ = ?

%比较 F = MSp/Mx1 与 $F_{1\%}(7, Nx1)$ 的相对大小

%如下是程序运行的过程；

Syms MSb MSp MSpb MSf MMe;

>> G1 = [

MSb	0.153	5.2365	0.1703	40.4134
MSp	33.9003	5.2709	202.0186	0.1862
MSpb	0.1564	5.0205	−0.0243	−0.0048
MSf	33.6416	0.1455	0	0.1455
MMe	−0.0392	−0.0047	0	−0.0047

];

>> G2 = [

1	MSb	5.2365	0.1703	40.4134
1	MSp	5.2709	202.0186	0.1862
1	MSpb	5.0205	−0.0243	−0.0048
1	MSf	0.1455	0	0.1455
1	MMe	−0.0047	0	−0.0047

];

>> G3 = [

1	0.153	MSb	0.1703	40.4134
1	33.9003	MSp	202.0186	0.1862
1	0.1564	MSpb	−0.0243	−0.0048
1	33.6416	MSf	0	0.1455
1	−0.0392	MMe	0	−0.0047

];

>> G4 = [

1	0.153	5.2365	MSb	40.4134
1	33.9003	5.2709	MSp	0.1862
1	0.1564	5.0205	MSpb	−0.0048
1	33.6416	0.1455	MSf	0.1455
1	−0.0392	−0.0047	MMe	−0.0047

];

>> G5 = [

1	0. 153	5. 2365	0. 1703	MSb
1	33. 9003	5. 2709	202. 0186	MSp
1	0. 1564	5. 0205	−0. 0243	MSpb
1	33. 6416	0. 1455	0	MSf
1	−0. 0392	−0. 0047	0	MMe

];

>>b1 = det(G1)/det(G0); b2 = det(G2)/det(G0); b3 = det(G3)/det(G0); b4 = det(G4)/det(G0)

b5 = det(G5)/det(G0)

c1 = vpa(b1, 5), c2 = vpa(b2, 5), c3 = vpa(b3, 5), c4 = vpa(b4, 5), c5 = vpa(b5, 5)

c1 = 0. 11198e−3 ∗ MSb−0. 11138e−9 ∗ MSp+0. 78386e−3 ∗ MSpb+…
0. 11587e−2 ∗ MSf+0. 99795 ∗ MMe

c2 = 0. 29696e−1 ∗ MSf−0. 28813e−1 ∗ MMe−0. 11036e−3 ∗ MSb+…
0. 10977e−9 ∗ MSp−0. 77249e−3 ∗ MSpb

c3 = −0. 11798e−2 ∗ MSf−0. 19785 ∗ MMe+0. 23933e−4 ∗ MSp+…
0. 19900 ∗ MSpb+0. 47638e−5 ∗ MSb

c4 = −0. 49582e−2 ∗ MSf+0. 50564e−2 ∗ MMe−0. 50427e−2 ∗ MSpb+…
0. 49495e−2 ∗ MSp−0. 49641e−5 ∗ MSb

c5 = 0. 10306e−2 ∗ MMe+0. 32675e−4 ∗ MSf−0. 25781e−1 ∗ MSpb+…
−0. 23958e−4 ∗ MSp+0. 24741e−1 ∗ MSb

MSx = 3. 528531

MSx = collect(xe+33. 9003 ∗ xf+5. 2709 ∗ xpb+0. 1862 ∗ xb)

MSx = collect(c1+33. 9003 ∗ c2+5. 2709 ∗ c3+0. 1862 ∗ c5)

vpa(MSx, 5)

ans = 0. 10026e−2 ∗ MSb+0. 12169e−3 ∗ MSp+1. 0187 ∗ MSpb+1. 0016 ∗ MSf−1. 0215 ∗ MMe

Sx = {(0. 001026 ∗ 4. 6592)^2/39+(0. 00012169 ∗ 21. 6712)^2/7+…
(1. 0187 ∗ 1. 8876)^2/273+(1. 0016 ∗ 2. 3917)^2/40+(−1. 0215 ∗ 0. 7978)^2/1241}

Sx = [0. 15754]

Nx = (3. 528531)^2/0. 15754,

Nx = 78. 9507 ≈ 79

F = Msf/Mx1 = 4. 7361

F = 4. 7361 > $F_{1\%}$(7, 79) = 2. 87   %种源间存在显著差异

#2 对种源与重复间互作进行 F 检验

%接上程序

F = MSpb/Mx2;

MSpb = c1+K9 ∗ c2+K10 ∗ c3+K11 ∗ c4+K12 ∗ c5;

Mx2 = c1+0. 0354 ∗ c2−0. 0243 ∗ c4−0. 0048 ∗ c5;

Mx2 = 0. 79004

Mx2 = vpa(Mx2, 5)

Mx2 = −0. 10563e−4 * MSb−0. 12016e−3 * MSp+0. 10028e−2 * MSpb+0. 23303e−2 * MSf+⋯

0. 99680 * MMe

%Mx2 的自由度 Nx2

Nx2 = [Mx2]^2/ { [(α6 * MSb)^2]/39+[(α7 * MSp)^2]/7+⋯

[(α8 * MSpb)^2/273]+[(α9 * MSf/p)^2/40]+[(α10 * MMe)^2/1241] }

Nx2 = (0. 79004)^2/ { (−0. 000010563 * 4. 6592)^2/39+⋯

+(−0. 00012016 * 21. 6712)^2/7+(0. 0010028 * 1. 8876)^2/273+(0. 0023303 * 2. 3917)^

2/40+(0. 9968 * 0. 7909)^2/1241}

Nx2 = 1242

%查 F 表，$F_{1\%}$(273, 1242) = 1. 2175

F = MSp/Mx2 = 2. 3893>$F_{1\%}$(273, 1242) ; %即种源与重复间互作明显

#3 对种源内家系间作 F 检验

MSf = c1+K13 * c2+ K14 * c3+ K15 * c5

Mx3 = c1+0. 1455 * c3+ 0. 1455 * c5; %Mx3 为参比均方

Msx3 = collect(Mx3)

Msx3 = 0. 832426;

vpa(Msx3, 5) ,

Mx3 = 0. 37125e−2 * MSb−0. 37489e−8 * MSp+0. 25987e−1 * MSpb+⋯

0. 99179e−3 * MSf+0. 96931 * MMe

sx = { (0. 0037125 * 4. 6592)^2/39+(−0. 37489e−8 * 21. 6712)^2/7+⋯

(0. 025987 * 1. 8876)^2/273+(0. 00099179 * 2. 3917)^2/40+(0. 96931 * 0. 7978)^2/1241},

sx = [0. 00049851]

Nx3 = (0. 832426)^2/0. 00049851 ,

Nx3 = 1390

F = 2. 3917/0. 832426

F = 2. 873168

$F_{1\%}$(40, 1390) = 1. 59< F = 2. 873168 ; %故种源内家系间存在显著差异

#4 对重复间的差异作 F 检验

%接上程序

F = MSb/Mx4 ;

MSb = c1+K1 * c2+K2 * c3+K3 * c4+K4 * c5 ;

Mx4 = c1+K1 * c2+K2 * c3+K3 * c4; %为参比均方

K1 = 0. 153 ; K2 = 5. 2365 ; K3 = 0. 1703 ;

Mx4 = c1+K1 * c2+K2 * c3+K3 * c4 ;

Mx4 = vpa(Mx4, 5) ,

Mx4 = 0. 11920e−3 * MSb+0. 96805e−3 * MSp+1. 0419 * MSpb+⋯

−0. 13208e−2 * MSf−0. 41644e−1 * MMe

Sx4 = { (0. 0001192 * 4. 6592)^2/39+(0. 00096805 * 21. 6712)^2/7+⋯

$(1.0419 * 1.8876)^2/273 + (-0.0013208 * 2.3917)^2/40 + (-0.041644 * 0.7978)^2/1241 \}$,

Sx4 = [0.014232]

Nx4 = [Mx4]^2/Sx4

Nx4 = (1.95799)^2/0.01432,

Nx4 ≈ 268

F = 4.6592/1.95799,

F = 2.3796

$F_{1\%}(39, 268) = 1.671 < F = 2.3796$，%即重复间差异显著

附注1:

（1）尽管本文是根据规则的三阶巢式设计试验资料，研制出了平衡不平衡三阶巢式设计试验数据的处理技术，但是程序对非规则的、非平衡巢式设计也是适用的。这可通过对数据矩阵的剖分与合并来完成。

（2）在计算种源与重复互作平方和时，有时缺失数据往往会因缺区导致除数为零的情形，所以在方差分析的程序中，先要输出 E 矩阵的信息。如果 E 矩阵中有零，可增加如下程序：

E(E==0) = 1,

E

附注2:

三阶不平衡巢式设计的转化分析法时各因子的方差分量系数代码见表1。

表1　三阶不平衡巢式设计的转化分析法时各因子的方差分量系数代码

平方和项	σ_b^2	σ_p^2	σ_{pb}^2	$\sigma_{t/p}^2$	σ_e^2	每行的编号
$\sum_{ijkl} y_{ijkl}^2$	NT	NT	NT	NT	NT	A
$Y_{\dots}^2/N_{\dots}$	Dti	NPP	LW1	Djk	1	B
$\sum_i (y_{i\dots}^2/n_{i\dots})$	NT	LL2	LL2	40	40	C
$\sum_{ij} (y_{ij\dots}^2/n_{ij\dots})$	NT	NT	NT	40*8	40*8	D
$\sum_j [y_{\cdot j\cdot}^2/n_{\cdot j\cdot}]$	LL1	NT	LL1	TTL	8	E
$\sum_{jk} (y_{\cdot jk}^2/n_{\cdot jk})$	48	NT	48	NT	48	F

5 平衡不平衡、规则不规则的析因设计数据的方差分析程序

5.1 平衡不平衡、规则不规则的析因设计试验数据分析的线性模型

%Model 如下：

$y_{ijkl} = u + b_i + f_j + m_k + (fb)_{ij} + (mb)_{ik} + (fm)_{jk} + e_{ijkl}$

%这里：i=40；j=6；k=5；l=1 或 0

%两因素随机区组设计，30 个组合，10 个重复，4 株小区转化为单株小区(存在缺株)

%6*5 (6 个母本 5 父本)析因设计；%原设想采用模拟数据，用来编写本模型的程序，因计算获得负的方差分量，故未使用具体数据来编程。

A=[data]jk*i；%从 Excel 中复制过来

第一段程序开始

format long

Ty=sum(sum(A))，ta=A.^2；TT=sum(sum(ta))，tr=sum(A, 1)；

tf=sum(A, 2)，

%Ty 为总和；TT 为总的平方和；tf 为杂交组合的和；tr 为重复之和；

B=sparse(A)；C=spones(B)；

Nr=sum(C, 1)；Nf=sum(C, 2)，NN=sum(Nr)；%Nr 为重复因子的子代样本数；Nf 为杂交组合的样本数；NN 为全试验林的样本数

St=TT-Ty^2/NN，%总的离差平方和；

Sr=sum((tr.^2)./Nr) -Ty^2/NN，%重复离差平方和；

%建立 BB=[data]k*I 矩阵，A 阵对 j 求和；求父本与重复间的交互作用

A1=A(1: 6,:)；A2=A(7: 12,:)；A3=A(13: 18,:)；A4=A(19: 24,:)；

A5=A(25: 30,:)；

%不规则试验数据分析，可通过控制括号中提取的参数来实现

B1=sum(A1, 1)；B2=sum(A2, 1)；B3=sum(A3, 1)；B4=sum(A4, 1)；

B5=sum(A5, 1)；

BB=[B1; B2; B3; B4; B5]；%求父本 k*I 间的交互作用

C1=C(1: 6,:)；C2=C(7: 12,:)；C3=C(13: 18,:)；C4=C(19: 24,:)；

C5=C(25: 30,:)；

CC1=sum(C1, 1)；CC2=sum(C2, 1)；CC3=sum(C3, 1)；CC4=sum(C4, 1)；

CC5=sum(C5, 1)；

CC=[CC1; CC2; CC3; CC4; CC5]；CC(CC==0)=1，

FC=sum(sum((BB.^2)./CC))；%互作平方和

TNr=sum(CC, 2)；BB1=sum(BB, 2)；Fb=sum((BB1.^2)./TNr)；%Fb 父本间平方和

Ty=sum(sum(A))；

Fb1=Fb-Ty.^2/NN，%父本间离差平方和

FC1=FC-Fb-sum((tr.^2)./Nr) + Ty^2/NN，%求父本与重复间的交互作用

5.2　根据上面程序输出结果，构建如下矩阵

%从 tf=sum（A，2），建立 FS=［data］J＊K 矩阵；%求父母间的互作；

%从 C 矩阵出发，建立 Nf=［data］J＊K 系数矩阵；%求父母间的互作；

%第二段程序开始

FS=［data］；

Nf=［data］；

format long

Me=sum（FS，1）;%父系求和；Fe=sum（FS，2）；%母系求和；

FS1=FS.^2；

Ty=sum（Fe）；%总的效应和

NMe=sum（Nf，1）；NFe=sum（Nf，2）；NN=sum（NFe）；

SFe=sum（（Fe.^2）./NFe）－Ty^2/NN　%female 离差平方和

SMe=sum（（Me.^2）./NMe）－Ty^2/NN　　%male 离差平方和

FS1=FS.^2；

FS2=FS1./Nf；

FSS=sum（sum（FS2））；　　%父母本互作平方和

FSS1=FSS－sum（（Fe.^2）./NFe）－sum（（Me.^2）./NMe）＋Ty^2/NN　%所求父本与母本间的互作；

5.3　求母本与重复间的互作

%从 A 出发，建立 AK=［data］kj＊I，对父本求和，建立 KR=［ ］j＊I 矩阵；%求母本与重复间的互作；

%从 AK 矩阵出发，建立 NK=［求父系与重复样本数］j＊I 系数矩阵；% AK 阵对 k 求和；求母本与重复间的互作；

%第三段程序开始

AK=［data］；format long

Ty=sum（sum（AK））；

Z1=AK（1：5，:）；Z2=AK（6：10，:）；Z3=AK（11：15，:）；Z4=AK（16：20，:）；

Z5=AK（21：25，:）；Z6=AK（26：30，:）；

%6 个母本 females 的效应和

ZZ1=sum（Z1，1）；ZZ2=sum（Z2，1）；ZZ3=sum（Z3，1）；ZZ4=sum（Z4，1）；

ZZ5=sum（Z5，1）；ZZ6=sum（Z6，1）；

AK1=［ZZ1；ZZ2；ZZ3；ZZ4；ZZ5；ZZ6］；

%所求母本与重复母本与重复间的互作矩阵

Bb=sparse（AK）；D=spones（Bb）；

NN=sum（sum（D））；Nr=sum（D，1）；

D1=D（1：5，:）；D2=D（6：10，:）；D3=D（11：15，:）；D4=D（16：20，:）；

D5=D（21：25，:）；D6=D（26：30，:）；

DD1=sum（D1，1）；DD2=sum（D2，1）；DD3=sum（D3，1）；DD4=sum（D4，1）；

DD5＝sum(D5，1)；DD6＝sum(D6，1)；

DD＝[DD1；DD2；DD3；DD4；DD5；DD6]，%所求母本与重复间的互作系数矩阵；

DD(DD＝＝0)＝1，DD，%母本与重复间互作样本数为 0 时，处理办法；

SZZ＝sum(sum((AK1.^2). ／DD))，% 母本与重复间互作平方和

Dm＝sum(DD，2)；

SZS＝sum(AK1，2)；

Ty＝sum(sum(AK))；CT＝Ty^2／NN；

ZZS＝sum((SZS.^2). ／Dm)；%母本平方和

Ttr＝sum(AK，1)；%重复效应和

Sm1＝ZZS－CT，%母本离差平方和

SSmb＝SZZ－ZZS－sum((Ttr.^2). ／Nr) ＋CT，%母本与重复的互作

St＝TT－CT

SSe＝St－Sr－ SFe －SMe－FC1－FSS1－SSmb　　%机误离差平方和

5.4　求参试因子的调节系数

DfST＝NN－1；Dfr＝40－1，Dfm＝5－1，Dff＝6－1，

Dfij＝40＊6－40－6＋1，Dfik＝40＊5－40－5＋1，Dfjk＝30－6－5＋1，

Dfe＝NN－30－40＋1，

%求各因子自由度

Msr＝Sr／Dfr，%重复均方；　MSf＝ Fb1／4，%父本均方；Msm1＝Sm1／5，%母本均方

Mfb1＝SFe／Dff，%父本均方；Mme＝SMe／Dfm，%母本均方

Mfc1＝FC1／Dfik，% 父本与重复互作均方；Msm＝SSmb／Dfij，%母本与重复互作均方；

Mfs＝FSS1／Dfjk，%父母本间的互作均方

Mst＝St／(NN－1)，　MSe＝SSe／Dfe，%求各因子均方

5.5　求期望均方系数和方差分量

%6＊5 (6 个母本 5 父本) 析因设计的 model ：

$y_{ijkl} = u + b_i + f_j + m_k + (fb)_{ij} + (mb)_{ik} + (fm)_{jk} + e_{ijkl}$

%这里：i＝40；j＝6；k＝5；l＝1 或 0

%两因素随机区组设计，30 个组合，40 个重复，单株小区

%求期望均方系数和方差分量

%第四段程序开始

%第一步，求出下列自由度：

DfST＝NN－1，Dfr＝40－1，Dfm＝5－1，Dff＝6－1，

Dfij＝40＊6－40－6＋1，Dfik＝40＊5－40－5＋1，Dfjk＝30－6－5＋1，

Dfe＝NN－420，

%第二步，根据方差分析获得的系数矩阵 C，CC，DD 计算二次项系数

Nf＝[ ]；

C；CC；D；DD；

a1=sum(C, 1), a2=sum(C, 2),%由 a2 阵建立 FS 杂交组合的系数矩阵[AA]j*k

aa1=sum(a1.^2), aar=aa1/NN, AA=Nf;

W1=0；W1=sum(AA, 1), W2=sum(AA, 2),

fw1=(sum(W1.^2))/NN, fw2=(sum(W2.^2))/NN

WW=AA.^2, WWt=sum(sum(WW)), WWT=WWt/NN,

WW1=sum(WW, 1), WW2=WW1./W1, WW3=sum(WW2),

WW4=sum(WW, 2), WW5=WW4./W2, WW6=sum(WW5)

L1=sum(CC, 1), L2=sum(CC, 2), L11=(sum(L1.^2))/NN,

L12=(sum(L2.^2))/NN

LL=CC.^2, LL1=sum(sum(LL)), LL2=LL1/NN,

LL3=sum(LL, 1), LL4=LL3./L1, LL5=sum(LL4),

LL6=sum(LL, 2), LL7=LL6./L2, LL8=sum(LL7),

P1=sum(DD, 1), P2=sum(DD, 2), P11=(sum(P1.^2))/NN,

P12=(sum(P2.^2))/NN

PP=DD.^2, PP1=sum(sum(PP)), PP2=PP1/NN,

PP3=sum(PP, 1), PP4=PP3./P1, PP5=sum(PP4),

PP6=sum(PP, 2), PP7=PP6./P2, PP8=sum(PP7)

%求期望均方系数

%重复间；

k1=(40-WWT)/39, k2=(PP5-PP2)/39, k3=(LL5-LL2)/39,

k4=(PP5-P12)/39, k5=(LL5-L12)/39,

k6=(NN-L11)/39,%重复间

k7=(WW3-WWT)/4, k8=(5-PP2)/4, k9=(LL8-LL2)/4,

k10=(WW3-P12)/4, k11=(NN-L12)/4,

k12=(LL8-L11)/4, %父本 male 本间

k13=(WW6-WWT)/5, k14=(PP8-PP2)/5, k15=(6-LL2)/5,

k16=(NN-P12)/5, k17=(WW6-fw1)/5,

k18=(PP8-aar)/5, %母本 female 本间

k19=(NN-WWT)/(NN-1), k20=(NN-PP2)/(NN-1),

k21=(NN-LL2)/(NN-1), k22=(NN-P12)/(NN-1),

k23=(NN-fw1)/(NN-1), k24=(NN-L11)/(NN-1),%总变异

k25=(160-WW3+WWT)/156, k26=(195-PP5+PP2)/156,

k27=(NN-LL5-LL8+LL2)/156, k28=(200-WW3-PP5+fw2)/156,

k29=(L12-LL5)/156, k30=(L11-LL8)/156,%父本*重复

k31=(200-WW6+WWT)/195, k32=(NN-PP8-PP5+PP2)/195,

k33＝（234−LL5+LL2）/195，

k34＝（NN−NN−PP5+P12）/195，

k35＝（240−WW6−LL5+fw1）/195，k36＝（P11−PP8）/195，%母本＊重复

k37＝（NN−WW3−WW6+WWT）/20，k38＝（30−5−PP8+PP2）/20，

k39＝（30−6−LL8+LL2）/20，k40＝（L12−WW3）/20，k41＝（L12−WW6）/20，

k42＝（30−PP8−LL8+P11）/20，%求父本＊母本互作

%求方差分量

$G=[1, k_1, k_2, k_3, k_4, k_5, k_6; 1, k_7, k_8, k_9, k_{10}, k_{11}, k_{12}; 1, k_{13}, \cdots$
$k_{14}, k_{15}, k_{16}, k_{17}, k_{18};, 1, k_{19}, k_{20}, K_{21}, k_{22}, k_{23}, k_{24}; 1, k_{25}, k_{26}, k_{27}, \cdots$
$k_{28}, k_{29}, k_{30}; 1, k_{31}, k_{32}, k_{33}, k_{34}, k_{35}, k_{36}; 1, k_{37}, k_{38}, k_{39}, K_{40}, k_{41}, k_{42}]$；

$X=[xe, xfm, xmb, xfb, xm, xf, xb]'$；

$MSy=[Msr, Mfb1, Mme, Mst, Mfc1, Msm, Mfs]'$

$X=inv(G) * MSy$　%X 为所求方差分量

%根据输出计算结果，为下面分析，构建若干矩阵

%遗传力的计算

父系选择时，半同胞家系遗传力

$h_m^2 = k_{10} * \sigma_m^2 / [\sigma_e^2 + k_7 * \sigma_{fm}^2 + k_8 * \sigma_{mb}^2 + k_9 * \sigma_{fb}^2 + k_{10} * \sigma_m^2 + k_{11} * \sigma_f^2 + k_{12} * \sigma_b^2] = \sigma_m^2 / [Mfb1 / k_{10}]$

母本选择时，半同胞家系遗传力

$h_f^2 = k_{17} * \sigma_f^2 / [\sigma_e^2 + k_{13} * \sigma_{fm}^2 + k_{14} * \sigma_{mb}^2 + k_{15} * \sigma_{fb}^2 + k_{16} * \sigma_m^2 + k_{17} * \sigma_f^2 + k_{18} * \sigma_b^2] = \sigma_f^2 / [Mme / k_{17}]$

全同胞选择时的遗传力

$h_{fs}^2 = k_{37} * \sigma_{fm}^2 / [Mfs] = \sigma_{fm}^2 / [Mfs / k_{37}]$

单株狭义遗传力 $h_i^2 = VA/VP$ ，%单株狭义遗传力有三种算法

$h_i^2 = 4 * \sigma_f^2 / VP$，

$h_i^2 = 4 * \sigma_m^2 / VP$，

$h_i^2 = 2 * (\sigma_f^2 + \sigma_m^2) / VP$，%VP $= \sigma_b^2 + \sigma_f^2 + \sigma_m^2 + \sigma_{fb}^2 + \sigma_{mb}^2 + \sigma_{fm}^2 + \sigma_e^2$

5.6　主要因子的 F 检验

Model：

%6＊5（6个母本5父本）析因设计

%$y_{ijkl} = u + b_i + f_j + m_k + (fb)_{ij} + (mb)_{ik} + (fm)_{jk} + e_{ijkl}$

%这里：i＝40；j＝5；k＝6；l＝1 或 0

%两因素随机区组设计，30 个组合，40 个重复，单株小区

%主要因子的 F 检验,%第五段程序开始

$G=[1, k_1, k_2, k_3, k_4, k_5, k_6$
$1, k_7, k_8, k_9, k_{10}, k_{11}, k_{12}$
$1, k_{13}, k_{14}, k_{15}, k_{16}, k_{17}, k_{18}$
$1, k_{19}, k_{20}, k_{21}, k_{22}, k_{23}, k_{24}$

1，k25，k26，k27，k28，k29，k30

1，k31，k32，k33，k34，k35，k36

1，k37，k38，k39，k40，k41，k42]，

syms Msr Mfb1 Mme Mst Mfc1 Msm Mfs

G1 = [

Msr	k1	k2	k3	k4	k5	k6
Mfb1	k7	k8	k9	k10	k11	k12
Mme	k13	k14	k15	k16	k17	k18
Mst	k19	k20	k21	k22	k23	k24
Mfc1	k25	k26	k27	k28	k29	k30
Msm	k31	k32	k33	k34	k35	k36
Mfs	k37	k38	k39	k40	k41	k42

];

G2 = [

1	Msr	k2	k3	k4	k5	k6
1	Mfb1	k8	k9	k10	k11	k12
1	Mme	k14	k15	k16	k17	k18
1	Mst	k20	k21	k22	k23	k24
1	Mfc1	k26	k27	k28	k29	k30
1	Msm	k32	k33	k34	k35	k36
1	Mfs	k38	k39	k40	k41	k42

];

G3 = [

1	k1	Msr	k3	k4	k5	k6
1	k7	Mfb1	k9	k10	k11	k12
1	k13	Mme	k15	k16	k17	k18
1	k19	Mst	k21	k22	k23	k24
1	k25	Mfc1	k27	k28	k29	k30
1	k31	Msm	k33	k34	k35	k36
1	k37	Mfs	k39	k40	k41	k42

];

G4 = [

1	k1	k2	Msr	k4	k5	k6
1	k7	k8	Mfb1	k10	k11	k12
1	k13	k14	Mme	k16	k17	k18
1	k19	k20	Mst	k22	k23	k24

```
         1        k25       k26      Mfc1       k28       k29       k30
         1        k31       k32      Msm        k34       k35       k36
         1        k37       k38      Mfs        k40       k41       k42
];
G5 = [
         1        k1        k2       k3        Msr        k5        k6
         1        k7        k8       k9        Mfb1       k11       k12
         1        k13       k14      k15       Mme        k17       k18
         1        k19       k20      k21       Mst        k23       k24
         1        k25       k26      k27       Mfc1       k29       k30
         1        k31       k32      k33       Msm        k35       k36
         1        k37       k38      k39       Mfs        k41       k42
];
G6 = [
         1        k1        k2       k3        k4         Msr       k6
         1        k7        k8       k9        k10        Mfb1      k12
         1        k13       k14      k15       k16        Mme       k18
         1        k19       k20      k21       k22        Mst       k24
         1        k25       k26      k27       k28        Mfc1      k30
         1        k31       k32      k33       k34        Msm       k36
         1        k37       k38      k39       k40        Mfs       k42
];
G7 = [
         1        k1        k2       k3        k4         k5        Msr
         1        k7        k8       k9        k10        k11       Mfb1
         1        k13       k14      k15       k16        k17       Mme
         1        k19       k20      k21       k22        k23       Mst
         1        k25       k26      k27       k28        k29       Mfc1
         1        k31       k32      k33       k34        k35       Msm
         1        k37       k38      k39       k40        k41       Mfs
];
xe = det(G1)/det(G); xe = vpa(xe, 5),
xfm = det(G2)/det(G); xfm = vpa(xfm, 5),
xmb = det(G3)/det(G); xmb = vpa(xmb, 5),
xfb = det(G4)/det(G); xfb = vpa(xfb, 5),
```

$xm = det(G5)/det(G)$；$xm = vpa(xm, 5)$，

$xf = det(G6)/det(G)$；$xf = vpa(xf, 5)$，

$xb = det(G7)/det(G)$，$xb = vpa(xb, 5)$，

%程序运行结果：

$xe = \beta1 * Msr + \beta2 * Mfb1 + \beta3 * Mme + \beta4 * Mst + \beta5 * Mfc1 + \beta6 * Msm + \beta7 * Mfs$

$xfm = vpa(xfm, 5) =$

$\beta8 * Msr + \beta9 * Mfb1 + \beta10 * Mme + \beta11 * Mst + \beta12 * Mfc1 + \beta13 * Msm + \beta14 * Mfs$

$xmb = vpa(xmb, 5) =$

$\beta15 * Msr + \beta16 * Mfb1 + \beta17 * Mme + \beta18 * Mst + \beta19 * Mfc1 + \beta20 * Msm + \beta21 * Mfs$

%输出如上结果，$\beta1 \cdots \beta21$ 为分析常数

$xfb = vpa(xfb, 5) = \beta22 * Msr + \beta23 * Mfb1 + \beta24 * Mme + \beta25 * Mst + \beta26 * Mfc1 + \cdots$
$\beta27 * Msm + \beta28 * Mfs$

$xm = vpa(xm, 5) = \beta29 * Msr + \beta30 * Mfb1 + \beta31 * Mme + \beta32 * Mst + \beta33 * Mfc1 + \cdots$
$\beta34 * Msm + \beta35 * Mfs$

$xf = vpa(xf, 5) = \beta36 * Msr + \beta37 * Mfb1 + \beta38 * Mme + \beta39 * Mst + \beta40 * Mfc1 + \cdots$
$\beta41 * Msm + \beta42 * Mfs$

$xb = vpa(xb, 5) = \beta43 * Msr + \beta44 * Mfb1 + \beta45 * Mme + \beta46 * Mst + \beta47 * Mfc1 + \cdots$
$\beta48 * Msm + \beta49 * Mfs$

#1 假定对杂交组合进行 F 检验

$F = Mfs/Mx1$；% Mx1 参比均方

$Mfs = xe + k37 * xfm + k38 * xmb + k39 * xfb + k40 * xm + k41 * xf + k42 * xb;$

$Mx1 = xe + k38 * xmb + k39 * xfb + k40 * xm + k41 * xf + k42 * xb;$

$Mx1 = collect(xe + k38 * xmb + k39 * xfb + k40 * xm + k41 * xf + k42 * xb)$

%Mx1 既算出具体的值，又展成如下表达式

$Mx1 = \alpha1 * Msr + \alpha2 * Mfb1 + \alpha3 * Mme + \alpha4 * Mst + \alpha5 * Mfc1 + \alpha6 * Msm + \alpha7 * Mfs$

% Mx1 的自由度 Nx1

$Nx1 = [Mx1]^2/\{[(\alpha1 * Msr)^2]/39 + [(\alpha2 * Mfb1)^2]/156 + [(\alpha3 * Mme)^2/5] + \cdots$
$[(\alpha4 * Mst)^2/(NN-1)] + [(\alpha5 * Mfc1)^2/4 + [(\alpha6 * Msm)^2/195] + \cdots$
$[(\alpha7 * Mfs)^2/20]\}$

%查 F 表，$F_{1\%}(20, Nx1) = ?$

% 比较 $F = Mfs/Mx1$ 与 $F_{1\%}(20, Nx1)$ 的相对大小

#2 假定对母本与重复互作进行 F 检验

$F = Msm/Mx2;$

$Msm = xe + k31 * xfm + k32 * xmb + k33 * xfb + k34 * xm + k35 * xf + k36 * xb$

$Mx2 = xe + k31 * xfm + k32 * xmb + k34 * xm + k35 * xf + k36 * xb;$

$Mx2 = collect(xe + k31 * xfm + k32 * xmb + k34 * xm + k35 * xf + k36 * xb)$

%既算出具体的值，又展成如下表达式

$Mx2 = \alpha8 * Msr + \alpha9 * Mfb1 + \alpha10 * Mme + \alpha11 * Mst + \alpha12 * Mfc1 + \alpha13 * Msm + \alpha14 * Mfs$

% Mx2 的自由度 Nx2

$Nx2 = [Mx2]^2/\{[(\alpha8 * Msr)^2]/39+[(\alpha9 * Mfb1)^2]/156+\cdots$

$[(\alpha10 * Mme)^2/5]+[(\alpha11 * Mst)^2/(NN-1)]+[(\alpha12 * Mfc1)^2/4+\cdots$

$[(\alpha13 * Msm)^2/195]+[(\alpha14 * Mfs)^2/20]\}$

%查 F 表，$F_{1\%}(20, Nx2) = ?$

%比较 $F = Mfs/Mx2$ 与 $F_{1\%}(20, Nx2)$ 的相对大小

##3 假定对父本与重复互作进行 F 检验

$F = Mfc1/Mx3;$

%$Mfc1 = xe+ k25 * xfm+ k26 * xmb+ k27 * xfb+ k28 * xm+ k29 * xf+ k30 * xb;$

$Mx3 = xe+ k25 * xfm+ k27 * xfb + k28 * xm+ k29 * xf+ k30 * xb;$

$Mx3 = collect(xe+ k25 * xfm+ k26 * xmb+ k28 * xm+ k29 * xf+ k30 * xb),$

%既算出具体的值，又展成如下表达式

$Mx3 = \alpha15 * Msr+\alpha16 * Mfb1+\alpha17 * Mme+\alpha18 * Mst+\alpha19 * Mfc1+\alpha20 * Msm+\cdots$

$\alpha21 * Mfs$

% Mx3 的自由度 Nx3

$Nx3 = [Mx3]^2/\{[(\alpha15 * Msr)^2]/39+[(\alpha16 * Mfb1)^2]/156+\cdots$

$[(\alpha17 * Mme)^2/5]+[(\alpha18 * Mst)^2/(NN-1)]+[(\alpha19 * Mfc1)^2/4+\cdots$

$[(\alpha20 * Msm)^2/195]+[(\alpha21 * Mfs)^2/20]\}$

%查 F 表，$F_{1\%}(20, Nx3) = ?$

%比较 $F = Mfs/Mx3$ 与 $F_{1\%}(20, Nx3)$ 的相对大小

##4 假定对母本进行 F 检验

$F = Mme/Mx5;$

%$Mme = xe+ k13 * xfm+ k14 * xmb+ k15 * xfb+ k16 * xm+ k17 * xf+ k18 * xb$

$Mx5 = xe+ k13 * xfm+ k14 * xmb+ k15 * xfb+ k16 * xm + k18 * xb;$

$Mx5 = collect(xe+ k13 * xfm+ k14 * xmb+ k15 * xfb+k17 * xf+ k18 * xb),$

%既算出具体的值，又展成如下表达式

$Mx5 = \alpha29 * Msr+\alpha30 * Mfb1+\alpha31 * Mme+\alpha32 * Mst+\alpha33 * Mfc1+\alpha34 * Msm+\cdots$

$\alpha35 * Mfs$

% Mx5 的自由度 Nx5

$Nx5 = [Mx5]^2/\{[(\alpha29 * Msr)^2]/39+[(\alpha30 * Mfb1)^2]/156+[(\alpha31 * Mme)^2/5]+\cdots$

$[(\alpha32 * Mst)^2/(NN-1)]+[(\alpha33 * Mfc1)^2/4+[(\alpha34 * Msm)^2/195]+\cdots$

$[(\alpha35 * Mfs)^2/20]\}$

%查 F 表，$F_{1\%}(20, Nx5) = ?$

%比较 $F = Mme/Mx5$ 与 $F_{1\%}(20, Nx5)$ 的相对大小

##5 假定对父本进行 F 检验

$F = Mfb1/Mx6;$

%$Mfb1 = xe+ k7 * xfm+ k8 * xmb+ k9 * xfb+ k10 * xm+ k11 * xf+ k12 * xb$

$Mx6 = xe+ k7 * xfm+ k8 * xmb+ k9 * xfb+ k11 * xf + k12 * xb;$

Mx6 = collect(xe+ k7 * xfm+ k8 * xmb+ k9 * xfb+ k10 * xm+ k12 * xb) ,

%既算出具体的值，又展成如下表达式

Mx6 = α36 * Msr+37 * Mfb1+α38 * Mme+α39 * Mst+α40 * Mfc1+α41 * Msm+⋯

α42 * Mfs

% Mx6 的自由度 Nx6

Nx6 = [Mx6]^2/{[(α36 * Msr)^2]/39+[(α37 * Mfb1)^2]/156+[(α38 * Mme)^2/5]+⋯

[(α39 * Mst)^2/(NN−1)]+[(α40 * Mfc1)^2/4+[(α41 * Msm)^2/195]+⋯

[(α42 * Mfs)^2/20]}

%查 F 表，$F_{1\%}(20, Nx6)=$?

%比较 $F = Mfb1/Mx6$ 与 $F_{1\%}(20, Nx6)$ 的相对大小

%注意：第一段程序到第五段程序间不能使用 clear 命令。

表 2　随机模型条件下，两因素随机区组设计各因子的方差分量系数代码

平方和项	σ_b^2	σ_f^2	σ_m^2	σ_{fb}^2	σ_{mb}^2	σ_{fm}^2	σ_e^2/行的编号
$\sum_{ijkl} y_{ijkl}^2$	NN	NN	NN	NN	NN	NN	N...(A)
$Y_{...}^2/N_{...}$	L11; P11; aar	L12; fw2	fw1; P12	LL2	PP2	WWT	1 (B)
$\sum_i (y_{i...}^2/n_{i..})$	NN	LL5	PP5	LL5	PP5	$\sum_i (1)$	$\sum_i (1)$ (C)
$\sum_j [y_{.j..}^2/n_{.j.}]$	LL8	NN	WW3	LL8	$\sum_j (1)$	WW3	$\sum_j (1)$ (D)
$\sum_k [y_{..k.}^2/n_{..k}]$	PP8	WW6	NN	$\sum_k (1)$	PP8	WW6	$\sum_k (1)$ (E)
$\sum_{ij} [y_{ij..}^2/n_{ij.}]$	NN	NN	$\sum_{ij} (1)$	NN	$\sum_{ij} (1)$	$\sum_{ij} (1)$	$\sum_{ij} (1)$ (F)
$\sum_{ik} [y_{i.k.}^2/n_{i.k}]$	NN	$\sum_{ik} (1)$	NN	$\sum_{ik} (1)$	NN	$\sum_{ik} (1)$	$\sum_{ik} (1)$ (G)
$\sum_{jk} [y_{.jk.}^2/n_{.jk}]$	$\sum_{jk} (1)$	NN	NN	$\sum_{jk} (1)$	$\sum_{jk} (1)$	NN	$\sum_{jk} (1)$ (H)

6　四阶巢式设计平衡不平衡、规则不规则数据的分析程序

6.1　四阶巢式设计平衡不平衡、规则不规则数据分析的统计模型

以单株观察值参与统计分析时，平衡不平衡的线性模型如下：

$y_{ijklm} = u + b_i + p_j + s_{k/j} + f_{l/k} + (pb)_{ij} + (sb)_{ik} + e_{ijklm}$

这里：i=1→a; j=1→p; k=1→s; l=1→f; m=1 或 0

%为了方便编程，本研究采用规则的试验设计：6 个典型种源，每个种源 6 个林分，每个林分 6 个家系，重复 40 次，单株小区;%不平衡、规则不规则的模型也包括其中，这

可通过改变剖分矩阵的参数来实现。

6.2　四阶巢式设计平衡不平衡、规则不规则数据的分析程序

%第一段程序

A = [data]jkl * i；%从 Excel 中复制过来

psf = sum(A，2)；br = sum(A，1)；T = sum(br)，%T 为总和;% br 为重复和;%psf 为全部家系和

TA = A. ^2；TT = sum(sum(TA))，%TT 为总平方和

%先求种源林分效应，每个林分 6 个家系，对家系求和

A1 = A(1：6,:)；A2 = A(7：12,:)；A3 = A(13：18,:)；A4 = A(19：24,:)；

A5 = A(25：30,:)；A6 = A(31：36,:)；A7 = A(37：42,:)；

A8 = A(43：48,:)；A9 = A(49：54,:)；A10 = A(55：60,:)；

A11 = A(61：66,:)；A12 = A(67：72,:)；A13 = A(73：78,:)；

A14 = A(79：84,:)；A15 = A(85：90,:)；A16 = A(91：96,:)；

A17 = A(97：102,:)；A18 = A(103：108,:)；A19 = A(109：114,:)；

A20 = A(115：120,:)；A21 = A(121：126,:)；A22 = A(127：132,:)；

A23 = A(133：138,:)；A24 = A(139：144,:)；A25 = A(145：150,:)；

A26 = A(151：156,:)；A27 = A(157：162,:)；A28 = A(163：168,:)；

A29 = A(169：174,:)；A30 = A(175：180,:)；A31 = A(181：186,:)；

A32 = A(187：192,:)；A33 = A(193：198,:)；A34 = A(199：204,:)；

A35 = A(205：210,:)；A36 = A(211：216,:)；%矩阵的剖分；

B1 = sum(A1，1)；B2 = sum(A2，1)；B3 = sum(A3，1)；B4 = sum(A4，1)；

B5 = sum(A5，1)；B6 = sum(A6，1)；B7 = sum(A7，1)；B8 = sum(A8，1)；

B9 = sum(A9，1)；B10 = sum(A10，1)；B11 = sum(A11，1)；

B12 = sum(A12，1)；B13 = sum(A13，1)；B14 = sum(A14，1)；

B15 = sum(A15，1)；B16 = sum(A16，1)；B17 = sum(A17，1)；

B18 = sum(A18，1)；B19 = sum(A19，1)；B20 = sum(A20，1)；

B21 = sum(A21，1)；B22 = sum(A22，1)；B23 = sum(A23，1)；

B24 = sum(A24，1)；B25 = sum(A25，1)；B26 = sum(A26，1)；

B27 = sum(A27，1)；B28 = sum(A28，1)；B29 = sum(A29，1)；

B30 = sum(A30，1)；B31 = sum(A31，1)；B32 = sum(A32，1)；

B33 = sum(A33，1)；B34 = sum(A34，1)；B35 = sum(A35，1)；

B36 = sum(A36，1)；

B = [B1；B2；B3；B4；B5；B6；B7；B8；B9；B10；B11；B12；B13；…

B14；B15；B16；B17；B18；B19；B20；B21；B22；B23；B24；B25；B26；B27；B28；…

B29；B30；B31；B32；B33；B34；B35；B36]；%林分 * i 矩阵；

TTs = sum(B，2)；%林分 jk 之和

Bs = B. ^2；TBs = sum(sum(Bs))；%林分与重复平方和；

%如下是种源的剖分

P1 = A(1：36,:)；P2 = A(37：72,:)；P3 = A(73：108,:)；P4 = A(109：144,:)；P5

=A(145：180,:)；P6=A(181：216,:)；

PP1=sum(P1,1)；PP2=sum(P2,1)；PP3=sum(P3,1)；PP4=sum(P4,1)；
PP5=sum(P5,1)；

PP6=sum(P6,1);%种源矩阵的剖分

P=[PP1；PP2；PP3；PP4；PP5；PP6];%种源与重复二维矩阵；

TTP=sum(P,2);%种源之和

C=sparse(A)；D=spones(C)；

DDi=sum(D,1);%各重复子代样本数

DDjkl=sum(D,2)；;%第 j 个种源内第 k 个林分内第 l 个家系的子代样本数；

NT=sum(DDi),%群体总子代样本数

D1=D(1：6,:)；D2=D(7：12,:)；D3=D(13：18,:)；D4=D(19：24,:)；

D5=D(25：30,:)；D6=D(31：36,:)；D7=D(37：42,:)；D8=D(43：48,:)；

D9=D(49：54,:)；D10=D(55：60,:)；D11=D(61：66,:)；

D12=D(67：72,:)；D13=D(73：78,:)；D14=D(79：84,:)；

D15=D(85：90,:)；D16=D(91：96,:)；D17=D(97：102,:)；

D18=D(103：108,:)；D19=D(109：114,:)；D20=D(115：120,:)；

D21=D(121：126,:)；D22=D(127：132,:)；D23=D(133：138,:)；

D24=D(139：144,:)；D25=D(145：150,:)；D26=D(151：156,:)；

D27=D(157：162,:)；D28=D(163：168,:)；D29=D(169：174,:)；

D30=D(175：180,:)；D31=D(181：186,:)；D32=D(187：192,:)；

D33=D(193：198,:)；D34=D(199：204,:)；D35=D(205：210,:)；

D36=D(211：216,:)；

E1=sum(D1,1)；E2=sum(D2,1)；E3=sum(D3,1)；E4=sum(D4,1)；

E5=sum(D5,1)；E6=sum(D6,1)；E7=sum(D7,1)；E8=sum(D8,1)；

E9=sum(D9,1)；E10=sum(D10,1)；E11=sum(D11,1)；

E12=sum(D12,1)；E13=sum(D13,1)；E14=sum(D14,1)；

E15=sum(D15,1)；E16=sum(D16,1)；E17=sum(D17,1)；

E18=sum(D18,1)；E19=sum(D19,1)；E20=sum(D20,1)；

E21=sum(D21,1)；E22=sum(D22,1)；E23=sum(D23,1)；

E24=sum(D24,1)；E25=sum(D25,1)；E26=sum(D26,1)；

E27=sum(D27,1)；E28=sum(D28,1)；E29=sum(D29,1)；

E30=sum(D30,1)；E31=sum(D31,1)；E32=sum(D32,1)；

E33=sum(D33,1)；E34=sum(D34,1)；E35=sum(D35,1)；

E36=sum(D36,1)；

E=[E1；E2；E3；E4；E5；E6；E7；E8；E9；E10；E11；E12；E13；…

E14；E15；E16；E17；E18；E19；E20；E21；E22；E23；E24；E25；E26；E27；E28；…

E29；E30；E31；E32；E33；E34；E35；E36]；   %jk*I matrics

Es=sum(E,2);%第 j 个种源第 k 个林分的子代样本数；

ER=sum(E,1);%各重复子代样本数；

NT = sum(ER);%群体总样本数

SST = TT- T * T/NT, %总离差平方和

br = sum(A, 1); ER = sum(E, 1);

SSR = sum(br. ^2. /ER) - T * T/NT, %重复离差平方和

TTs = sum(B, 2); %第 jk 个林分效应之和

SSF = sum((psf. * psf). /DDjkl) - sum(TTs. * TTs. /Es), %林分内家系离差平方和;

Bs = B. ^2; TBs = sum(sum(Bs. /E));

SBS = TBs- sum(TTs. ^2. /Es) - sum(br. ^2. /ER) +T * T/NT,%林分与重复间的互作;

Z1 = D(1: 36, :); Z2 = D(37: 72, :); Z3 = D(73: 108, :); Z4 = D(109: 144, :);

Z5 = D(145: 180, :); Z6 = D(181: 216, :);

ZP1 = sum(Z1, 1); ZP2 = sum(Z2, 1); ZP3 = sum(Z3, 1); ZP4 = sum(Z4, 1);

ZP5 = sum(Z5, 1); ZP6 = sum(Z6, 1);

ZP = [ZP1; ZP2; ZP3; ZP4; ZP5; ZP6]; %种源与重复子代样本数互作矩阵

Ps = P. ^2; TPs = sum(sum(Ps. /ZP)), %种源与重复平方和

ZPE = sum(ZP, 2), %各种源子代样本数

TPP = sum(TTP. ^2. /ZPE) - T * T/NT, %种源离差平方和;

TPR = TPs- sum(TTP. ^2. /ZPE) - sum(br. ^2. /ER) +T * T/NT,%种源与重复间的互作;

SSS = sum(TTs. ^2. /Es) - sum(TTP. ^2. /ZPE), %种源内林分离差平方和

SSe = SST- SSR- TPP - SSS -SSF- SBS- TPR

6.3　自由度及均方求算

%第二段程序

MSR = SSR/39, %重复间；39;

MSP = TPP/5,%种源间；5;

MSs = SSS/30, %种源内林分间；30;

MSf = SSF/180, %林分内家系；180;

MSpb = SBS/195,%种源 * 重复；195;

MSsb = TPR/1365, %林分 * 重复；1365;

MSe = SSe/(NT-1815),%机误；NT-1-1814;

MST = TT-T^2/NT , %总变异；NT-1

6.4　求因子系数和方差分量

D;

D1 = full(D);

D = D1';

DDi = sum(D, 2); %各重复子代样本数;

Dri = sum(DDi. ^2)/NT,

DDjkl = sum(D, 1); %第 j 个种源第 k 个林分第 l 个家系的样本数

Da = DDjkl. * DDjkl; Dfl = sum(Da)/NT,

Da = DDjkl. ^2; %第 j 个种源内第 k 个林分第 l 个家系的子代样本数的平方(行向量)

%根据 Da 行向量, 对家系 l 求和如下

DSS1 = sum(Da(1: 6)); DSS2 = sum(Da(7: 12)); DSS3 = sum(Da(13: 18));

DSS4 = sum(Da(19: 24)); DSS5 = sum(Da(25: 30)); DSS6 = sum(Da(31: 36));

DSS7 = sum(Da(37: 42)); DSS8 = sum(Da(43: 48)); DSS9 = sum(Da(49: 54));

DSS10 = sum(Da(55: 60)); DSS11 = sum(Da(61: 66)); DSS12 = sum(Da(67: 72));

DSS13 = sum(Da(73: 78)); DSS14 = sum(Da(79: 84)); DSS15 = sum(Da(85: 90));

DSS16 = sum(Da(91: 96)); DSS17 = sum(Da(97: 102));

DSS18 = sum(Da(103: 108)); DSS19 = sum(Da(109: 114));

DSS20 = sum(Da(115: 120)); DSS21 = sum(Da(121: 126));

DSS22 = sum(Da(127: 132)); DSS23 = sum(Da(133: 138));

DSS24 = sum(Da(139: 144)); DSS25 = sum(Da(145: 150));

DSS26 = sum(Da(151: 156)); DSS27 = sum(Da(157: 162));

DSS28 = sum(Da(163: 168)); DSS29 = sum(Da(169: 174));

DSS30 = sum(Da(175: 180)); DSS31 = sum(Da(181: 186));

DSS32 = sum(Da(187: 192)); DSS33 = sum(Da(193: 198));

DSS34 = sum(Da(199: 204)); DSS35 = sum(Da(205: 210));

DSS36 = sum(Da(211: 216));

SD = [DSS1, DSS2, DSS3, DSS4, DSS5, DSS6, DSS7, DSS8, DSS9, DSS10, …

DSS11, DSS12, DSS13, DSS14, DSS15, DSS16, DSS17, DSS18, DSS19, …

DSS20, DSS21, DSS22, DSS23, DSS24, DSS25, DSS26, DSS27, DSS28, …

DSS29, DSS30, DSS31, DSS32, DSS33, DSS34, DSS35, DSS36],

%Da 行向量, 对家系求和后, 再对林分求和

DSD1 = (DSS1+DSS2+DSS3+DSS4+DSS5+DSS6);

DSD2 = (DSS7+DSS8+DSS9+DSS10+DSS11+DSS12);

DSD3 = (DSS13+DSS14+DSS15+DSS16+DSS17+DSS18);

DSD4 = (DSS19+DSS20+DSS21+DSS22+DSS23+DSS24);

DSD5 = (DSS25+DSS26+DSS27+DSS28+DSS29+DSS30);

DSD6 = (DSS31+DSS32+DSS33+DSS34+DSS35+DSS36);

DSD = [DSD1, DSD2, DSD3, DSD4, DSD5, DSD6];

Z1 = D(:, 1: 36); Z2 = D(:, 37: 72); Z3 = D(:, 73: 108);

Z4 = D(:, 109: 144); Z5 = D(:, 145: 180); Z6 = D(:, 181: 216);

ZP1 = sum(Z1, 2); ZP2 = sum(Z2, 2); ZP3 = sum(Z3, 2); ZP4 = sum(Z4, 2);

ZP5 = sum(Z5, 2); ZP6 = sum(Z6, 2);

ZP = [ZP1, ZP2, ZP3, ZP4, ZP5, ZP6]; %种源与重复互作矩阵 40 * 6,

ZPE＝sum(ZP，1)；%种源子代样本数，

ZPr＝sum(ZP，2)；%重复子代样本数，

ZPP＝sum(ZPE.^2)/NT，

ZZP＝ZP.^2；ZZP1＝sum(ZZP，1)./ZPE；ZZP3＝sum(ZZP1)，

ZZP2＝sum(ZZP，2)./ZPr；ZPE1＝sum(ZZP2)，%各种源子代样本数

DDV3＝sum(sum(ZZP(:)))/NT，

Dab＝sum(DSD./ZPE)，%ZPE 各种源子代样本数

E＝full(E)；% jk * I matrics

Es＝sum(E，1)；%各重复子代样本数；

ER＝sum(E，2)；% ER 种源林分 jk 子代样本数；

ER＝ER′；

DSK3＝sum(SD./ER)，% ER 种源林分 jk 子代样本数；

DS1＝sum(DDjkl(1：6))；DS2＝sum(DDjkl(7：12))；DS3＝sum(DDjkl(13：18))；

DS4＝sum(DDjkl(19：24))；DS5＝sum(DDjkl(25：30))；

DS6＝sum(DDjkl(31：36))；DS7＝sum(DDjkl(37：42))；

DS8＝sum(DDjkl(43：48))；DS9＝sum(DDjkl(49：54))；

DS10＝sum(DDjkl(55：60))；DS11＝sum(DDjkl(61：66))；

DS12＝sum(DDjkl(67：72))；DS13＝sum(DDjkl(73：78))；

DS14＝sum(DDjkl(79：84))；DS15＝sum(DDjkl(85：90))；

DS16＝sum(DDjkl(91：96))；DS17＝sum(DDjkl(97：102))；

DS18＝sum(DDjkl(103：108))；DS19＝sum(DDjkl(109：114))；

DS20＝sum(DDjkl(115：120))；DS21＝sum(DDjkl(121：126))；

DS22＝sum(DDjkl(127：132))；DS23＝sum(DDjkl(133：138))；

DS24＝sum(DDjkl(139：144))；DS25＝sum(DDjkl(145：150))；

DS26＝sum(DDjkl(151：156))；DS27＝sum(DDjkl(157：162))；

DS28＝sum(DDjkl(163：168))；DS29＝sum(DDjkl(169：174))；

DS30＝sum(DDjkl(175：180))；DS31＝sum(DDjkl(181：186))；

DS32＝sum(DDjkl(187：192))；DS33＝sum(DDjkl(193：198))；

DS34＝sum(DDjkl(199：204))；DS35＝sum(DDjkl(205：210))；

DS36＝sum(DDjkl(211：216))；

%对林分内家系求和

DSD＝[DS1，DS2，DS3，DS4，DS5，DS6，DS7，DS8，DS9，DS10，DS11，DS12，…
DS13，DS14，DS15，DS16，DS17，DS18，DS19，DS20，DS21，DS22，DS23，DS24，…
DS25，DS26，DS27，DS28，DS29，DS30，DS31，DS32，DS33，DS34，DS35，DS36]；

%第 j 个种源第 k 个林分的样本数

DSK＝DSD.^2；

Dp1＝sum(DSK(1：6))；Dp2＝sum(DSK(7：12))；Dp3＝sum(DSK(13：18))；
Dp4＝sum(DSK(19：24))；

Dp5＝sum(DSK(25：30))；Dp6＝sum(DSK(31：36))；

```
Dpp = [Dp1, Dp2, Dp3, Dp4, Dp5, Dp6];
DSK1 = sum((Dpp). /ZPE),
DJK = (Dp1+Dp2+Dp3+Dp4+Dp5+Dp6)/NT,


%E 为 jk * I   matrics
E = full(E); % jk * I matrics
Es = sum(E, 1); %各重复子代样本数;
ER = sum(E, 2); % ER 种源林分 Njk 子代样本数;
NT = sum(Es); %群体总样本数
EE = E. ^2;
EE2 = sum(sum(EE(:)))/NT,
EE3 = sum(EE, 1). /Es; EE4 = sum(EE3),
EE5 = sum(EE, 2). /ER; EE6 = sum(EE5),
EE = E. ^2; Ew = sum(EE, 1);
Zrb = sum(Ew. /Es),
EK1 = sum(E(1: 6,:)); EK2 = sum(E(7: 12,:));
EK3 = sum(E(13: 18,:)); EK4 = sum(E(19: 24,:));
EK5 = sum(E(25: 30,:)); EK6 = sum(E(31: 36,:));
EK = [EK1; EK2; EK3; EK4; EK5; EK6]; % i 个重复 * j 个种源的 matrics
EEK = sum(EK, 2); %种源子代样本数
EE = E. ^2;
LE1 = sum(EE(1: 6,:)); LE2 = sum(EE(7: 12,:));
LE3 = sum(EE(13: 18,:)); LE4 = sum(EE(19: 24,:));
LE5 = sum(EE(25: 30,:)); LE6 = sum(EE(31: 36,:));
LL = [LE1; LE2; LE3; LE4; LE5; LE6]; %ij 子代样本数的平方和
EKK = sum(sum(LL. /EK)),
ELK = sum(LL, 2). /EEK ; EK1 = sum(ELK),
%求因子系数 K
K1 = (EE4-EE2)/39, K2 = (ZPE1-DDV3)/39, K3 = (40-Df1)/39,
K4 = (Zrb-DJK)/39, K5 = (ZPE1-ZPP)/39, K6 = (NT-Dri)/39,
%重复间因子系数
K7 = (EK1-EE2)/5, K8 = (ZZP3-DDV3)/5, K9 = (Dab-Df1)/5,
K10 = (DSK1-DJK)/5, K11 = (NT-ZPP)/5, K12 = (ZZP3-Dri)/5,
%种源间因子系数
K13 = (EE6-EK1)/30, K14 = (EE6-ZZP3)/30, K15 = (DSK3-Dab)/30,
K16 = (NT-DSK1)/30, K17 = (NT-NT)/30, K18 = (EE6-ZZP3)/30,


%种源内林分间因子系数
K19 = (216-EE6)/180, K20 = (216-EE6)/180, K21 = (NT-DSK3)/180,
K22 = (NT-NT)/180, K23 = (NT-NT)/180, K24 = (216-EE6)/180,
```

%林分内家系间因子系数

K25＝（EKK−EK1−EE4+EE2）/195，　K26＝（NT−ZZP3−ZPE1+DDV3）/195，

K27＝（200−Dab+Df1）/195，　K28＝（EKK−DSK1−Zrb+DJK）/195，

K29＝（NT−NT−ZPE1+ZPP）/195，　K30＝（NT−ZZP3−NT+Dri）/195，

%种源 * 重复因子系数；

K31＝（NT−EE4−EE6+EE2）/1365，　K32＝（NT−EE6−ZPE1+DDV3）/1365，

K33＝（1440−40−DSK3+Df1）/1365，　K34＝（DJK−Zrb）/1365，

K35＝（ZPP−ZPE1）/1365，　K36＝（NT−NT−EE6+Dri）/1365，

%林分 * 重复因子系数；

K37＝（NT−EE2）/（NT−1），　K38＝（NT−DDV3）/（NT−1），　K39＝（NT−Df1）/（NT−1），

K40＝（NT−DJK）/（NT−1），　K41＝（NT−ZPP）/（NT−1），　K42＝（NT−Dri）/（NT−1），

%上面是总变异的系数，输出结果，构建若干矩阵，下面是第二段程序；

G＝[

1	K1	K2	K3	K4	K5	K6
1	K7	K8	K9	K10	K11	K12
1	K13	K14	K15	K16	K17	K18
1	K19	K20	K21	K22	K23	K24
1	K25	K26	K27	K28	K29	K30
1	K31	K32	K33	K34	K35	K36
1	K37	K38	K39	K40	K41	K42

];

Q＝[MSR，MSP，MSs，MSf，MSpb，MSsb，MST]′，

%因子方差分量

C＝inv（G）* Q %C 为所求因子的方差分量，据此可求遗传力

种源遗传力：

$$h_p^2 = \sigma_p^2 / [(1/K11) * \sigma_e^2 + (K7/K11) * \sigma_{sb}^2 + (K8/K11) * \sigma_{pb}^2 + (K9/K11_1) * \sigma_{f/s}^2 + \cdots$$
$$(K10/K11) * \sigma_{s/p}^2 + \sigma_p^2 + (K12/K11) * \sigma_b^2] = \sigma_p^2 / [MSP/K11];$$

种源内林分的遗传力：

$$h_{s/p}^2 = K16 * \sigma_{s/p}^2 / [MSs]$$

林分内家系遗传力：

$$h_{f/s}^2 = K21 * \sigma_{f/s}^2 / [MSf]$$

家系内优良个体选择时的遗传力：

$$h_i^2 = 4 * \sigma_{f/s}^2 / [\sigma_{f/s}^2 + \sigma_b^2 + \sigma_e^2]$$

6.5 因子的显著性 F 检验

G=[

1	K1	K2	K3	K4	K5	K6
1	K7	K8	K9	K10	K11	K12
1	K13	K14	K15	K16	K17	K18
1	K19	K20	K21	K22	K23	K24
1	K25	K26	K27	K28	K29	K30
1	K31	K32	K33	K34	K35	K36
1	K37	K38	K39	K40	K41	K42

];

Syms MSR MSP MSs MSf MSpb MSsb MST;

G1=[

MSR	K1	K2	K3	K4	K5	K6
MSP	K7	K8	K9	K10	K11	K12
MSs	K13	K14	K15	K16	K17	K18
MSf	K19	K20	K21	K22	K23	K24
MSpb	K25	K26	K27	K28	K29	K30
MSsb	K31	K32	K33	K34	K35	K36
MST	K37	K38	K39	K40	K41	K42

];

G2=[

1	MSR	K2	K3	K4	K5	K6
1	MSP	K8	K9	K10	K11	K12
1	MSs	K14	K15	K16	K17	K18
1	MSf	K20	K21	K22	K23	K24
1	MSpb	K26	K27	K28	K29	K30
1	MSsb	K32	K33	K34	K35	K36
1	MST	K38	K39	K40	K41	K42

];

```
G3 = [
    1     K1     MSR     K3     K4     K5     K6
    1     K7     MSP     K9     K10    K11    K12
    1     K13    MSs     K15    K16    K17    K18
    1     K19    MSf     K21    K22    K23    K24
    1     K25    MSpb    K27    K28    K29    K30
    1     K31    MSsb    K33    K34    K35    K36
    1     K37    MST     K39    K40    K41    K42
];
G4 = [
    1     K1     K2      MSR    K4     K5     K6
    1     K7     K8      MSP    K10    K11    K12
    1     K13    K14     MSs    K16    K17    K18
    1     K19    K20     MSf    K22    K23    K24
    1     K25    K26     MSpb   K28    K29    K30
    1     K31    K32     MSsb   K34    K35    K36
    1     K37    K38     MST    K40    K41    K42
];
G5 = [
    1     K1     K2      K3     MSR    K5     K6
    1     K7     K8      K9     MSP    K11    K12
    1     K13    K14     K15    MSs    K17    K18
    1     K19    K20     K21    MSf    K23    K24
    1     K25    K26     K27    MSpb   K29    K30
    1     K31    K32     K33    MSsb   K35    K36
    1     K37    K38     K39    MST    K41    K42
];
G6 = [
    1     K1     K2      K3     K4     MSR    K6
    1     K7     K8      K9     K10    MSP    K12
    1     K13    K14     K15    K16    MSs    K18
    1     K19    K20     K21    K22    MSf    K24
    1     K25    K26     K27    K28    MSpb   K30
    1     K31    K32     K33    K34    MSsb   K36
    1     K37    K38     K39    K40    MST    K42
];
```

$G7 = [$

1	K1	K2	K3	K4	K5	MSR
1	K7	K8	K9	K10	K11	MSP
1	K13	K14	K15	K16	K17	MSs
1	K19	K20	K21	K22	K23	MSf
1	K25	K26	K27	K28	K29	MSpb
1	K31	K32	K33	K34	K35	MSsb
1	K37	K38	K39	K40	K41	MST

$]$；

Xe = det(G1)/det(G)；Xsb = det(G2)/det(G)；Xpb = det(G3)/det(G)；
Xf = det(G4)/det(G)；Xs = det(G5)/det(G)；Xp = det(G6)/det(G)；
Xb = det(G7)/det(G)；C1 = vpa(Xe, 5)，C2 = vpa(Xsb, 5)，C3 = vpa(Xpb, 5)，
C4 = vpa(Xf, 5)，C5 = vpa(Xs, 5)，C6 = vpa(Xp, 5)，C7 = vpa(Xb, 5)，
C1 = β1 * MSR+β2 * MSP+β3 * MSs+β4 * MSf+β5 * MSpb+β6 * MSsb+β7 * MST
%C2；C3…C7 均会输出如上形式的结果，同时也已算成具体的数值

1 假定对种源的差异性进行显著性 F 检验
MSP = C1+K7 * C2 + K8 * C3+ K9 * C4+ K10 * C5+K11 * C6+K12 * C7；
MSx = C1+K7 * C2+ K8 * C3+ K9 * C4+K10 * C5 +K12 * C7；% MSx 为参比均方；
MSx = collect(MSx)，
MSx = vpa(MSx, 5)
= α1 * MSR+α2 * MSP+α3 * MSs+α4 * MSf+α5 * MSpb+α6 * MSsb+α7 * MST
%MSx 有自由度 Nx；
Nx = (MSx)^2/{[α1 * MSR]^2/39+[α2 * MSP]^2/5+[+α3 * MSs]^2/30+…
[α4 * MSf]^2/180+[α5 * MSpb]^2/195+[α6 * MSsb]^2/1365+…
[α7 * MST]^2/(NT-1)}
%计算 F 值；
F = MSp/MSx
F%(5，Nx) = ?；
%比较 F 值与 F%(5，Nx)的相对大小，从而对显著性作出肯定或否定

2 假定对种源内林分的差异性进行显著性 F 检验
MSs/p = C1+k_{13} * C2 + k_{14} * C3+ k_{15} * C4+ k_{16} * C5+K_{17} * C6+K_{18} * C7；
参比均方 MSx1 = C1+k_{13} * C2+ k_{14} * C3+ k_{15} * C4+ K_{17} * C6+K_{18} * C7
MSx1 = collect(MSx1)；MSx1 = Vpa(MSx1, 5) =
α8 * MSR+α9 * MSP+α10 * MSs+α11 * MSf+α12 * MSpb+α13 * MSsb+α14 * MST

%MSx1 有自由度 Nx1;

Nx1=(MSx1)^2/{[α8∗MSR]^2/39+[α9∗MSP]^2/5+[+α10∗MSs]^2/30+…

[α11∗MSf]^2/180+[α12∗MSpb]^2/195+[α13∗MSsb]^2/1365+…

[α14∗MST]^2/(NT-1)}

%计算 F 值;

F=MSs/p/MSx1

F%(5,Nx1)=?;

%比较 F 值与 F%(5,Nx1)的相对大小,从而对显著性作出肯定或否定

%假定对林分内家系的差异性进行显著性 F 检验

MSf/s= C1+k_{19}∗C2 + k_{20}∗C3+ k_{21}∗C4+ k_{22}∗C5+K_{23}∗C6 +K_{24}∗C7;

参比均方 MSx2= C1+k_{19}∗C2+ k_{20}∗C3+k_{22}∗C5+K_{23}∗C6 +K_{24}∗C7;

MSx2=collect(MSx2);MSx2=vpa(MSx2,5)=

α15∗MSR+α16∗MSP+α17∗MSs+α18∗MSf+α19∗MSpb+α20∗MSsb+…

α21∗MST

%MSx2 有自由度 Nx2;

Nx2=(MSx2)^2/{[α15∗MSR]^2/39+[α16∗MSP]^2/5+[+α17∗MSs]^2/30+…

[α18∗MSf]^2/180+[α19∗MSpb]^2/195+[α20∗MSsb]^2/1365+…

[α21∗MST]^2/(NT-1)}

%计算 F 值;

F=MSf/s/MSx2

F%(5,Nx2)=?;

%比较 F 值与 F%(5,Nx2)的相对大小,从而对显著性作出肯定或否定

%种源与重复间互作及林分与重复间的互作,其差异显著性可仿上进行。

表 3 随机模型条件下,四阶不平均巢式设计各因子的方差分量系数代码

平方和项	σ_b^2	σ_p^2	$\sigma_{s/p}^2$	$\sigma_{f/s}^2$	σ_{pb}^2	σ_{sb}^2	σ_e^2/行的编号
$\sum_{ijklm} y_{ijklm}^2$	NT	NT	NT	NT	NT	NT	NT (A)
$y_{.....}^2/N_{...}$	Dri	ZPP	DJK	Df1	DDV3	EE2	1 (B)
$\sum_i Y_{i....}^2/n_{i...}$	NT	ZPE1	EE4	$\sum_i (1)$	ZPE1	EE4	$\sum_i (1)$ (C)
$\sum_j Y_{.j...}^2/n_{.j..}$	ZZP3	NT	DSK1	Dab	ZZP3	EK1	$\sum_j (1)$ (D)
$\sum_{ij} [y_{ij...}^2/n_{ij..}]$	NT	NT	EKK	$\sum_{ij} (1)$	NT	EKK	$\sum_{ij} (1)$ (E)

（续）

平方和项	σ_b^2	σ_p^2	$\sigma_{s/p}^2$	$\sigma_{t/s}^2$	σ_{pb}^2	σ_{sb}^2	σ_e^2/行的编号
$\sum_{jk}\left[y_{.jk.}^2/n_{.jk.}\right]$	EE6	NT	NT	DSK3	EE6	EE6	$\sum_{jk}$ (1) (F)
$\sum_{jkl}\left[y_{.jkl}^2/n_{..jkl}\right]$	$\sum_{jkl}$ (1)	NT	NT	NT	$\sum_{jkl}$ (1)	$\sum_{jkl}$ (1)	(1) $\sum_{jkl}$ (G)
$\sum_{ijk}Y_{ijk..}^2/n_{ijk.}$	NT	NT	NT	$\sum_{ijk}$ (1)	NT	NT	$\sum_{ijk}$ (1) (H)

7 采用 MINQUE(1)处理双列杂交数据

7.1 全双列交配设计(Griffing III)统计模型

Y =1U + Ug eG + Us eS + Uf eF + Um eM + Ur eR +Ubeb +UeEe

%上式实质上是一个随机模型

7.2 平衡不平衡、规则不规则全双列交配试验数据处理程序

%下面程序开始

Ug=［data］；%系数设计矩阵示样，可从中国林业科学研究院亚热带林业研究所网站上下载

Us=［data］；

Uf=［data］；

Um=［data］；

Ur=［data］；

Ub=［data］；

Ue=eye(n)；%系数矩阵从 Excel 中复制过来；

%Ug，Us，…Ue 系数矩阵；

Y=［data］；%Y 是列向量；

Va=g * Ug * Ug'+s * Us * Us'+f * Uf * Uf'+m * Um * Um'+r * Ur * Ur'+b * Ub * Ub'+…e * Ue * Ue'；

%g；s；f；m；r；e 为先验值，在此取1；

Va=Ug * Ug'+Us * Us'+Uf * Uf'+Um * Um'+Ur * Ur'+Ub * Ub'+Ue * Ue'；

V1=inv(Va)；

Q1=V1-V1 * 1 * inv(1' * V1 * 1) * 1' * V1；

GG=trace(Ug' * Q1 * Ug * Ug' * Q1 * Ug)，

GS=trace(Ug' * Q1 * Us * Us' * Q1 * Ug)，

GF = trace(Ug′ * Q1 * Uf * Uf′ * Q1 * Ug),
GM = trace(Ug′ * Q1 * Um * Um′ * Q1 * Ug),
GR = trace(Ug′ * Q1 * Ur * Ur′ * Q1 * Ug),
GB = trace(Ug′ * Q1 * Ub * Ub′ * Q1 * Ug),
GE = trace(Ug′ * Q1 * Ue * Ue′ * Q1 * Ug),

SS = trace(Us′ * Q1 * Us * Us′ * Q1 * Us),
SF = trace(Us′ * Q1 * Uf * Uf′ * Q1 * Us),
SM = trace(Us′ * Q1 * Um * Um′ * Q1 * Us),
SR = trace(Us′ * Q1 * Ur * Ur′ * Q1 * Us),
SB = trace(Us′ * Q1 * Ub * Ub′ * Q1 * Us),
SE = trace(Us′ * Q1 * Ue * Ue′ * Q1 * Us),

FF = trace(Uf′ * Q1 * Uf * Uf′ * Q1 * Uf),
FM = trace(Uf′ * Q1 * Um * Um′ * Q1 * Uf),
FR = trace(Uf′ * Q1 * Ur * Ur′ * Q1 * Uf),
FB = trace(Uf′ * Q1 * Ub * Ub′ * Q1 * Uf),
FE = trace(Uf′ * Q1 * Ue * Ue′ * Q1 * Uf),

MM = trace(Um′ * Q1 * Um * Um′ * Q1 * Um),
MR = trace(Um′ * Q1 * Ur * Ur′ * Q1 * Um),
MB = trace(Um′ * Q1 * Ub * Ub′ * Q1 * Um),
ME = trace(Um′ * Q1 * Ue * Ue′ * Q1 * Um),

RR = trace(Ur′ * Q1 * Ur * Ur′ * Q1 * Ur),
RB = trace(Ur′ * Q1 * Ur * Ur′ * Q1 * Ur),
RE = trace(Ur′ * Q1 * Ue * Ue′ * Q1 * Ur),

BB = trace(Ub′ * Q1 * Ub * Ub′ * Q1 * Ub),
EB = trace(Ue′ * Q1 * Ub * Ub′ * Q1 * Ue),

EE = trace(Ue′ * Q1 * Ue * Ue′ * Q1 * Ue),

A = [GG, GS, GF, GM, GR, GB, GE
　　 GS, SS, SF, SM, SR, SB, SE
　　 GF, SF, FF, FM, FR, FB, FE
　　 GM, SM, FM, MM, MR, MB, ME
　　 GR, SR, FR, MR, RR, RB, RE
　　 GB, SB, FB, MB, RB, BB, EB
　　 GE, SE, FE, ME, RE, EB, EE],

A1 = inv(A),

Yg = Y′ * Q1 * Ug * Ug′ * Q1 * Y,

Ys = Y′ * Q1 * Us * Us′ * Q1 * Y,

Yf = Y′ * Q1 * Uf * Uf′ * Q1 * Y,

Ym = Y′ * Q1 * Um * Um′ * Q1 * Y,

Yr = Y′ * Q1 * Ur * Ur′ * Q1 * Y,

Yb = Y′ * Q1 * Ub * Ub′ * Q1 * Y,

Ye = Y′ * Q1 * Ue * Ue′ * Q1 * Y,

B = [Yg; Ys; Yf; Ym; Yr; Yb; Ye],

B1 = A1 * B, % B1 为所求方差分量;

B1 = [σ_g^2, σ_s^2, σ_{female}^2, σ_{male}^2, σ_{rec}^2, σ_b^2, σ_e^2]

%到此可求单株的遗传力:

$h_i^2 = 4 * \sigma_g^2 / [2\sigma_g^2 + \sigma_s^2 + \sigma_{female}^2 + \sigma_{male}^2 + \sigma_{rec}^2 + \sigma_b^2 + \sigma_e^2] = 4 * \sigma_g^2 / VP$

%由于多株小区已转化为单株小区, 所以全同胞家系的平均遗传力可由如下公式求得:

$h_{fs}^2 = [1 + 0.5(NBS-1)] * h_i^2 / [1 + 0.5(NBS-1) * h_i^2]$

%NBS 为全同胞家系的参试子代样本数

GCA = σ_g^2 * Ug′ * Q1 * Y, %亲本的一般配合力效应值;

SCA = σ_s^2 * Us′ * Q1 * Y, %亲本间的特殊配合力效应值;

注: 针对这一试验设计, 也可与方差分析模型联用, 以获得杂交组合均值和全同胞遗传力。

8 不平衡的半双列交配设计单点试验

%Model(本模型着重研究母本效应的大小)

Y = Xb + Ug eG + Us eS + U_f e_f + Ue Ee

%构建混合模型;%少一个参试因子就多一份收敛的概率

Ug = [data];

Us = [data];

Uf = [data];

X = [data];

Ue = eye(n);

Y = [data];

Va = Ug * Ug′ + Us * Us′ + Uf * Uf ′ + Ue * Ue′;

V1 = inv(Va);

Q1 = V1 − V1 * X * inv(X′ * V1 * X) * X′ * V1;

GG = trace(Ug′ * Q1 * Ug * Ug′ * Q1 * Ug);

GS = trace(Ug′ * Q1 * Us * Us′ * Q1 * Ug);

$GM = trace(Ug' * Q1 * Uf * Uf' * Q1 * Ug);$

$GE = trace(Ug' * Q1 * Ue * Ue' * Q1 * Ug);$

$SG = trace(Us' * Q1 * Ug * Ug' * Q1 * Us);$

$SS = trace(Us' * Q1 * Us * Us' * Q1 * Us);$

$SM = trace(Us' * Q1 * Uf * Uf' * Q1 * Us);$

$SE = trace(Us' * Q1 * Ue * Ue' * Q1 * Us);$

$MG = trace(Um' * Q1 * Ug * Ug' * Q1 * Um);$

$MS = trace(Um' * Q1 * Us * Us' * Q1 * Um);$

$MM = trace(Um' * Q1 * Uf * Uf' * Q1 * Um);$

$ME = trace(Um' * Q1 * Ue * Ue' * Q1 * Um);$

$EG = trace(Ue' * Q1 * Ug * Ug' * Q1 * Ue);$

$ES = trace(Ue' * Q1 * Us * Us' * Q1 * Ue);$

$EM = trace(Ue' * Q1 * Uf * Uf' * Q1 * Ue);$

$EE = trace(Ue' * Q1 * Ue * Ue' * Q1 * Ue);$

$A = [GG, GS, GM, GE; SG, SS, SM, SE; MG, MS, MM, ME; EG, ES, EM, EE];$

$k1 = Y' * Q1 * Ug * Ug' * Q1 * Y;$

$k2 = Y' * Q1 * Us * Us' * Q1 * Y;$

$k3 = Y' * Q1 * Um * Um' * Q1 * Y;$

$k4 = Y' * Q1 * Ue * Ue' * Q1 * Y;$

$L = [k1, k2, k3, k4]';$

$W = inv(A) * L,$ %W 为参试因子的方差分量；$W = [\sigma_g^2, \sigma_s^2, \sigma_{female}^2, \sigma_e^2]$

%遗传力的估算，可参考全双列模型

$h_i^2 = 4 * \sigma_g^2 / [2\sigma_g^2 + \sigma_s^2 + \sigma_{female}^2 + \sigma_e^2] = 4 * \sigma_g^2 / VP$

%由于多株小区已转化为单株小区，所以全同胞家系的平均遗传力可由如下公式求得：

$h_{fs}^2 = [1 + 0.5(NBS-1)] * h_i^2 / [1 + 0.5(NBS-1) * h_i^2]$

%NBS 为全同胞家系的参试子代样本数

$GCA = \sigma_g^2 * Ug' * Q1 * Y,$ %亲本的一般配合力效应值；

$SCA = \sigma_s^2 * Us' * Q1 * Y,$ %为杂交组合的特殊配合力；

注：针对这一试验设计，也可与方差分析模型联用，以获得杂交组合均值和全同胞遗传力。

9　不平衡、不规则的半双列杂交试验数据的处理

%Model（本模型不考虑父母本效应），程序如下：

Y ＝Xb + Ug eG + Us eS +Ue Ee

%构建混合模型

Ug=［data］；

Us=［data］；

X=［data］；

Ue=eye（n，n）；% Ug，Us，Ue 是系数矩阵；

Y=［data］；%Y 是列向量；

%数据 Y 和系数矩阵在 Excel 中采集好后，复制到 Matlab 7.0 中来；

Va=Ug*Ug'+Us*Us'+Ue*Ue'；

V1=inv（Va）；

Q1=V1-V1*X*inv（X'*V1*X）*X'*V1；

GG=trace（Ug'*Q1*Ug*Ug'*Q1*Ug）；

GS=trace（Ug'*Q1*Us*Us'*Q1*Ug）；

GE=trace（Ug'*Q1*Ue*Ue'*Q1*Ug）；

SG=trace（Us'*Q1*Ug*Ug'*Q1*Us）；

SS=trace（Us'*Q1*Us*Us'*Q1*Us）；

SE=trace（Us'*Q1*Ue*Ue'*Q1*Us）；

EG=trace（Ue'*Q1*Ug*Ug'*Q1*Ue）；

ES=trace（Ue'*Q1*Us*Us'*Q1*Ue）；

EE=trace（Ue'*Q1*Ue*Ue'*Q1*Ue）；

A=［GG，GS，GE；SG，SS，SE；EG，ES，EE］；

k1=Y'*Q1*Ug*Ug'*Q1*Y；

k2=Y'*Q1*Us*Us'*Q1*Y；

k3=Y'*Q1*Ue*Ue'*Q1*Y；

L=［k1，k2，k3］'；

W=inv（A）*L，%W 为所求参试因子的方差分量 W=［σ_g^2，σ_s^2，σ_e^2］；

%到此可求单株的遗传力：

$h_i^2 = 4 * \sigma_g^2 / [2\sigma_g^2 + \sigma_s^2 + \sigma_e^2] = 4 * \sigma_g^2 / VP$

%由于多株小区已转化为单株小区，所以全同胞家系的平均遗传力可由如下公式求得：

$h_{fs}^2 = [1+0.5(NBS-1)] * h_i^2 / [1+0.5(NBS-1) * h_i^2]$

%NBS 为全同胞家系的参试子代样本数

%下面是配合力的效应值的估算

GCA=σ_g^2* Ug'*Q1*Y，%亲本的一般配合力效应值；

SCA=σ_s^2* Us'*Q1*Y，%为杂交组合的特殊配合力；

注：针对这一试验设计，也可与方差分析模型联用，以获得杂交组合均值和全同胞遗传力。

10 遗传相关和选择指数程序

10.1 同一试验设计不同性状间的协方差分析程序

%以 40 个品种，40 个重复（10 区组），单株小区试验为研究材料，同一试验中具有相同数据结构的研究性状有 5 个，求性状间的相关和逆向选择时优良品种的选择指数。

第一步，进行单因素完全随机区组试验设计不平衡资料的方差分析。

%按如下模型进行单性状的方差分析，获得遗传相关等分析所需要的各种参数：

$$y_{ijk} = u + b_i + f_j + e_{ijk}$$

（1）$Y \cdots$，$N..$；$Y_{i..}$，$n_{i.}$；$Y_{.j.}$，$n_{.j.}$；%输入 Excel 中，建立向量数组；

（2）因子系数 K 值：K1，K2，K3，K4，K5，K6；

（3）参试因子的方差分量：σ_f^2，σ_b^2，σ_e^2；

第二步，进行协方差分析，其协方差分析 Model：

转化后的协方差线性模型：

$$y_{tijk} = u_t + f_{ti} + b_{tj} + e_{tijk}$$

这里：$i = 1 \rightarrow 40$；$j = 1 \rightarrow 40$；$k = 1$ 或 0；Y_t 表示性状观察值，t 表示研究性状 $t = 1$，2，5。

上式中：u_t 表示第 t 个性状的群体平均效应；f_{ti} 表示第 t 个性状第 i 个品种的品系遗传效应；b_{tj} 表示第 t 个性状第 j 个重复的效应；e_{tijk} 表示第 t 个性状的随机误差。

第三步，研制协方差分析的程序。

%40 个处理；40 个重复；单株小区；5 个选择性状：Q1；Q2；Q3；Q4；Q5；

```
Q1 = [data]；Q2 = [data]；%从 Excel 中复制过来
format long
a1 = sparse(Q1)；a2 = spones(a1)；
b1 = sum(a1, 1)；N1 = sum(a2, 1)；
b2 = sum(a1, 2)，N2 = sum(a2, 2)，
Tb3 = sum(b1)，N = sum(N1)，
w1 = sparse(Q2)；w2 = spones(w1)；
w3 = sum(w1, 1)，wn4 = sum(w2, 1)，
w5 = sum(w1, 2)，wn6 = sum(w2, 2)，Tw = sum(w3)；
M = Q1. * Q2；TT = sum(sum(M))；CT = Tb3 * Tw/N；
ST = TT−CT，
SSf = sum((b2. * w5)./N2)−CT，
SSb = sum((b1. * w3)./N1)−CT，
SSe = ST −SSf −SSb，
ESb = SSb/39，ESf = SSf/39，ESe = SSe/(N−40−40+1)，
X = [ESb, ESf, ESe]'，
K = [1   0.1648    33.5453
     1   33.5494   0.1607
     1   −0.0051   −0.0051
];
m = inv(K) * X，%m 为所求参试因子间的协方差分量 = [xe, xf, xb]；
```

cov(P12)＝sum(m)，

%Q1Q2 间参试协变量因子的 F 检验
Syms Esb Esf Ese
G0＝[

1	k1	k2
1	k3	k4
1	k5	k6

]；
G1＝[

Esb	k1	k2
Esf	k3	k4
Ese	k5	k6

]；
G2＝[

1	Esb	k2
1	Esf	k4
1	Ese	k6

]；
G3＝[

1	k1	Esb
1	k3	Esf
1	k5	Ese

]；
% G0；G1；G2；G3；均从 Excel 中复制过来；

xe＝det(G1)/det(G0)；xe＝vpa(xe, 5)＝β1∗Esb+β2∗Esf+β3∗Ese，
xf＝det(G2)/det(G0)；xf＝vpa(xf, 5)＝β4∗ESb+β5∗Esf+β6∗Ese，
xb＝det(G3)/det(G0)；xb＝vpa(xb, 5)＝β7∗Esb +β8∗Esf+β9∗Ese，
%对品种间协变量进行 F 检验时，参比协均方为：
ESx＝cov(e1, e2)+k4∗cov(b1, b2)＝xe+k4∗xb
ESx＝collect(xe+k4∗xb)；ESx＝vpa(ESx, 5)＝α1∗Esb+α2∗Esf+α3∗Ese，
%求 ESx 的自由度 Nx
Nx＝(ESx)^2/｛(α1∗Esb)^2/[$\sum_{j}$ (1)−1]+(α2∗Esf)^2/[$\sum_{i}$ (1)−1] +⋯
(+α3∗Ese)^2/(NT−Nb−Nf+1)｝
F＝Esp/ESx，

$F_\%(\text{Nf}-1, \text{Nx}) = ?$

%比较两者的大小，从而作出肯定或否定的判断。

其他性状间的协方差分析可依照 Q1 与 Q2 的协方差进行；也可将 Q3，Q4 和 Q5 依次替换 Q2 进行协方差分析。

10.2　方差-协方差矩阵的建立

第四步，建立性状的方差-协方差矩阵

%在方差分析和协方差分析的的基础上，获得不平衡数据方差-协方差矩阵 P；G；E；

%在 Excel 上采集 P；G；E 信息矩阵，复制到 Matlab 7.0 命令窗口中来；

% P 为表型矩阵

$$P = [\; V_p(Q1), \; cov_p(Q1, Q2), \; cov_p(Q1, Q3), \; cov_p(Q1, Q4), \; cov_p(Q1, Q5)$$
$$cov_p(Q1, Q2), \; V_p(Q2), \; cov_p(Q2, Q3), \; cov_p(Q2, Q4), \; cov_p(Q2, Q5)$$
$$cov_p(Q1, Q3), \; cov_p(Q2, Q3), \; V_p(Q3), \; cov_p(Q3, Q4), \; cov_p(Q3, Q5)$$
$$cov_p(Q1, Q4), \; cov_p(Q2, Q4), \; cov_p(Q3, Q4), \; V_p(Q4), \; cov_p(Q4, Q5)$$
$$cov_p(Q1, Q5), \; cov_p(Q2, Q5), \; cov_p(Q3, Q5), \; cov_p(Q4, Q5), \; V_p(Q5) \;];$$

%P；G；E 均为对称矩阵

% G 为遗传矩阵

$$G = [\; V_g(Q1), \; cov_g(Q1, Q2), \; cov_g(Q1, Q3), \; cov_g(Q1, Q4), \; cov_g(Q1, Q5)$$
$$cov_g(Q1, Q2), \; V_g(Q2), \; cov_g(Q2, Q3), \; cov_g(Q2, Q4), \; cov_g(Q2, Q5)$$
$$cov_g(Q1, Q3), \; cov_g(Q2, Q3), \; V_g(Q3), \; cov_g(Q3, Q4), \; cov_g(Q3, Q5)$$
$$cov_g(Q1, Q4), \; cov_g(Q2, Q4), \; cov_g(Q3, Q4), \; V_g(Q4), \; cov_g(Q4, Q5)$$
$$cov_g(Q1, Q5), \; cov_g(Q2, Q5), \; cov_g(Q3, Q5), \; cov_g(Q4, Q5), \; V_g(Q5) \;];$$

% E 为环境矩阵

$$E = [\; V_e(Q1), \; cov_e(Q1, Q2), \; cov_e(Q1, Q3), \; cov_e(Q1, Q4), \; cov_e(Q1, Q5)$$
$$cov_e(Q1, Q2), \; V_e(Q2), \; cov_e(Q2, Q3), \; cov_e(Q2, Q4), \; cov_e(Q2, Q5)$$
$$cov_e(Q1, Q3), \; cov_e(Q2, Q3), \; V_e(Q3), \; cov_e(Q3, Q4), \; cov_e(Q3, Q5)$$
$$cov_e(Q1, Q4), \; cov_e(Q2, Q4), \; cov_e(Q3, Q4), \; V_e(Q4), \; cov_e(Q4, Q5)$$
$$cov_e(Q1, Q5), \; cov_e(Q2, Q5), \; cov_e(Q3, Q5), \; cov_e(Q4, Q5), \; V_e(Q5) \;];$$

%P；G；E 均从 Excel 复制过来；

实际计算结果如下：

P   表型矩阵

310. 8453	13. 8867	−13. 7052	−9. 3858	−19. 5419
13. 8867	309. 1171	−14. 8819	−8. 3553	−20. 9175
−13. 7052	−14. 8819	354. 001	7. 5073	−13. 4856
−9. 3858	−8. 3553	7. 5073	298. 3083	0. 3332
−19. 5419	−20. 9175	−13. 4856	0. 3333	311. 1241

G   遗传矩阵

11. 3028	3. 0875	−1. 6713	−5. 9994	−2. 81
3. 0875	14. 0532	−3. 9837	−3. 5974	−7. 3628
−1. 6713	−3. 9837	40. 4805	4. 2421	−3. 0033
−5. 9994	−3. 5974	4. 2421	14. 4773	−0. 6639
−2. 81	−7. 3628	−3. 0033	−0. 6639	15. 3099

E   环境矩阵

288. 1319	4. 8403	−15. 2267	2. 619	−11. 1778
4. 8403	284. 3336	−2. 3346	−5. 3136	−1. 3808
−15. 2267	−2. 3346	277. 8745	−11. 5721	−8. 5436
2. 619	−5. 3136	−11. 5721	274. 6131	−4. 6031
−11. 1778	−1. 3808	−8. 5436	−4. 6031	271. 2619

10. 3 相关系数的计算

第五步，计算相关系数

$$r_p = corrcoef(P), \qquad r_g = corrcoef(G), \qquad r_e = corrcoef(E),$$

P 相关系数

1. 0000	−0. 0792	−0. 2926	−0. 2888	−0. 3227
−0. 0792	1. 0000	−0. 2992	−0. 2794	−0. 3314
−0. 2926	−0. 2992	1. 0000	−0. 1517	−0. 2630
−0. 2888	−0. 2794	−0. 1517	1. 0000	−0. 1838
−0. 3227	−0. 3314	−0. 2630	−0. 1838	1. 0000

G 相关系数

1. 0000	0. 5488	−0. 2838	−0. 8148	−0. 3814
0. 5488	1. 0000	−0. 3606	−0. 4968	−0. 7105
−0. 2838	−0. 3606	1. 0000	0. 3245	−0. 2228

-0.8148	-0.4968	0.3245	1.0000	0.0294
-0.3814	-0.7105	-0.2228	0.0294	1.0000

E 相关系数

1.0000	-0.1831	-0.3184	-0.1842	-0.2968
-0.1831	1.0000	-0.2250	-0.2702	-0.2291
-0.3184	-0.2250	1.0000	-0.2903	-0.2545
-0.1842	-0.2702	-0.2903	1.0000	-0.2414
-0.2968	-0.2291	-0.2545	-0.2414	1.0000

10. 4　计算选择指数

第六步，计算选择指数(表示综合育种值)；

P；G；A=[$1/\sigma_{p1}$, $1/\sigma_{p2}$, $1/\sigma_{p3}$, $1/\sigma_{p4}$, $1/\sigma_{p5}$]；%A 为参试性状的经济权重向量；

　b=inv(P)*G*A,

I=y'*b,　　%其中 y 是选择性状值；b 是向量参数；% I 选择指数；

第七步，计算约束选择指数

%在林木遗传改良中，改良的经济性状间有时存在负的遗传相关系数，此时优良品种的评选需要采用约束选择指数。

P；G；A；

C=[0, 0, 1, 0, 0]；

I=eye(5)；

b1=[I-inv(P)*G*C*(C'*G*inv(P)*G*C)*C'*G]*inv(P)*G*A'

X=y'*b1,%X 约束选择指数

%式中 I 为单位矩阵；C=(C1，C2，…，Cr)为约束矩阵，在此约束第三个选择性状，而其他性状 C=0, Ci 为第 i 个性状的约束向量；除约束性状对应元素为 1 外，其他非约束性状对应元素均为 0。

10. 5　通径分析程序

第八步，通径分析

%在相关分析的基础上，还可以进行通径分析，其程序如下：

r=[data];%对称相关矩阵；

y=[data];%目标性状，均为平衡数据；

p=inv(r)*y

n=size(p, 1)

for i=1：n

　　for j=1：n

```
                q(i, j)= r(i, j) * p(j);
        end
end
q
d = 0;
for i = 1: n
d = d+p(i) * y(i);
end
s = sqrt(1-d)
```

11 亲本育种值和子代个体育种值

11.1 单点单亲家系自由授粉子代试验资料的育种值分析程序

%以 40 个半同胞家系, 40 个重复(10 区组), 单株小区试验为研究材料, 研究逆向选择时的亲本育种值和前向选择的个体育种值。

第一步, 进行单因素完全随机区组试验设计不平衡资料的方差分析。

%按如下模型进行单性状的方差分析, 获得遗传相关等分析所需的各种参数:

$$y_{ijk} = u + b_i + f_j + e_{ijk}$$

(1) $Y_{\cdots}$, $N_{\cdot\cdot}$; u; $Y_{i\cdot\cdot}$, $n_{i\cdot}$; $\bar{y}_{\cdot j\cdot}$, $n_{\cdot j}$;%输入 Excel 中, 建立向量数组;

(2) 因子参数 K 值: K1, K2, K3, K4, K5, K6;

(3) 参试因子的方差分量: σ_f^2, σ_b^2, σ_e^2;

第二步, 求亲本育种值

%亲本育种值 $BV = 2\sigma_f^2 / [\sigma_f^2 + (\sigma_b^2 + \sigma_e^2)/n_{\cdot j}] * (\bar{y}_{\cdot j\cdot} - u)$

Fs = $[\bar{y}_{\cdot j\cdot}]$; Nf = $[n_{\cdot j}]$;
BV = (28.1066 * (Fs-62.4214). * Nf)./(14.0533 * Nf+295.0635),
BV =
    -4.0620
     3.8437
     4.8710
    -9.7636
     2.1549
     8.2507
    -0.2191
    12.8847
     4.1954
    10.2040
     8.0973
     9.6741

3. 2039

4. 2204

-2. 8815

10. 3773

2. 1831

7. 9955

3. 4190

2. 6782

9. 7847

6. 7235

15. 5017

10. 0204

2. 3688

3. 4996

-2. 7349

-1. 3995

-8. 2715

7. 6549

17. 0260

11. 5116

16. 1493

1. 0100

-5. 9344

14. 4793

2. 1518

15. 7744

7. 5095

-1. 6036

第三步，前向选择，求子代单株的育种值

%个体育种值的通用公式：$\overline{A}_i = C´V^{-1}(Y-\mu)$

$C = [4\sigma_f^2, \sigma_f^2 + (3/n.j)\sigma_f^2]$；

$V = [\sigma_f^2 + \sigma_b^2 + \sigma_e^2, \sigma_f^2 + (\sigma_b^2 + \sigma_e^2)/n.j; \sigma_f^2 + (\sigma_b^2 + \sigma_e^2)/n.j, \sigma_f^2 + (\sigma_b^2 + \sigma_e^2)/n.j]$；

$Y-\mu = [y_{ijk} - u; \overline{y}._{j.} - E(\overline{y}._{j.})]$；

$BVi = C * inv(V) * (Y-u)$,

%由于各家系的参试子代样本数不同，所以个体育种值须分家系求算；

例：第一个家系有子代样本数 32，各子代的育种值

$E(y_{ijk}) = u = 62.4214$; $E(\overline{y}._{j.}) = 66.5118$; $\overline{y}._{1.} = 59.0578$; $n.j = 32$; $y_{ilk} = [data]_{40*1}$；

$\sigma_f^2 = 14.0533$; $\sigma_b^2 = 10.7304$; $\sigma_e^2 = 284.3331$

C = [4 * 14. 0533，14. 0533 * (1+3/32)]；

V = [14. 0533+10. 7304+284. 3331，14. 0533+(10. 7304+284. 3331)/32；…

14. 0533+(10. 7304+284. 3331)/32，14. 0533+(10. 7304+284. 3331)/32]，

L = C * inv(V)，L = [0. 1429，0. 5175]；

Yi1k = [data]；

X = Y−μ

X = [y_{i1k}−62. 4214；−7. 4540]；

L * X = 0. 1429 * yi1k−0. 1429 * 62. 4214−0. 5175 * 7. 454，%这一步须手算，矩阵中含有变量；

BVi = 0. 1429 * yi1k − 12. 7775

%个体育种值如下^

BVi =

　−2. 9554

　−7. 7082

　−12. 7775　0　　　%0 表示缺株的育种值

　−5. 7020

　−3. 2490

　−5. 4179

　−4. 7160

　−3. 4160

　−5. 0926

　−5. 0381

　−3. 0335

　−12. 7775　　　0 %0 表示缺株的育种值（下同）

　−1. 1528

　−0. 8306

　−6. 8018

　−4. 2060

　−12. 7775　　　0

　−12. 7775　　　0

　−2. 7462

　−0. 9092

　−8. 1952

　−7. 2297

　−4. 9584

　−5. 0188

　−12. 7775　　　　0

　−9. 3338

　−3. 4842

　−6. 0135

$$-4.9994$$
$$-12.7775 \qquad 0$$
$$-3.3259$$
$$-12.7775 \qquad 0$$
$$2.1341$$
$$1.8279$$
$$-0.3979$$
$$-5.1324$$
$$-3.1618$$
$$-6.4446$$
$$-12.7775 \qquad 0 \qquad \text{％个体育种值为}-12.7775 \text{表示该株死亡：} 0$$
$$-3.6709$$

%第二个家系 33 个子代

$\sigma_f^2 = 14.0533$；$\sigma_b^2 = 10.7304$；$\sigma_e^2 = 284.3331$

$C = [4 * 14.0533, 14.0533 * (1 + 3/33)]$；

$V = [14.0533 + 10.7304 + 284.3331, 14.0533 + (10.7304 + 284.3331)/33; \cdots$
$14.0533 + (10.7304 + 284.3331)/33, 14.0533 + (10.7304 + 284.3331)/33]$，

$L = C * inv(V)$，

$L =$

$$0.1429 \qquad 0.5238$$

$X = [yi2k - 62.4214, 65.566 - 66.5118] = [yi2k - 62.4214; -0.9458]$

$L * X = 0.1429 * yi2k - 9.4154$ ％这一步须手算，因为矩阵中含有变量；

$BVi = 0.1429 * yi2k - 9.4154$

$BVi =$

$$-1.2038$$
$$-1.6779$$
$$-7.2777$$
$$1.1577$$
$$-9.4154 \qquad 0 \quad \text{％} 0 \text{表示缺株的育种值（下同）}$$
$$2.0823$$
$$3.2571$$
$$0.0107$$
$$0.3221$$
$$-9.4154 \qquad 0$$
$$-0.9312$$
$$-0.2738$$
$$1.2979$$
$$-1.4458$$

```
-9.4154    0
 1.6540
 1.0213
 5.1899
 0.6356
-9.4154    0
 2.4530
-1.3896
-0.9016
-1.8755
-3.6459
-2.9038
 2.2786
 0.2159
-2.2477
-3.0364
-9.4154    0
 1.8807
 2.0891
 0.4792
-0.7902
 1.8626
-9.4154    0
 1.7750
-9.4154    0
-1.5810
......
```
%如上所示，逐个家系求导单株个体的育种值。

11.2 多点单亲家系自由授粉子代试验资料的亲本育种值分析程序

%假设有 40 个半同胞家系，在 6 个地点进行造林试验，每个试点的造林设计相同，RCB 设计，10 区组，4 株纵行小区。转化后为 40 个重复，单株小区试验为研究材料。

第一步，分试点进行单因素完全随机区组试验设计不平衡资料的方差分析。

%按如下模型进行单性状的方差分析，获得亲本育种值估算所需要的各种参数：

$$y_{ijk} = u + b_i + f_j + e_{ijk}$$

##1 各家系性状值之和以及各家系参试子代样本数 $n_{ij.}$；%分别输入 Excel 中，建立分析数据矩阵；

##2 参试因子的方差分量：σ_f^2，σ_b^2，σ_e^2；

第二步，将各试点的分析结果汇总，按如下模型再做一个综合资料的方差分析。

$$y_{ijk} = u + f_i + s_j + (fs)_{ij} + e_{ijk}$$

%分析，可获得如下参数：

##1 群体平均值 u 和各家系平均值 $\bar{y}_{i..}$，各家系参试子代样本数 $n_{i.}$；%输入 Excel 中，建立向量数组；

##2 综合资料的参试因子方差分量：σ_f^2，σ_s^2，σ_{fs}^2，σ_e^2；

第三步，仿照分析性状的汇总方式，将各家系各试点的参试子代样本数，以矩阵的形式输入 Excel 中，Nf = [data] 40 * 6

亲本的育种值为：

$$\bar{A}_i = 2\sigma_f^2 * \{\sigma_f^2 + [(1/n_{i.}^2)\sum_j n_{ij}^2]\sigma_s^2 + [(1/n_{i.}^2)\sum_j n_{ij}^2]\sigma_{fs}^2$$

$$+ (1/n_{i.})\sigma_e^2\}^{-1} * (y_i - \mu) = (2 * \sigma_f^2 * n_{i.}^2. * (\bar{y}_{i..} - \mu))./$$

$$(n_{i.}^2 * \sigma_f^2 + (\sum_j n_{ij}^2) * \sigma_s^2 + (\sum_j n_{ij}^2) * \sigma_{fs}^2 + n_{i.} * \sigma_e^2)$$

%程序代码如下：

$\sigma_f^2 = 14.0533$；$\sigma_s^2 = 10.7304$；$\sigma_e^2 = 284.3331$；$\sigma_{fs}^2 = 15.0231$；

L1 = 14.0533；L2 = 10.7304；L3 = 15.0231；L4 = 284.3331；u = 62.4214；

$\bar{y}_{i..} = Fs = [data]$；%Fs 为 40 * 1 的列向量；

Nf = [data]；　%Nf 为 40 * 6 的矩阵；

W = sum(Nf, 2)，W1 = W. ^2，W2 = Nf. ^2，W3 = sum(W2, 2)，%继续对上式化简；

BV = (2 * σ_f^2 * (Fs−μ). * W1)./(σ_f^2 * W1 + σ_s^2 * W3 + σ_{fs}^2 * W3 + σ_e^2 * W.)

X1 = 42.1599 * (Fs−u). * W1，　　X2 = (L1 * W1 + L2 * W3 + L3 * W3 + L4 * W)，

BV = X1./X2

BV =

　19.6284

　−6.7591

　−0.6069

　11.9982

　17.3775

　−4.2490

　−4.1538

　−14.5266

　−0.7569

　21.6250

　6.2843

　5.8364

　4.2601

　−8.3179

　−0.3973

　2.1986

　7.9918

-6.0688

15.8151

8.4314

7.4543

2.8505

-0.1992

-8.2517

-0.7569

10.7149

10.0502

25.6575

-7.4944

0.1590

23.1384

7.8770

21.3118

-4.9433

-9.4765

18.7597

3.5925

11.5783

13.1675

3.0362

11.3 林木全同胞子代试验资料的个体育种值

##1 林木全同胞子代试验方差分量的估计

%这里主要是利用朱军的最小范数二次无偏估计法 MINQUE(1)，估计林木杂交设计的非平衡试验资料的遗传方差分量；

将多株小区的随机区组试验进行转化，为单株小区试验，构建如下线性模型：

Model：

Y = 1u + Ug eG + Us eS + Uf eF + Um eM + Ur eR +Ubeb +UeeE

%上式中除了 u 是固定因子外，其他参试因子均为随机因子；Ug 是 GCA 的系数矩阵，eG 是 GCA 效应；Us 是 SCA 的系数矩阵，eS 是 SCA 的因子效应；Uf 是母本系数矩阵，eF 是母本因子的效应；Um 是父本系数矩阵，eM 是父本因子的效应；Ur 是正反交的系数矩阵，eR 是正反交因子效应；Ub 是重复因子的系数矩阵，eb 是重复因子的效应值；Ue 是机误的系数矩阵，eE 是随机误差；

%本研究使用杉木 6 * 6 双列杂交试验(Griffing III)为依据，人为删除两个组合，形成不规则、不平衡的试验资料：6 亲本；28 个组合；28 个重复，单株小区；N=686；

第一步，在 Excel 中采集因子系数矩阵：

Ug=[data]686 * 6；%686 * 6 表示 Ug 是 686 * 6 的矩阵；下同

Us = [data]686 * 15;

Uf = [data]686 * 6;

Um = [data]686 * 6;

Ur = [data]686 * 28;

Ub = [data]686 * 28;

Y = [data]686 * 1;

Ue = eye(686, 686);%复制到 Matlab 7.0 中来;

第二步, 计算若干矩阵:

format long;

V1 = Ug * Ug'+Us * Us'+Uf * Uf'+Um * Um'+Ur * Ur'+Ub * Ub'+Ue * Ue';

%σ_u^2 为先验值, 取值为 1;

Va = inv(V1),

Q1 = Va-Va * 1 * inv(1' * Va * 1) * 1' * Va,

第三步, 解方程, 求因子的方差分量

%所有的随机因素都要相互独立, 不相关 Cov(e_u, e_u^T)= 0, 在这一条件下,

根据欧氏范数最小这一要求, 可推出如下方程组:

$[\mathrm{tr}(U_u^T Q_a U_v \ U_v^T Q_a U_u)][\sigma_u^2] = [y^T Q_a U_u \ U_u^T Q_a Y]$; %下面将方程组具体化;

GG = trace(Ug' * Q1 * Ug * Ug' * Q1 * Ug),

GG = 1350.9

GS = trace(Ug' * Q1 * Us * Us' * Q1 * Ug),

GS = 1145.9

GF = trace(Ug' * Q1 * Uf * Uf' * Q1 * Ug),

GF = 1495.5

GM = trace(Ug' * Q1 * Um * Um' * Q1 * Ug),

GM = 975.31

GR = trace(Ug' * Q1 * Ur * Ur' * Q1 * Ug),

GR = 1276.1

GE = trace(Ug' * Q1 * Ue * Ue' * Q1 * Ug),

GE = -88.765

GB = trace(Ug' * Q1 * Ub * Ub' * Q1 * Ug),

= 2360.2

SS = trace(Us' * Q1 * Us * Us' * Q1 * Us),

SS = 620.68

SF = trace(Us' * Q1 * Uf * Uf' * Q1 * Us),

SF = 581.93

SM = trace(Us' * Q1 * Um * Um' * Q1 * Us),

SM = 576.85

SR = trace(Us' * Q1 * Ur * Ur' * Q1 * Us),

SR = 533.11

$SE = \text{trace}(Us' * Q1 * Ue * Ue' * Q1 * Us)$,
$SE = -85.827$
$SB = \text{trace}(Us' * Q1 * Ub * Ub' * Q1 * Us)$,
$SB = 1015.1$

$FF = \text{trace}(Uf' * Q1 * Uf * Uf' * Q1 * Uf)$,
$FF = 768.89$
$FM = \text{trace}(Uf' * Q1 * Um * Um' * Q1 * Uf)$,
$FM = 603.33$
$FR = \text{trace}(Uf' * Q1 * Ur * Ur' * Q1 * Uf)$,
$FR = 573.9$
$FE = \text{trace}(Uf' * Q1 * Ue * Ue' * Q1 * Uf)$,
$FE = -34.391$
$FB = \text{trace}(Uf' * Q1 * Ub * Ub' * Q1 * Uf)$,
$FB = 1122.8$

$MM = \text{trace}(Um' * Q1 * Um * Um' * Q1 * Um)$,
$MM = 342.32$
$MR = \text{trace}(Um' * Q1 * Ur * Ur' * Q1 * Um)$,
$MR = 569.97$
$ME = \text{trace}(Um' * Q1 * Ue * Ue' * Q1 * Um)$,
$ME = -17.979$
$MB = \text{trace}(Um' * Q1 * Ub * Ub' * Q1 * Um)$,
$MB = 1167.3$
$RR = \text{trace}(Ur' * Q1 * Ur * Ur' * Q1 * Ur)$,
$RR = 517.53$
$RE = \text{trace}(Ur' * Q1 * Ue * Ue' * Q1 * Ur)$,
$RE = -37.101$
$RB = \text{trace}(Ur' * Q1 * Ur * Ur' * Q1 * Ur)$,
$RB = 983.58$

$EE = \text{trace}(Ue' * Q1 * Ue * Ue' * Q1 * Ue)$,
$EE = 729.08$
$EB = \text{trace}(Ue' * Q1 * Ub * Ub' * Q1 * Ue)$,
$EB = -5.4342$

$BB = \text{trace}(Ub' * Q1 * Ub * Ub' * Q1 * Ub)$,
$BB = 798.91$; %以上方程两边各参数均扩大 10^{27} 倍

%根据上述程序输出结果，构建如下方程系数矩阵 A，A 为对称矩阵

$A = [$

1350. 9	1145. 9	1495. 5	975. 31	1276. 1	−88. 765	2360. 2
1145. 9	620. 68	581. 93	576. 85	533. 11	−85. 827	1015. 1
1495. 5	581. 93	768. 89	603. 33	573. 9	−34. 391	1122. 8
975. 31	576. 85	603. 33	342. 32	569. 97	−17. 979	1167. 3
1276. 1	533. 11	573. 9	569. 97	517. 53	−37. 101	983. 58
−88. 765	−85. 827	−34. 391	−17. 979	−37. 101	729. 08	−5. 4342
2360. 2	1015. 1	1122. 8	1167. 3	983. 58	−5. 4342	798. 91

$];$

$A1 = inv(A),$

$A1 = [$

−0. 0006	−0. 0014	0. 0005	0. 0010	0. 0012	−0. 0001	0. 0001
−0. 0014	0. 0116	0. 0019	0. 0017	−0. 0130	0. 0007	0. 0003
0. 0005	0. 0019	0. 0070	−0. 0015	−0. 0095	0. 0001	0. 0001
0. 0010	0. 0017	−0. 0015	−0. 0050	0. 0039	0. 0003	−0. 0005
0. 0012	−0. 0130	−0. 0095	0. 0039	0. 0154	−0. 0009	0. 0016
−0. 0001	0. 0007	0. 0001	0. 0003	−0. 0009	0. 0014	0. 0001
0. 0001	0. 0003	0. 0001	−0. 0005	0. 0016	0. 0001	−0. 0010

$];$

%方程右边具体化；

$Yg = Y' * Q1 * Ug * Ug' * Q1 * Y,$

$Yg = 799250$

$Ys = Y' * Q1 * Us * Us' * Q1 * Y,$

$Ys = 1109400$

$Yf = Y' * Q1 * Uf * Uf' * Q1 * Y,$

$Yf = 1095800$

$Ym = Y' * Q1 * Um * Um' * Q1 * Y,$

$Ym = 438300$

$Yr = Y' * Q1 * Ur * Ur' * Q1 * Y,$

$Yr = 982620$

$Ye = Y' * Q1 * Ue * Ue' * Q1 * Y,$

$Ye = -9602. 3$

$Yb = Y' * Q1 * Ub * Ub' * Q1 * Y,$

$Yb = 1541800$ %以上方程两边各因子参数均扩大 10^{27} 倍

$B = [Yg; Ys; Yf; Ym; Yr; Ye; Yb],$

$B1 = A1 * B,$

B1 = inv(A) * B

$B1 = [\sigma_g^2 \ ; \quad \sigma_s^2 ; \quad \sigma_f^2 \ ; \sigma_m^2 ; \sigma_r^2 \ ; \quad \sigma_b^2 ; \sigma_e^2]' =$

1. 0e+003 ×

0. 2232

2. 2849

0. 3732

1. 9473

−4. 4416

0. 1261

0. 4665

%由于正反交效应的方差为负值,所以后续分析不考虑这一因子

附注:线性模型法获得的负方差分量,不能像方差分析法中获得负的方差分量时,采取删除参试因子重构统计模型的办法,来解决问题,而要采用 REML 法或重新构建混合模型的办法,来解决问题。

%亲本育种值估计:$GCA = \sigma_g^2 * Ug' * Q1 * Y$

GCA = 223. 2 * Ug' * Q1 * Y,

GCA =

−0. 3042

0. 4462

−0. 1162

−0. 2558

−0. 0034

0. 2333

(2)林木杂交设计非平衡试验资料各因子效应值的 BLUP 估计

仍以上面杉木 6 * 6 双列杂交单点试验资料分析为例,构建如下混合模型的矩阵表达式:

$$Y = Xb + Zu + e$$

上式中,Y = (data)$_{686×1}$ 的 686 维向量;686 是全林参试子代样本总数;X 是与试验资料相关的已知设计矩阵 X = (data)$_{686×1}$;b 是未知固定因子的向量(这里仅包括群体平均值);Z 也是与试验资料相关的已知设计矩阵 Z = (data)$_{686×61}$,Z′是 Z 的转置矩阵;u 是非观察值的随机列向量(1 * 61 列包括亲本 GCA 等效应值);e 是随机误差向量;u 与 e 相互独立,cov(u, e) = 0,且均遵从正态分布。

有下式:

$$\begin{vmatrix} X'R^{-1}X & X'R^{-1}Z \\ Z'R^{-1}X & Z'R^{-1}Z+G^{-1} \end{vmatrix} \begin{vmatrix} \hat{b} \\ \hat{u} \end{vmatrix} = \begin{vmatrix} X'R^{-1}Y \\ Z'R^{-1}Y \end{vmatrix}$$

下面是解方程的程序,求 $\hat{b}$ 和 $\hat{u}$

%从 Excel 中复制如下数据矩阵;

X = [data] = ones(686, 1);%X 是 686 * 1 的矩阵;

R = 126. 1 * eye(686);

Y = [data]; %Y 是性状值, 为 686 * 1 向量;

Z = [data]; %是 686 * 61 矩阵;

G = [data]; %G 是 61 * 61 的对角矩阵;

a1 = X′ * inv(R) * X, a2 = X′ * inv(R) * Z, a3 = Z′ * inv(R)X; a4 = Z′ * inv(R) * Z+inv(G),

b1 = X′ * inv(R) * Y, b2 = Z′ * inv(R) * Y,

A = [a1, a2; a3, a4], B = [b1; b2],

m = [b; u] = inv(A) * B,

m = inv(A) * B,

m =

31. 4621　%为群体平均值

%以下参数是 GCA

−0. 3042

0. 4462

−0. 1162

−0. 2558

−0. 0034

0. 2333

%以下参数是 SCA

0. 6356

−2. 2563

−0. 0893

−0. 9885

−0. 4153

1. 2468

2. 4325

0. 6645

−1. 7046

−0. 0968

1. 2714

−1. 9562

−0. 6873

1. 1426

0. 8010

%以下是父系效应

−0. 6741

0. 9641

−0. 3067

-0. 5149

0. 2468

0. 2848

%以下是母系效应

0. 8636

-1. 1374

0. 5869

0. 4550

-1. 3180

0. 5498

%以下是区组效应

-3. 7939

-3. 2677

0. 7621

0. 9521

4. 3352

2. 7479

2. 3548

2. 1048

5. 1173

4. 9564

-8. 5155

-7. 7730

-6. 0670

-7. 1412

-4. 4991

-3. 1247

-0. 4174

3. 5280

2. 0980

1. 0840

4. 8430

3. 6610

1. 7155

3. 3960

3. 6255

2. 4014

-4. 6179

-0. 4655

%计算因子效应，关键是确定 R 阵和 G 矩阵，下面是 G 阵的结构

$$G = \begin{bmatrix} \sigma_g^2 * I6 & & & & \\ & \sigma_s^2 * I15 & & & 0 \\ & & \sigma_f^2 * I6 & & \\ & & & \sigma_m^2 * I6 & \\ 0 & & & & \sigma_E^2 * I28 \end{bmatrix}$$ % G 是 61 * 61 的对角矩阵

%如矩阵 $\sigma_g^2 * I6$ 为下列矩阵形式

$$\sigma_g^2 * I6 = \begin{bmatrix} \sigma_g^2 & 0 & 0 & 0 & 0 & 0 \\ & \sigma_g^2 & 0 & 0 & 0 & 0 \\ 0 & 0 & \sigma_g^2 & 0 & 0 & 0 \\ 0 & 0 & 0 & \sigma_g^2 & 0 & 0 \\ 0 & 0 & 0 & 0 & \sigma_g^2 & 0 \\ 0 & 0 & 0 & 0 & 0 & \sigma_g^2 \end{bmatrix};$$

%I6 是单位矩阵, 其他 I15, I28 也是单位矩阵, 空白处添零补齐;
估计因子方差分量的模型一确定, 估计因子效应的模型也随机确定。

(3)林木全同胞子代试验资料的个体育种值估计
%在林木双列杂交试验设计, 采用单点试验资料的混合线性模型为:
Y = 1u + Ug eG + Us eS + Uf eF + Um eM + Ur eR + Ubeb + Ue eE
%采用最小范数二次无偏估计法 MINQUE(1), 估计出了因子的方差分量结果如上。
%由于正反交效应方差分量为负值, 故在后续分析中不考虑;
%同时我们采用如下模型, 其矩阵表达式为:
Y = Xb + Zu + e
%这里 u 是群体平均值, b 是重复效应;
%获得了参试验因子的效应值, 如上所示。
%有了这两方面的基础, 可以开始估计个体育种值。
%林木全同胞子代试验的个体育种值公式为:
$\hat{A} = C'V^{-1}(Y-Xb) = G + A_w$
上式中, G 是第 i 个亲本和第 j 个亲本的 GCA 值, 上面已估计出来;
$\hat{A}_w = (2\sigma_g^2/\sigma_e^2)(Y - Xb - Zu)$
上式中, $(2\sigma_g^2/\sigma_e^2)$ 是缩减系数, 用 MINQUE(1)已估计出;
$(Y-Xb-Zu) = e$ 是株间变异(即随机误差),
将各参数代入上式, 即可得 A_w
%程序开始
Y = [data]686 * 1;
X = ones(686, 1);
b = 31.4621;

Z = [data] 686 * 61 ;

u = [

  −0. 3042

   0. 4462

  −0. 1162

  −0. 2558

  −0. 0034

   0. 2333

   0. 6356

  −2. 2563

  −0. 0893

  −0. 9885

  −0. 4153

   1. 2468

   2. 4325

   0. 6645

  −1. 7046

  −0. 0968

   1. 2714

  −1. 9562

  −0. 6873

   1. 1426

   0. 801

  −0. 6741

   0. 9641

  −0. 3067

  −0. 5149

   0. 2468

   0. 2848

   0. 8636

  −1. 1374

   0. 5869

   0. 455

-1. 318

0. 5498

-3. 7939

-3. 2677

0. 7621

0. 9521

4. 3352

2. 7479

2. 3548

2. 1048

5. 1173

4. 9564

-8. 5155

-7. 773

-6. 067

-7. 1412

-4. 4991

-3. 1247

-0. 4174

3. 528

2. 098

1. 084

4. 843

3. 661

1. 7155

3. 396

3. 6255

2. 4014

-4. 6179

-0. 4655

]1 * 61

$Aw = (2\sigma_g^2/\sigma_e^2)(Y - X\hat{b} - Z\hat{u}) = 2 * 233. 2/466. 5 * (Y - X * b - Z * u)$

Aw =

-2. 63373530546624

-7. 15896505894962

3. 80888334405145

-0. 38021847802787

1. 32361620578778

5. 21588167202572

3. 46625680600214

5. 61419627009646

-0. 65505954983923

-13. 78404458735263

-1. 92868647374062

-4. 30257749196141

0. 98898795284030

-0. 52608720257235

3. 48705234726688

11. 72628578778135

-0. 14366919614148

9. 67372587352626

-3. 05304540192926

8. 16864857449089

-1. 80991193997856

-1. 90389178992497

……

-0. 98278928188639

2. 96186495176849

0. 28193954983923

-5. 94622508038585

-2. 22292338692390

-3. 20341316184352

-1. 35620921757771

0. 33402838156484

2. 30740527331190

-7. 22035189710611

5. 08700930332262

-1. 29472240085745

-4. 20679802786709

-1. 81421101822079

-1. 56426460878885

6. 42152317256163

-0. 94409757770632

-7. 68515224008574

-3.39207271168274

　3.18071802786710

-4.45974379421222

　0.16486465166131

-3.04174782422294

-4.98673080385852

-1.54346906752412

　6.19587155412647

　4.87815408360129

　0.82452321543408

　1.14395472668810

-0.08528171489818

　5.13769843515541

　3.00505569131833

%共 686 株全同胞子代育种值

%附注：从上分析可见，林木全同胞子代试验的个体育种值，估计工作量很大，如果是以单交居多的全同胞子代试验林，个体育种值，可用如下办法和公式，可大致估计：

第一步，采用模式 $y_{ijk} = u + fs_i + b_j + e_{ijk}$ 进行方差分析，获得群体平均值；杂交组合平均值；全同胞家系遗传力，和单株遗传力。由于是单株小区，故可用如下公式：$h_f^2 = [1 + 0.25(NBS-1)] h_i^2 / [1 + 0.25(NBS-1) h_i^2]$ 求算 h_i^2（乔纳森 W. 赖特，1981）。

第二步，采用多性状综合选择指数，评选出 15% 的优良家系，采用如下公式，评估这 15% 的优良家系中个体育种值，以进行前向选择。

$$BV = h_{fs}^2 * (\bar{y}_{.j.} - 群体平均值) + h_i^2 * (y_{ijk} - \bar{y}_{.j.})$$